Claudia Borchard-Tuch

Computersysteme – Ebenbilder der Natur?

Claudia Borchard-Tuch

Computersysteme – Ebenbilder der Natur?

Ein Vergleich der Informationsverarbeitung

FACETTEN

vieweg

ISBN 978-3-663-09504-0   ISBN 978-3-663-09503-3 (eBook)
DOI 10.1007/978-3-663-09503-3

Alle Rechte vorbehalten
© Springer Fachmedien Wiesbaden, 1997
Ursprünglich erschienen bei Friedr. Vieweg & Sohn Verlagsgesellschaft mbH,
Braunschweig/Wiesbaden 1997.
Softcover reprint of the hardcover 1st edition 1997

Umschlaggestaltung: Schrimpf und Partner, Wiesbaden

Gedruckt auf säurefreiem Papier

ISSN 0949-1295

Vorwort

Wir leben im Zeitalter der Information und glauben, daß wir mit dem Computer etwas völlig Neues geschaffen haben. Dem ist jedoch nicht so. Seit Millionen von Jahren bilden sich in der Natur informationsverarbeitende Systeme, die weitaus komplexer als die von Menschen geschaffenen Systeme sind. Worin ähneln und worin unterscheiden sich biologische und künstliche Informationssysteme? Auf diese Frage soll hier eine Antwort gefunden werden. Hierzu werden Bereiche der Informationsverarbeitung in natürlichen Systemen vorgestellt, zu denen es entsprechende in künstlichen Systemen gibt – Zelle und zellulärer Automat, natürliche und Softwareinfektion, Evolution und genetischer Algorithmus sowie Gehirn und Neuronale Netze. Der anschließende Vergleich läßt übergeordnete Zusammenhänge erkennen. Dieses Buch überschreitet Fachgrenzen – u.a. umfaßt es Bereiche der Informatik, der Medizin, der Biologie und der Biochemie und wendet sich in erster Linie an den interessierten Laien.

Abschließend Dankeschön: Frau Dr. H. Schuster danke ich herzlich für die freundliche Durchsicht des Manuskriptes und ihre wertvollen Hinweise. Frau Dr. A. Schulz und dem Verlag Vieweg danke ich vielmals für ihr aufgeschlossenes Entgegenkommen und ihre Mithilfe bei der Verwirklichung dieses Buches.

Zusmarshausen, im März 1997   C. Borchard-Tuch

Inhaltsverzeichnis

Kapitel 1
Einleitung

1.1 Information ist überall

„Information ist jeder Unterschied, der einen Unterschied macht" (Gregory Bateson). Weil Zeichen sich von ihrer Umwelt unterscheiden, sind sie wahrnehmbar. Ihre Deutung läßt die Vorstellung von etwas Unterscheidbarem entstehen und erzeugt so erneut Unterschied und damit Information.

Zeichen sind auf verschiedene Arten wahrnehmbar. Angefangen von Zellverbänden bis hin zu sozialen Systemen im Tierreich, ist der Austausch von Informationen Grundlage aller Lebensgemeinschaften. Im Laufe einer langen Evolutionsgeschichte entwickelte sich eine reiche Vielfalt der Informationsverarbeitung.

Der Evolution selbst liegt die Veränderung einer bestimmten Art von Information, der genetischen, zugrunde. In ihr ist der gesamte Bauplan eines Individuums gespeichert. Jedes Lebewesen verfügt über eine eigene genetische Ausrüstung, die ihm seine Besonderheit und Individualität verleiht. Dennoch gibt es genetische Ähnlichkeit, so zum Beispiel zwischen Eltern und Kindern, weil die Elterngeneration ihre genetische Information an die nachfolgende Generation weitergegeben hat.

Erbanlagen sind Informationen, die Anweisungen für chemische Synthesen enthalten. Die Träger der genetischen Information sind die Nukleinsäuren, die sich in jeder Zelle eines Lebewesens finden. Nukleinsäuren sind Fadenmoleküle, die aus vier verschiedenen Bau-

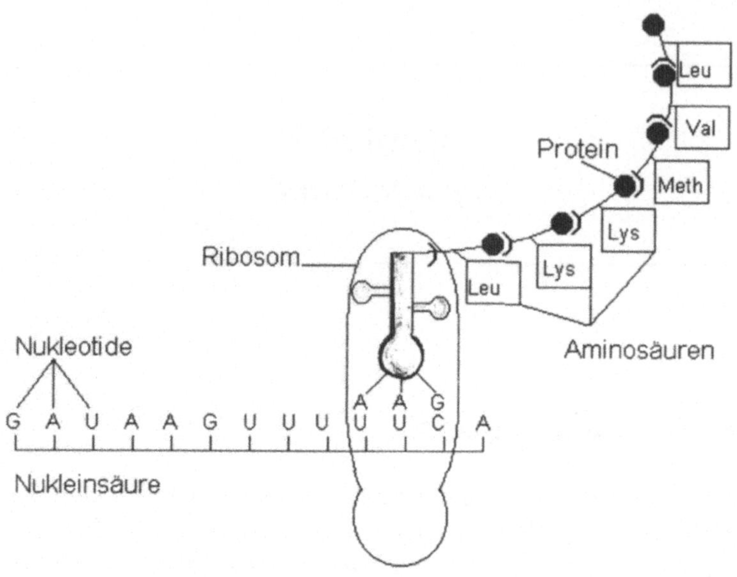

Bild 1.1 Eiweißbiosynthese. Eine Folge von Nukleotiden wird an winzigen kugelförmigen Gebilden innerhalb der Zelle, den Ribosomen, in die Aminosäurensequenz eines Proteins übersetzt.

elementen (Nukleotiden) eindimensional aufgebaut sind. Die Reihenfolge der Nukleotide kontrolliert die Bildung von Proteinen – räumlich kompliziert gefalteten Polypeptidketten, die in eindimensionaler Anordnung aus Aminosäuren aufgebaut sind. Die für jedes Protein spezifische Sequenz der Aminosäuren ähnelt in ihren vielfachen Kombinationsmöglichkeiten den Buchstabenfolgen einer Schrift. Bei der Eiweißbiosynthese ist jede Aminosäure durch einen kleinen Abschnitt der Nukleinsäure festgelegt, so daß die Nukleinsäureschrift in eine Proteinschrift übersetzt wird.

Zu den wichtigsten Proteinen gehören die Enzyme. Ohne Enzyme würden sich die in lebenden Organismen ablaufenden Stoffumwandlungen mit unmeßbar kleiner Geschwindigkeit vollziehen. Erst die Gegenwart von Enzymen bewirkt eine Erhöhung der Reaktionsgeschwindigkeit in einer für den Stoffwechsel und die laufende Energiegewinnung erforderlichen Größenordnung. Indem die Erbinformation die Enzymsynthese steuert, beeinflußt sie somit alle im Organismus ablaufenden Stoffwechselvorgänge.

Die Wiederholung von Nukleotidsequenzen findet sich häufig; sie stellt ein grundlegendes Evolutionsprinzip dar. Es ist das gleiche Prinzip, das Darwin und Wallace in der Erzeugung von Nachkommen sahen: Wiederholung des Gleichen mit der für Lebewesen typischen Unschärfe. Dieses Prinzip reicht bis zur Sprache und Musik: Wiederholung, Rhythmisierung, Abwandlung und damit Strukturierung. Je länger die Sequenzen sind, desto größer ist ihr Informationsgehalt und damit die Möglichkeit zur Differenzierung – sofern nicht bestimmte Umwelteinflüsse dagegenstehen.

Im Gegensatz zur genetischen Information, die durch Vererbung weitergegeben wird, werden die übrigen Informationsformen durch Kommunikation verbreitet. Hierbei finden zwei Systeme zueinander: Ein Sender signalisiert eine Botschaft, die von einem Empfänger wahrgenommen wird.

Bei der Übermittlung ist der bloße Empfang der Botschaft nicht das Wichtigste. Wesentlich ist vielmehr, daß im Empfänger nach Erhalt der Nachricht eine Veränderung stattfindet. Diese Veränderung bewirkt u.a. die Speicherung der Information. Die äußerlich sichtbare Reaktion des Empfängers auf die Information ist die Informationsabgabe. Diese Reaktion zeigt sich auf physiologischer Ebene und im Verhalten. In diesem Sinne ist Information eine Eigenschaft geordneter Systeme, die selbst Ordnung und Struktur schafft.

Die Botschaft kann auf vielfältige Weise dargestellt werden – durch Bewegungen, Stellungen, Haltungen, Lautäußerungen, Sekretabsonderungen, Farb- und Formänderungen, die in die Umwelt hineinwirken und dort wahrgenommen werden: Tiere können einander sehen, hören, riechen, schmecken und fühlen.

Besonders auffällig sind optische Signale – Farben, Formen und Bewegungen. Glühwürmchen beispielsweise werben umeinander mit auffälligen Lichtblitzen. Hierbei benutzt jede Art spezifische männliche Signale und dazu passende weibliche Antwortsignale, unterscheidbar nach Dauer des einzelnen Lichtblitzes und Anzahl der Blitze pro Sekunde sowie Anzahl der pro Zeiteinheit wiederholten Signale.

Tiere, die über vielfältige Bewegungsmöglichkeiten verfügen, können rhythmische Abwandlungen ausbilden, die sich von signalfreien Gebrauchshandlungen deutlich unterscheiden. So locken Winkerkrabbenmännchen Weibchen mit rhythmischen Scherenbewegungen an. Nähert sich ein Weibchen, ändert das Männchen in Abhängigkeit von der Entfernung des Weibchens seine Bewegungen.

Wie optische Signale sind auch akustische Signale deutlich wahrnehmbar. Weibliche Grillen lassen sich vom zirpenden Gesang des Männchens anlocken. Sie können das für sie interessante Klangmuster erkennen – mit Hilfe ihrer Nervenzellen, die Lautmuster intensitätsinvariant abbilden.

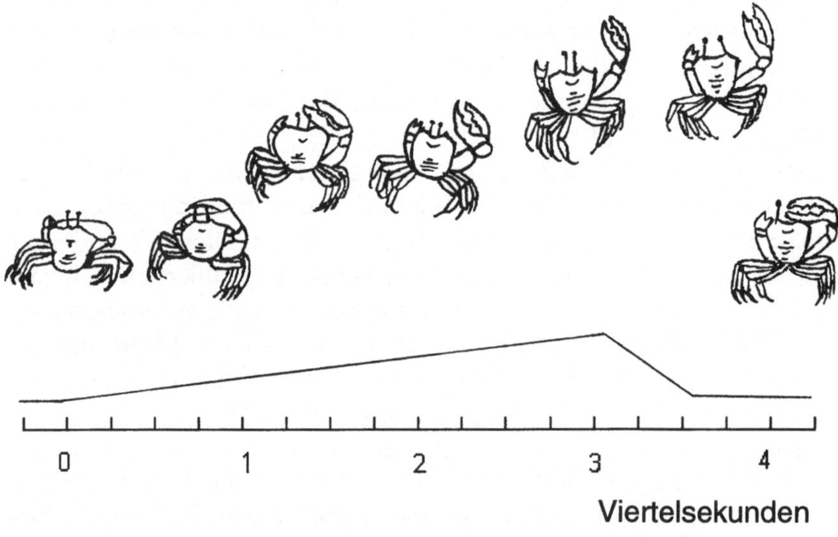

Bild 1.2 Artspezifisches Winken der Winkerkrabbe *Uca marionis*

Die Jungen der Trottellummen lernen bereits als Küken im Ei, individuelle Elternlaute zu erkennen. Sofort nach dem Schlüpfen unterscheiden sie die Rufe ihrer Eltern sicher von anderen Geräuschen.

Neben optischen und akustischen Signalen ist besonders die chemische Informationsübertragung durch Duftstoffe im Tierreich weit verbreitet. Viele Tierarten müssen bei der Nahrungssuche chemische

Informationen auswerten und verfügen daher über einen besonders gut ausgebildeten Geruchssinn.

Die Weibchen von Schlupfwespen erkennen den Geruch der Schmetterlingsraupen, in denen sie ihre Eier ablegen. Als Reaktion auf einen Befall durch Schmetterlingsraupen geben Pflanzen chemische Stoffe ab, die die Wespenweibchen als zusätzlichen Wegweiser zu ihrem Opfer nutzen.

Die Honigbienenkönigin sondert Duftstoffe ab, die eine Geschlechtsdrüsenreifung der Arbeiterinnen hemmen, so daß diese unfruchtbar bleiben.

Alle in den Beispielen beschriebenen Kommunikationsformen finden zwischen Lebewesen mit gleichem Genbestand statt – die häufigste Art der Kommunikation. Eine gemeinsame Sprache ermöglicht es diesen Lebewesen, sowohl Sender als auch Empfänger zu sein. Um sich etwas sagen zu können, muß jedoch ihr Wissen, d.h. ihr Informationsbestand, Unterschiede zeigen: Der Informationsbestand eines Lebewesens ist etwas Individuelles, d.h. unverwechselbar. Wäre es anders, hätten sich zwei Lebewesen nichts zu sagen.

Nicht nur zwischen Lebewesen, sondern auch innerhalb eines Lebewesens findet Kommunikation statt. So sind in mehrzelligen Organismen die vielfältigen Aufgaben auf zahlreiche verschiedene Zellpopulationen, Gewebe und Organe verteilt, die eventuell weit voneinander entfernt liegen. Um alle diese Funktionen aufeinander abzustimmen, müssen Zellen oder Zellgruppen zur Kommunikation fähig sein. Sie bewerkstelligen dies, indem sie chemische Botenstoffe, zumeist Hormone oder Neurotransmitter, freisetzen, für die es an den Oberflächen von Empfängerzellen Bindungsstellen (Rezeptoren) gibt.

Eine besondere Art der zellulären Kommunikation spielt sich im Immunsystem der Wirbeltiere ab. Das Immunsystem speichert die Information über das, was körpereigen und körperfremd ist, und schützt den Organismus vor Eindringlingen wie Bakterien, Viren, Pilzen und Parasiten. Hauptbestandteil des Immunsystems ist eine spezielle Art von Proteinen, die Immunglobuline oder Antikörper.

Strukturen, die als körperfremd erkannt werden, lösen die Produktion spezieller Antikörper aus. Diese Strukturen – es handelt sich bei ihnen um Proteine oder Polysaccharide – bezeichnet man als Antigene. Die Oberfläche eines Antikörpers ist gegen ein bestimmtes Anti-

gen gerichtet, d.h. daß der Antikörper sich spezifisch mit diesem
verbinden und es vernichten kann. Die Immunität gegenüber bestimmten Infektionskrankheiten beruht auf dem Vorhandensein entsprechender Antikörper. So vernichten Antikörper an sie gebundene
Bakterien und können auf diese Weise einen Krankheitsausbruch
verhindern.

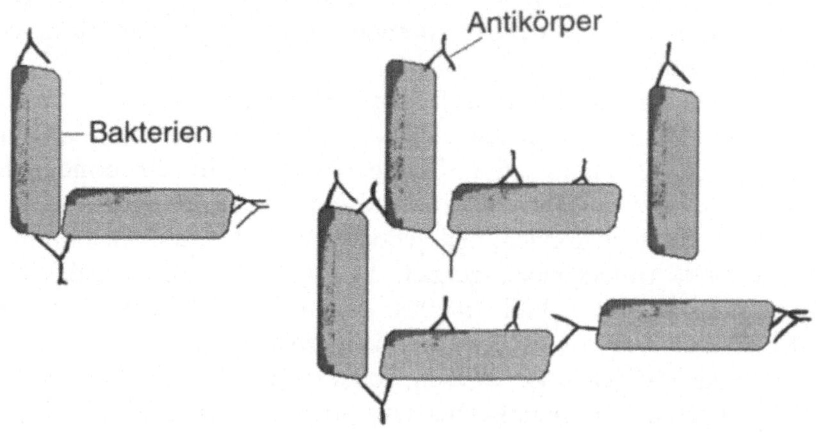

Bild 1.3 Kampf der Antikörper gegen Bakterien. Antikörper sind y-förmige Eiweiß-
moleküle, die sich an eingedrungene Keime heften oder zwischen diesen
Brücken bilden. Die verklumpten Bakterien können dann von Freßzellen,
sogenannten Phagozyten, vernichtet werden.

Das Immunsystem unterscheidet, ob ein bestimmtes Protein zum
Organismus selbst gehört oder Fremdeiweiß ist. Hierbei muß es eine
ungeheure Informationsmenge speichern: Verschiedene Individuen
unterscheiden sich in zahlreichen Spezifitäten, und jedes Individuum
produziert unzählige spezielle Antikörper gegen die Gewebe eines
anderen Individuums.

Nicht nur in biologischen, sondern auch in technischen Systemen
werden Informationen ausgetauscht. Technische Systeme bilden den
Informationsaustausch biologischer Systeme in vereinfachter Weise
ab. Sowohl in biologischen als auch in technischen Systemen bedeutet
Informationsaufnahme Beseitigung von Nichtwissen.

Der Computer ist eine Maschine, die Informationen aufnehmen, speichern, verarbeiten und übermitteln kann. Das Material der Datenverarbeitung sind höchst einfache Darstellungselemente, die zu Milliarden in der Computer-Hardware gespeichert sind. Der Computer arbeitet mit elektrischen Impulsen. Hierbei gibt es nur zwei Möglichkeiten, Strom oder keinen Strom. Entsprechend ist auch die Darstellung der Zeichen mit Elementen realisiert, die mit nur zwei Ausdrucksmöglichkeiten auskommen, d.h. mit sogenannten binären Elementen. Sollen mehr als zwei unterschiedliche Bedeutungen ausgedrückt werden, so kann das durch Kombination mehrerer solcher Binärelemente geschehen. Den verschiedenen Kombinationen werden dann die entsprechenden Bedeutungen zugeordnet. Diese Zuordnung nennt man auch Codierung.

A = 110001	J = 100001	S = 010010
B = 110010	K = 100010	T = 010011
C = 110010	L = 100011	U = 010100
D = 110100	M = 100100	V = 010101
E = 110101	N = 100101	W = 010110
F = 110110	O = 100110	X = 0010111
G = 110111	P = 100111	Y = 011000
H = 111000	Q = 101000	Z = 011001
I = 111001	R = 101001	

Bild 1.4 Das Alphabet des Computers. Der Computer verarbeitet Buchstaben als sechsstellige Kombinationen von 0 und 1.

Informationsaustausch findet sowohl zwischen Mensch und Computer als auch zwischen den Teilen des Computers statt: Daten werden über Tasten, Disketten oder Magnetbänder in den Computer eingegeben. Das Eingabewerk nimmt so die Befehle für das Programm und die Daten vom Menschen entgegen und leitet sie weiter – meist in den Arbeitsspeicher. Der Arbeitsspeicher enthält auf einer Vielzahl einzelner Speicherplätze die Befehle des Programms und die Daten. Das Leitwerk holt sich die Programme aus dem Speicher, weist den einzelnen Baugruppen des Computers ihre Aufgaben zu und steuert den Datenfluß. Das Rechenwerk führt die eigentliche Arbeit aus, das Rechnen. Die Ergebnisse werden über das Ausgabewerk auf Monitoren und Druckern ausgegeben, so daß der Mensch sie lesen kann.

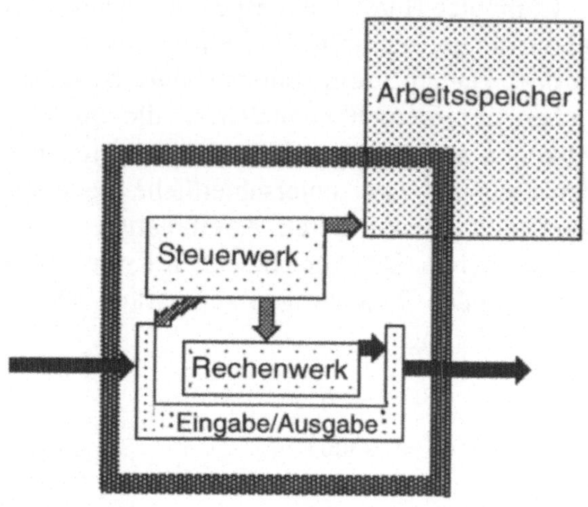

Bild 1.5 Fluß der Daten (graue Pfeile) und der Steuerbefehle (schwarze Pfeile) innerhalb eines Computers

1.2 Aspekte des Informationsaustauschs

Der Austausch von Informationen ist ein komplexes Geschehen. Seine vollständige Erfassung gelingt nur mittels verschiedener Betrachtungsweisen, wobei jeder Aspekt eine bestimmte Eigenschaft des Informationsaustauschs hervorhebt.

Die Informationstheorie beschreibt den Informationsaustausch als Funktionenfolge: Informationsquelle, Sender, Übertragungskanal, Empfänger sowie eine z.B. auf den Übertragungskanal einwirkende Störquelle. Dieses einfache Schema läßt sich auf alle Arten der Informationsübertragung anwenden, im technischen und biologischen Bereich. Hierbei erzeugt die Quelle die Informationen. Der Sender wandelt die Quelleninformationen in übertragbare Signale um, die über den Übertragungskanal an den Empfänger geleitet werden.

8

Der Empfänger übersetzt das Übertragungssignal in Information –
er schafft etwas Verstehbares. In biologischen Systemen empfangen
Rezeptoren das Übertragungssignal. Rezeptoren können Sinneszellen
oder große Moleküle sein, die eine Hormon- bzw. Transmitterwirkung
vermitteln. In technischen Systemen sind Empfänger z.B. Geräte zur
Aufnahme und Umsetzung von elektromagnetischen Strahlen und
Schallwellen. Der Informationsfluß zwischen Quelle und Empfänger
wird durch den Unterschied an Wissen und damit Informationsgehalt
in beiden Systemen verursacht: Ein unwissendes System erhält von
einem anderen Wissen. Dabei ist nicht nur das Wissen, sondern auch
das Nichtwissen begrenzt, da durch das System vorgegeben ist, was
aufgenommen und genutzt werden kann.

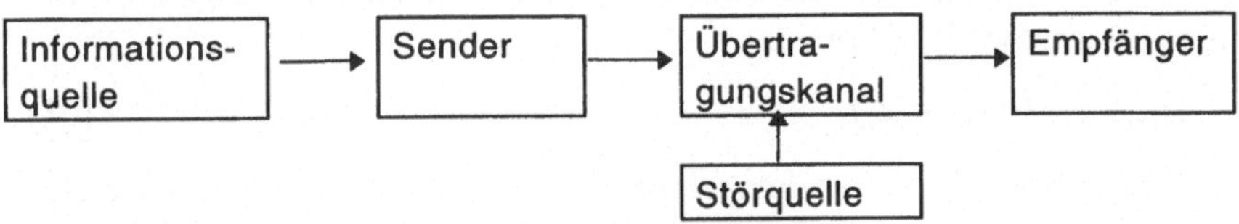

Bild 1.6 Schema des Konzepts der Informationstheorie

Informationstheoretische Gesetzmäßigkeiten legen die übertragene
Informationsmenge fest und damit den sogenannten metrischen
Aspekt des Informationsaustauschs. Falls ein Empfänger die Nachricht (d.h. ihren Inhalt) von vornherein erwartet, liefert sie ihm keine
Information, falls sie aber unerwartet kommt, liefert sie viel Information. Damit hängt der Informationsgehalt $I(x)$ von der Wahrscheinlichkeit $p(x)$ ab, mit der die Quelle die Nachricht x liefert.

Information wird in Zeichen verschlüsselt übertragen. Im einfachsten Fall besteht der Zeichenvorrat nur aus zwei Zeichen, den sogenannten Binärzeichen. Da Binärzeichen sich technisch leicht reali-
sieren lassen (z.B. im Computer: Strom – kein Strom), wurde als
Maßeinheit der Information der Informationsgehalt eines Binärzei-
chens gewählt: Man bezeichnet die elementare Informationsmenge,
die von einem einzelnen Binärzeichen übertragen wird, als ein bit.
Das ist nur eine kleine Nachrichtenmenge. Um größere Nachrichten-
mengen mit Binärzeichen übertragen zu können, muß man mehrere
Zeichen aneinanderreihen. Dabei entstehen Binärworte. Die Menge

der übertragenenen Information hängt von der Länge des Binärwortes ab: So gibt die Anzahl der Binärzeichen pro Wort direkt die Menge der übertragenen Information in bit an. Beispielsweise überträgt ein aus drei Binärzeichen bestehendes Wort drei bit Information.

Jeder Zeichenvorrat kann durch Binärzeichen dargestellt werden. Mit m Binärzeichen können 2^m verschiedene Zeichen verschlüsselt werden. Zur eindeutigen Zuordnung einer Zeichenmenge mit n Zeichen zu Binärworten müssen letztere eine Wortlänge von durchschnittlich $m = \log_2 n$ Binärzeichen haben. Wenn aber ein beliebiges Zeichen x_i durch ein Binärwort ersetzt werden kann, so muß es denselben Informationsgehalt (in bit) haben wie das zugeordnete Binärwort.

Diese Überlegungen führen zur folgenden Definition des Informationsgehalts des Zeichens x_i :

$$I(x_i) = -\log_2 p\,(x_i). \tag{1-1}$$

Der mittlere Informationsgehalt $H(x)$ jedes der n Zeichen einer Informationsquelle (auch Entropie der Informationsquelle genannt) ist der arithmetische Mittelwert aller $I(x_i)$, nämlich:

$$H(x) = \sum_{i=1}^{n} -p\,(x_i)\,\log_2 p\,(x_i). \tag{1-2}$$

Bestimmt der metrische Aspekt die übertragene Informationsmenge, so erfaßt der sigmatische Aspekt des Informationsaustauschs die Beziehung zwischen Zeichen und Bezeichnetem. Beispielsweise wird im Falle chemischer Signale die Verbindung zwischen den Duftmolekülen (Zeichen) und den Signalfolgen im Riechnerven (Bezeichnetes) untersucht.

Mit dem ergomatischen Aspekt wird die Beziehung zwischen Zeichen und Bewirktem umschrieben. Im Falle des Riechens erfreut ein angenehmer Duft, Gestank löst dagegen Ekel aus.

Pragmatisch gesehen interessieren Ursache und Wirkung der Information. Meerkatzen kündigen ihre drei Hauptfeinde – Leopard, Adler und Schlange – mit unterschiedlichen Warnrufen an. Darauf reagieren die Artgenossen mit jeweils anderem Fluchtverhalten. Bei diesem Beispiel ist die Ursache der Information das Auftauchen eines Feindes und ihre Wirkung ein bestimmtes Fluchtverhalten.

Bild 1.7 Meerkatzen reagieren auf verschiedene Warnrufe ihrer Artgenossen mit unterschiedlichem Fluchtverhalten. Bei Leopardenalarm flüchten sie auf die Höhen der Bäume, bei Adleralarm spähen sie nach oben in den Himmel, und bei Schlangenalarm richten sie sich auf und schauen auf die Erde.

Die Bedeutung oder der Sinn einer Information bildet ihren semantischen Informationsgehalt. Die Laute der Meerkatzen erzeugen semantische Signale, die von allen Artgenossen verstanden werden.

Die Syntax kennzeichnet die Struktur und Ordnung der Signale, bei den Meerkatzen somit die akustischen Eigenschaften ihrer Rufe.

1.3 Übersicht über das Folgende

Auf welche Arten tauschen biologische bzw. Computersysteme Informationen aus? Worin unterscheiden sich ihre Kommunikationsformen, und worin ähneln sie sich? Diesen Fragen soll in den nachfolgenden Kapiteln nachgegangen werden. Im Gegensatz zu natürlichen Systemen sind künstliche klar abgegrenzt und definiert, ihre Komponenten sind berechenbar und auf einfache Weise miteinander verbunden. Dennoch können Bereiche der Informationsverarbeitung in natürlichen Systemen gefunden werden, zu denen es entsprechende in künstlichen Systemen gibt. Diese Annäherung überbrückt eine Differenz, die bereits besteht, wenn wir natürliche Vorgänge zu erklären versuchen: Unser Denken von der Natur bewegt sich in Modellvorstellungen, die Ordnung schaffen und die Natur für uns verstehbar machen sollen. Gehen wir noch einen Schritt weiter, abstrahieren das Modell und machen es berechenbar, schaffen wir ein künstliches System. Oberflächlich betrachtet zeigt dieses künstliche System Züge seines natürlichen Vorbildes, bei genauerer Betrachtung jedoch deutliche Unterschiede.

Zunächst wird im zweiten Kapitel der Informationsaustausch zwischen Zellen beschrieben. Als künstliches Gegenstück kann der Informationsaustausch in zellulären Automaten angesehen werden, dessen einzelne Bestandteile an natürliche Zellen erinnern. Im Vergleich zu natürlichen Zellen sind diese Bestandteile jedoch weitaus einfacher gebaut – es sind Automaten, d.h. sich selbst steuernde Maschinen, die sich nur in einer begrenzten Anzahl von Zuständen befinden können. Mehrere identische Automaten fügen sich zu einem zellulären Automaten zusammen. Im Vergleich zu den Kommunikationsformen zwischen Zellen, die mittels Botenstoffen stattfinden, ist der Informationsaustausch in einem zellulären Automaten höchst einfach: Der künftige Zustand eines seiner Automaten (bzw. „Zellen") wird aus augenblicklichen Eingabesignalen ermittelt, die er von seinen benachbarten Automaten erhält.

Kapitel 3 stellt die bei Infektionskrankheiten ablaufenden Kommunikationen denen bei Softwareinfektionen stattfindenden gegenüber. In natürlichen Systemen dient das Immunsystem der Abwehr von Infektionskrankheiten. Hierbei kommunizieren die Zellen des Immunsystems intensiv mit den in den Organismus eingedrungenen Fremdlingen. Vergleichbare Vorgänge laufen bei Softwareinfektionen und ihrer Abwehr ab: Fremde Informationen vermehren sich mikroorganismengleich im Computer und verändern oder zerstören in ihm gespeicherte Informationen. Im Vergleich zu natürlichen Systemen ist es jedoch weitaus schwieriger, diese schädlichen Informationen zu vernichten, weil die Unterscheidungsmöglichkeiten eines Computers zwischen Eigenem und Fremden weitaus geringer als die natürlicher Systeme sind – im Computer ist jegliche Information nichts anderes als ein Bitmuster.

Kapitel 4 vergleicht die Verarbeitung genetischer Informationen in natürlichen und künstlichen Systemen. Während in natürlichen Systemen diese Informationen im Laufe einer langen Evolution entstanden, bilden sie sich in künstlichen Systemen in weitaus kürzerer Zeit – zum Teil innerhalb weniger Minuten. Beiden Systemen ist jedoch ein Ziel gemeinsam: Informationen zu gewinnen. So gelingt es den genetischen Algorithmen künstlicher Systeme, mit Hilfe eines simulierten Evolutionsprozesses Lösungen für schwierige Probleme zu finden.

Die schrittweise Umwandlung der in der DNA verschlüsselten Erbinformation in wahrnehmbare Stoffwechselreaktionen ähnelt der in Computern stattfindenden automatischen Umwandlung von Worten einer Programmiersprache in binäre Zeichen. Vielleicht war es diese Ähnlichkeit, die verschiedene Wissenschaftler auf die Idee brachte, die in der DNA enthaltene Information wie eine Programmiersprache automatisch übersetzen zu wollen – und zum Teil ist ihnen dies bereits gelungen.

Kapitel 5 stellt Gehirn und Neuronale Netze gegenüber und untersucht, inwieweit sich die Arten ihrer Informationsverarbeitung entsprechen. Angesichts der Leichtigkeit, mit der das Gehirn kompliziert verschlüsselte Informationen, wie z.B. Sprache und Schrift, aufnimmt, erscheint es verlockend, das Gehirn realitätsnah zu modellieren. Dieses Problem erwies sich aber als viel zu komplex, so daß man sich mit einfacheren Modellen – den Neuronalen Netzen – begnügen mußte. Sie bestehen aus miteinander verbundenen Einheiten, „Neurone" genannt, die einzelnen Nervenzellen ähneln. Jedoch können ihre Funktionen mit mathematischen Methoden exakt beschrieben werden – eine Eigenschaft, die bereits zeigt, daß Neuronale Netze etwas anders funktionieren als das Gehirn, dessen geistige Funktionen sich bisher zumeist als unberechenbar erwiesen.

Kapitel 2
Zelle und Computer

2.1 Die Zelle

Nahezu alle Lebensvorgänge vom Stoffwechsel bis zur Vererbung können als Informationsprozesse aufgefaßt werden, deren Wurzeln bis auf die Ebene der biologischen Makromoleküle zurückreichen. Für den Informationsaustausch zwischen Lebewesen sind nicht einmal Sinnesorgane, ein Gehirn oder ein Nervensystem notwendig. Auch Zellen selbst verfügen über ein kompliziertes System der Informationsverarbeitung und -weitergabe.

Die zelluläre Informationsübertragung ist ein biochemischer Vorgang. Moleküle verschlüsseln Reize aus der Umwelt, die gemäß der inneren Zellbiologie umgewandelt und so in Stoffwechseländerungen, Verhaltensweisen und extrazelluläre Reize übersetzt werden. Eine einzelne Zelle beherbergt ein kompliziertes chemisches Netzwerk, in dem die Signale durch direkten Kontakt zwischen Molekülen übermittelt werden. Hierbei ist – anders als im Computer – jede Einheit mit jeder anderen verbunden.

2.1.1 Die Umwelt

Die Zelle ist ein offenes System, das mit seiner Umwelt ständig über einen Stoff-, Energie- und Informationsaustausch verbunden ist. Zahlreiche Umwelteinflüsse wie beispielsweise Licht, Temperatur, Wassergehalt oder chemische Substanzen bestimmen das äußere Milieu einer Zelle und lösen zellphysiologische und generell biochemische Informationsprozesse aus.

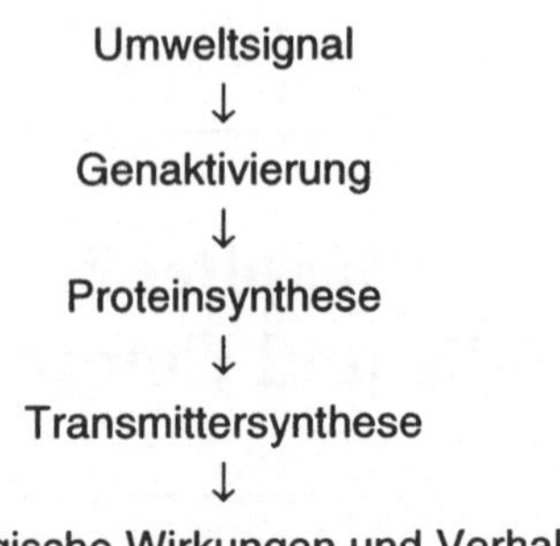

Bild 2.1 Umweltreize verändern über eine Kette molekularer Umwandlungen Physiologie und Verhalten

Zum einen verändern Umweltreize die Art und Weise, in der die in den Genen enthaltene Information in bestimmte Eigenschaften einer Zelle oder eines Organismus übersetzt wird, d.h. die Genexpression. Damit haben Umweltreize Einfluß auf die genetisch gesteuerte Synthese funktionell bedeutsamer Enzyme, die ihrerseits Stoffwechselprodukte mit physiologischer Wirkung entstehen lassen.

Neben der Genexpression verändern Umweltreize die Struktur von bereits produzierten Genprodukten, etwa Enzymen oder Gerüsteiweißen (sogenanntes posttranslationales Processing). Je nach Zelltyp werden die Genprodukte chemisch verändert, beispielsweise acetyliert, amidiert, glykosyliert, methyliert oder phosphoryliert.

In dieser Weise stehen einzelne Zellen in engem Kontakt mit ihrer Umwelt und kommunizieren mit ihr. In mehrzelligen Organismen ist der Kommunikationsbedarf noch erheblich höher. Vielfältige Aufgaben sind auf zahlreiche Zellen, Gewebe und Organe verteilt, die weit voneinander entfernt liegen können. Um ihre Funktionen aufeinander abzustimmen, müssen sie untereinander gezielt Botschaften über weite Entfernungen weitergeben. Dies geschieht über das Hormon- und das Nervensystem. In beiden Systemen verständigen sich die Zellen mit Hilfe kommunikativer Substanzen. Zu ihnen gehören die von Nerven freigesetzten Überträgerstoffe, „Transmitter", sowie die aus endokrinen Drüsen (z.B. Schilddrüse, Nebenniere, Bauchspeicheldrüse) abgegebenen Hormone, die die Zelle über den Blutweg oder die die Zellen umgebende Flüssigkeit erreichen.

Obwohl kommunikative Substanzen auf den ersten Blick nur der Informationsübertragung innerhalb eines Organismus zu dienen scheinen, ist bei ihnen die Umwelt nicht ohne Einfluß und modifiziert ihre Konzentrationen im Körper. So läßt eine streßreiche Umgebung den Spiegel zahlreicher Hormone steigen, wie z.B. den des Adrenalins oder den der Schilddrüsenhormone.

2.1.2 Der Informationsaustausch zwischen Zellen

Zellen übermitteln einander Informationen, indem sie Substanzen ausschütten, die als chemische Boten wirken. Zumeist dienen Rezeptoren den Botenstoffen als Anlegestelle. Der Begriff des Rezeptors ist mehrdeutig. Zum einen bezeichnet er eine Sinneszelle (z.B. den Photorezeptor des Gesichtssinnes); zum anderen – in unserem Sinne – jede Struktur, die eine andere, einen sogenannten Botenstoff, bindet und so eine Information überträgt und eine Wirkung auslöst.

Rezeptoren sind große Aggregate aus vielen Molekülen, deren besondere Verknüpfung jeder Rezeptorart eine charakteristische Struktur verleiht. Durch die Anpassung der Rezeptor-Bindungsstelle an die Struktur des gebundenen Botenstoffs (das Schlüssel-Schloß-Prinzip) kommt es zu einer Verformung des Rezeptormoleküls, wodurch eine Wirkung ausgelöst wird.

Das Schlüssel-Schloß-Prinzip ist sehr wichtig für eine sichere Übertragung der im Botenstoff gespeicherten Information an den richtigen Empfänger. Da ein Botenstoff der äußeren Umgebung jede Stelle der Zelloberfläche erreichen kann, muß er erkennen, welche Zellstruktur seine Botschaft empfangen und beeinflußt werden soll und welche nicht. Diese Unterscheidungsfähigkeit macht eine große Strukturvielfalt rezeptorgebundener Moleküle notwendig: Jede Molekülart löst an einem zu ihr passenden Rezeptor für sie spezifische Wirkungen aus.

Ebenso wie der Botenstoff den zu ihm passenden Rezeptor findet, ist auch eine einzelne rezeptortragende Zellstruktur fähig, zwischen den verschiedenen Botenstoffen, die sie zu binden vermag, zu unterscheiden. Je nach Art des Botenstoffs nimmt sie eine bestimmte Information auf und richtet ihr Verhalten danach aus.

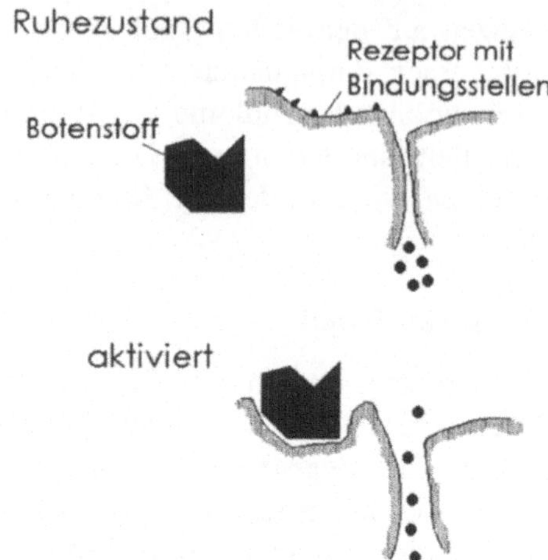

Bild 2.2
Ein Botenstoff löst eine Wirkung
an einem Rezeptor aus: Der Botenstoff tritt mit den Bindungsstellen eines Rezeptors in Kontakt. Hierdurch verformt sich das
Rezeptorprotein, so daß ein Io-
nenkanal eröffnet wird.

Kontraktilität, Sekretion und Zellteilung werden so beeinflußt, die
Genexpression ermöglicht und die Immunabwehr.

Einzeller ohne Nervensystem erkennen mit Hilfe von Rezeptoren
zahlreiche chemische Stoffe. Chemotaktische Bakterien, die durch
gelöste Stoffe in der Umgebung angezogen oder abgestoßen werden,
finden selbständig chemische Nahrungsquellen oder fliehen vor Gif-
ten, da sie in ihrer Zellmembran über Rezeptoren verfügen, die Moleküle aus der Zellumgebung an sich binden.

Neben Proteinen sind zumeist auch Kohlenhydrate am Aufbau eines Rezeptors beteiligt. So sind die an der Oberfläche von Zellmembranen lokalisierten Kohlenhydrate Bestandteile zellspezifischer Glykoproteinrezeptoren. Sie dienen zum einen der Anheftung infektiöser
Bakterien und Viren sowie verschiedener Toxine, Hormone und anderer Moleküle. Zum anderen vermitteln sie während der Embryonalentwicklung die Wanderung von Zellen. Eine besonders wichtige
Rolle spielen Kohlenhydrate bei Wechselwirkungen zwischen einzelnen Zellen, wie z.B. der Zell-Zell-Erkennung.

Zellen werden von einer Membran begrenzt, die den Zellinhalt gegen die Umgebung abgrenzt und ein weitgehend eigenständiges In-
nenleben ermöglicht. Sie besteht aus einer doppelten Protein-
Phospholipidschicht. Jedes Substrat, jeder Wirkstoff, der das Zellinnere erreichen soll, jedes Stoffwechselprodukt, das die Zelle passiert,
muß die Membran überwinden. Sie wirkt bei diesen Prozessen manch-

mal als Barriere, indem sie bestimmten Substanzen den Durchtritt erschwert oder unmöglich macht.

Zum Teil transportiert sie auch Stoffe, die die Membran spontan nur schwer passieren würden. Zum kontrollierten Austausch mit der Umgebung dienen in die Membran eingebettete Proteine und Glykoproteine, seien es energieverbrauchende Pumpen (z.B. Na^+/K^+-ATPase), andere Transportproteine (carrier, z.B. Na^+/Glucose-Cotransport) und Ionenkanäle (Na^+-Kanal, Ca^{++}-Kanal).

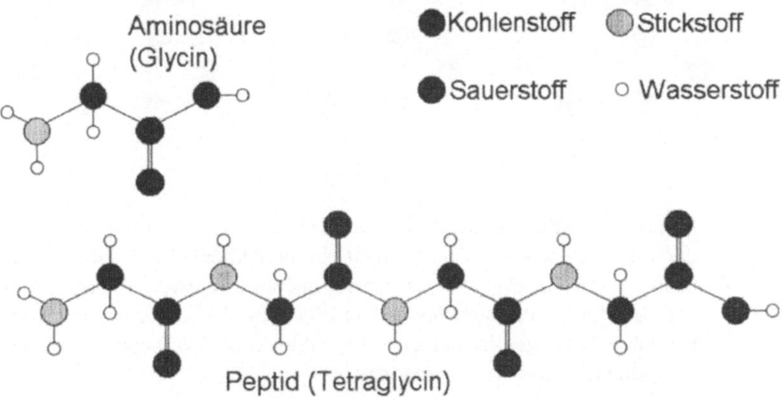

Bild 2.3 Vier Aminosäuren des Typs Glycin lassen sich nur auf eine einzige Art miteinander verknüpfen – zu dem Peptid Tetraglycin.

Zwei Zellen erkennen einander über komplementäre Strukturen an der Außenseite ihrer Membranen: Die betreffende Struktur auf der einen Zelle enthält eine codierte biologische Information, die von der Struktur auf der anderen verstanden werden kann.

Sind Proteine an der Zellerkennung beteiligt, werden kurze Abfolgen von Aminosäuren – Peptide – erkannt. Manche Anheftungsprozesse laufen beispielsweise über sogenannte Integrine; das sind Oberflächenproteine, die passende Peptide erkennen.

Bausteine von Proteinen lassen sich nur auf eine Art linear verknüpfen. Da es von vier verschiedenen Nukleinsäuren bzw. Aminosäuren 4! = 24 unterschiedliche Anordnungsmöglichkeiten (Permu-

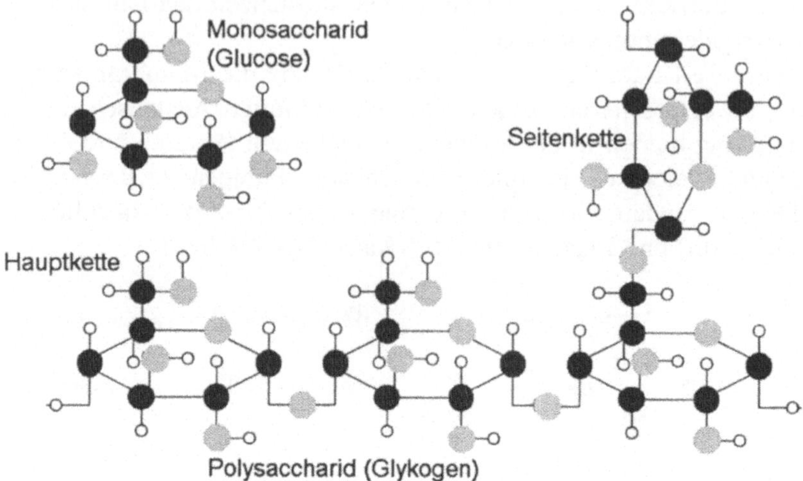

Bild 2.4 Monosaccharide (Einfachzucker) können auf mannigfaltige Art miteinander verknüpft werden. Glykogen ist ein ausschließlich aus Glucose aufgebauter Vielfachzucker (Polysaccharid) mit stark verzweigter Struktur. Nach drei bis fünf Glucosemolekülen erfolgt eine Verzweigung der linearen Bindung. Glykogen ist nur eine der zahlreichen Möglichkeiten, Glucosemoleküle miteinander zu verbinden.

tationen) gibt, lassen sie sich zu 24 verschiedenen Tetranukleotiden oder Tetrapeptiden zusammenfügen.

Im Vergleich zu Proteinen verfügen Kohlenhydrate über komplexere Verknüpfungsmöglichkeiten. Zwei identische Monosaccharide lassen sich bereits auf elf unterschiedliche Arten miteinander verknüpfen. Aus wenigen verschiedenen Disacchariden kann so eine unvorstellbare Vielfalt verzweigter und unverzweigter Kohlenhydrate entstehen: Vier verschiedene Einfachzucker können zu 35 560 unterschiedlichen Tetrasacchariden verknüpft werden.

Ihre Strukturvielfalt macht Zuckerpolymere zu wichtigen Informationsträgern; sie vermögen weit mehr Informationen pro Gewichtseinheit zu speichern als Nukleinsäuren und Proteine. So können Monosaccharide als Buchstaben einer Schrift verstanden werden, deren Worte aus Verknüpfungen von Einfachzuckern bestehen.

2.1.3 Kommunikationsmoleküle

Höhere mehrzellige Organismen verfügen über ein Hormon- und ein Nervensystem, in dem sich die Zellen mit Hilfe kommunikativer Substanzen, d.h. mit Hilfe von Hormonen bzw. Transmittern, verständigen.

Eine Nervenzelle sendet einzelne Signale jeweils an eine spezifische Gruppe von Zielzellen: Muskelzellen, Drüsenzellen oder andere Nervenzellen. Sie übermittelt ihre Botschaft, indem sie einen Transmitter von speziellen Stellen aus, den Synapsen, zur Zielzelle schickt. So wird das Nervensystem beispielsweise von einem dichten Netz von Nervenzellen durchsetzt, deren Neurotransmitter Noradrenalin ist. Nahezu alle zerebralen Funktionen lassen sich durch eine Beeinflussung aktivierender noradrenerger Mechanismen regulieren – Aufmerksamkeit und Konzentration, Schlaf-Wach-Rhythmus, Nahrungsaufnahme und Temperaturregulation. Hierbei sind Hormon- und Nervensystem eng miteinander verbunden. So sind Noradrenalin enthaltende Nervenenden im Hypothalamus (Teil des Zwischenhirns, vgl. 5.2) an der Regulation von Hormonausschüttungen beteiligt.

Im Vergleich zu Neurotransmittern wirken Hormone gewöhnlich weniger direkt. Zwar gibt es die sogenannten exokrinen Drüsen, die ihr Sekret über ein Gangsystem abgeben und damit direkt ihren Wirkort erreichen, der zumeist eine Oberfläche ist. Doch findet die häufigste Form der hormonellen Kommunikation im endokrinen, also innersekretorischen, System statt: Endokrine Drüsen haben keinen Ausführungsgang, sie geben ihre Hormone an die Blutbahn ab. Diese Hormone werden über den Blutweg transportiert und erreichen so die Organe, an denen sie ihre Wirkungen entfalten. Zu den wichtigsten endokrinen Drüsen zählen die Hirnanhangsdrüse (an der Unterseite des Gehirns), die Schilddrüse und die Nebenschilddrüsen (im Halsbereich), die Bauchspeicheldrüse und die Nebennieren.

Ihre physiologischen Wirkungen entfalten Nerven- und Hormonsystem in ähnlicher Weise: Beide lassen ihre Kommunikationsmoleküle in Kontakt mit spezifischen Rezeptoren einer Zielzelle treten.

Auf diese Weise ist gewährleistet, daß die durch das Hormon oder den Transmitter zu übermittelnde Information die richtigen Empfängerzellen erreicht – eine außerordentlich wichtige Funktion: Da alle mit dem Blut zirkulierenden Hormone jedes Körperorgan erreichen, muß ein Hormon erkennen, welche Organzellen es beeinflussen soll und welche nicht.

Hormonrezeptoren finden sich nicht nur auf der äußeren Zellmembran, sondern auch innerhalb der Zelle. Steroidhormone dringen beispielsweise durch die Zellhaut und finden im Zellinneren ein spezifisches zytoplasmatisches Bindungsprotein.

Die durch Hormone und Neurotransmitter hervorgerufenen Wirkungen in mehrzelligen Lebewesen entsprechen den durch Umweltreizen verursachten in einzelligen Organismen. Aber Umweltreize spielen auch in mehrzelligen Organismen eine wichtige Rolle:

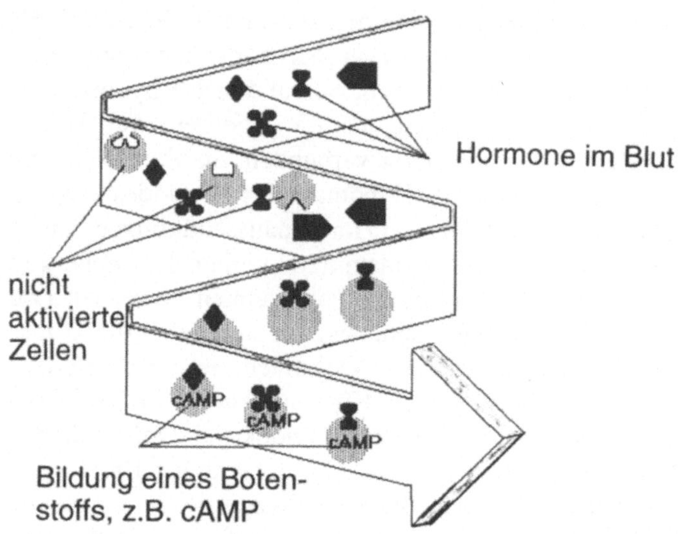

Bild 2.5 Jedes Hormon wirkt spezifisch nur auf Zellen eines bestimmten Zielgewebes. Das Hormon paßt zu seiner Bestimmungszelle wie ein Schlüssel zu einem Schloß. Gehen Hormon und Zielzelle eine Verbindung ein, so bilden sich Botenstoffe der zweiten Stufe (vgl. 2.1.4) – in diesem Fall cAMP (modifiziert nach Benner).

Indem sie Transmitter und Hormone kontrollieren, haben sie Zugriff auf die intrazellulären informationsverarbeitenden Systeme. Da die meisten Zellen mehrere Arten von Kommunikationsmolekülen synthetisieren, verfügen sie über ein enormes Potential an Signalkombinationen. Auf diese Weise bildet ein Spektrum aus Transmittern und Hormonen die Wirklichkeit ab; Erfahrungen werden in Form einzigartiger Kombinationen von molekularen Symbolen verschlüsselt.

Eine der schnellsten Reaktionen auf plötzliche körperliche oder seelische Belastungen – Streß – ist beispielsweise die Ausschüttung von Adrenalin aus der Nebenniere. Über eine Stimulierung sogenannter Adrenozeptoren kommt es zu einer Reihe intrazellulärer Folgereaktionen. Innerhalb von Sekunden nach Adrenalinausschüttung finden im Körper zahlreiche sichtbare Veränderungen statt. Der Organismus

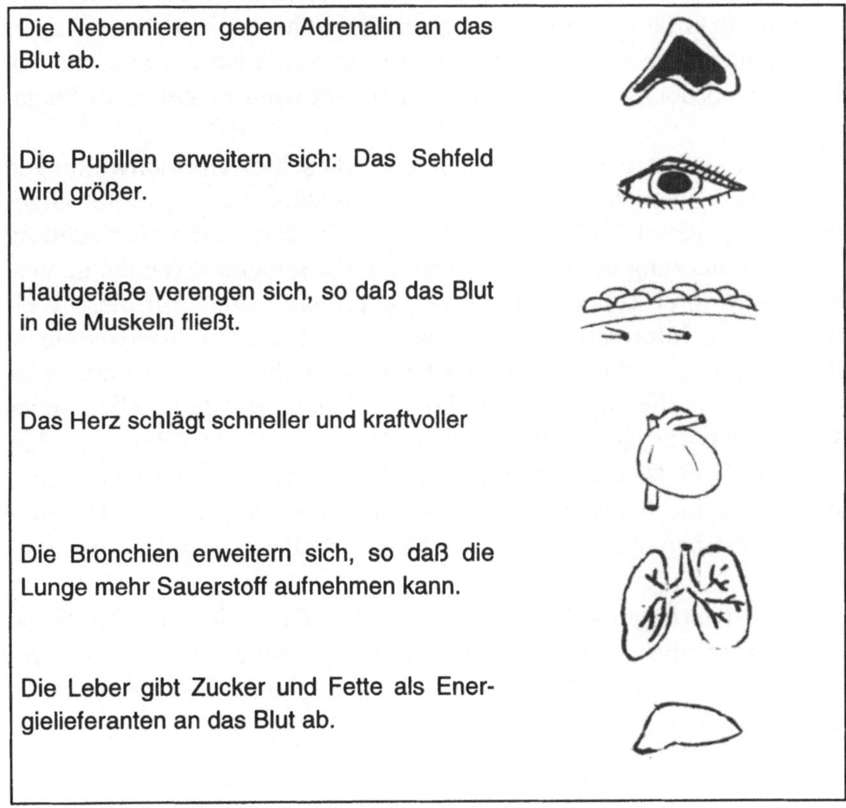

Bild 2.6   Antworten auf Stress

wird zu höheren Leistungen befähigt und seine Energiereserven werden mobilisiert – so wie es in Situationen des Kampfes oder der Flucht notwendig ist: Das Blut wird in die Muskeln umgeleitet, wo es benötigt wird; die Lungen erweitern sich zur vermehrten Sauerstoffaufnahme; die Muskeln werden vorgespannt, um plötzliche und rasche Bewegungen zu gestalten; Glucose und Fett werden von der Leber ins Blut abgegeben. Das Herz schlägt schneller, und der Blutdruck steigt, so daß sich der Energieverbrauch erhöht. Der Mensch ängstigt oder ärgert sich.

Hormon- und Transmitterwirkungen infolge von Umweltreizen, die nur Sekunden bis Minuten einwirken, sind oft noch tagelang nachweisbar. So läßt uns der Streß auch dann nicht zur Ruhe kommen, wenn er längst vorüber ist. Nach einem hektischen Tag zirkuliert Adrenalin in erhöhter Konzentration in unserem Körper und hält ihn im Zustand höchster Alarmbereitschaft – obwohl es Zeit zum Schlafen ist.

Das Beispiel zeigt, daß (auch unerwünschte) Hormonwirkungen gespeichert werden und zur Gedächtnisbildung beitragen. Im allgemeinen speichern Zellen Gedächtnis als biochemische Veränderung oder Veränderung der Struktur. Zellsysteme speichern Wissen in Verbindungen ihrer Zellen, d.h. als Verknüpfungsmuster. Auf diese Weise wird die Information eingebettet in ein Netz von Assoziationen. Ein Beispiel ist die metaplastische Umwandlung von Zellen einer Gewebeart in die einer anderen Form. Hierbei erwerben Zellen neues Wissen, das sie dauerhaft speichern. So kann am unverhornten Plattenepithel der Mundschleimhaut als Folge einer chronischen chemischen oder mechanischen Reizeinwirkung die Fähigkeit zur Hornbildung erworben werden – es resultieren Stellen verhornten Plattenepithels.

Jedoch verfügen Zellen noch über andere Gedächtnisformen. So ist das Wissen über das, was körpereigen und körperfremd ist, im Immunsystem festgelegt (vgl. Kapitel 3), und genetisches Wissen ist in den Erbanlagen gespeichert (vgl. Kapitel 4).

2.1.4 Die Informationsverarbeitung einer Zelle

Einem Rezeptor kommt eine duale Funktion zu: Indem er einen molekularen Boten bindet, erkennt er ein Signal. Zum anderen leitet er Signale weiter bzw. verarbeitet sie und löst damit Effekte aus. Hierbei können – je nach Art der gebundenen Substanz – entgegengesetzte Wirkungen ausgelöst werden. Bindet ein Rezeptor einen Agonisten, geht er in seine aktive Konformation über, und die Rezeptorwirkung wird verstärkt. Bindet der Rezeptor dagegen einen Antagonisten, so begünstigt dies die Ausbildung der inaktiven Konformation, und die Rezeptorwirkung wird geschwächt.

Rezeptoren kommen innerhalb und außerhalb einer Zelle vor. Intrazellulär gelegene Zellen binden ein Botenmolekül und werden so aktiviert. Der Rezeptor-Botenstoff-Komplex dringt sodann in den Zellkern ein und reagiert dort mit DNA. Im folgenden wird m-RNA synthetisiert, die nach Ausschleusung aus dem Zellkern die Bildung eines spezifischen Proteins hervorruft, das dann die eigentliche Wirkung auslöst.

Auf der äußeren Zellmembran sitzende Rezeptoren können einfach-membrangängig sein. Binden sie ein Botenmolekül, löst dies am entgegengesetzten Rezeptorende eine Phosphorylierung aus, worauf der Rezeptor-Botenstoff-Komplex von der Membran ins Zellinnere transportiert wird. Auf diese Weise erfolgt z.B. die Aufnahme bestimmter Eiweiß-Fett-Verbindungen (Low-density-Lipoproteine) in die Zelle.

Ein Ionenkanal-Rezeptor bildet durch die Zellmembran einen für Ionen durchgängigen Kanal. Bindet der Rezeptor einen Botenstoff, so wird der Kanal entweder geöffnet oder geschlossen. Die Folge ist ein verstärkter oder verringerter Austausch der entsprechenden Ionen.

Hat ein Botenstoff einen G-Protein-gekoppelten Rezeptor gebunden, wird ein Guanin-Nukleotide-bindendes, membranverankertes Kopplungsprotein, ein sogenanntes G-Protein, angeregt, eine Reaktionskaskade innerhalb der Zelle in Gang zu setzen. G-Proteinen an der Innenseite von Zellmembranen kommt eine wesentliche Vermittlerrolle bei der Signalübertragung innerhalb der Zelle vor. Zunächst aktivieren sie effektorische Enzyme, die als erste Stufe der zellulären

Reaktion die Bildung weiterer Botenstoffe innerhalb der Zelle fördern.

Bereits bei einfachen einzelligen Organismen sorgen effektorische Enzyme für die Anpassung des Verhaltens an die Anforderungen der Umgebung und die damit verbundene Aufnahme und Verarbeitung von Information. So verfügt das Darmbakterium *Escherichia coli* über eine besondere Fähigkeit: Es kann Lactose (Milchzucker) als einzige Kohlenstoff- und Energiequelle nutzen, da es ein Enzym besitzt, das Lactose in Glucose (Traubenzucker) und Galactose (4-stereoisomere Form der Glucose) zerlegt – die ß-Galactosidase. Dieses Enzym wird nur dann in größeren Mengen hergestellt, wenn dies erforderlich ist, d.h. wenn die Zellen auf einem Nährmedium heranwachsen, das keine Glucose, sondern Lactose enthält. Das ß-Galactosidase-codierende Gen (lacZ) ist ein „induzierbares Gen", das nur dann zur Synthese der ß-Galactosidase führt, wenn der Zelle genügend ß-Galactoside zur Verfügung stehen.

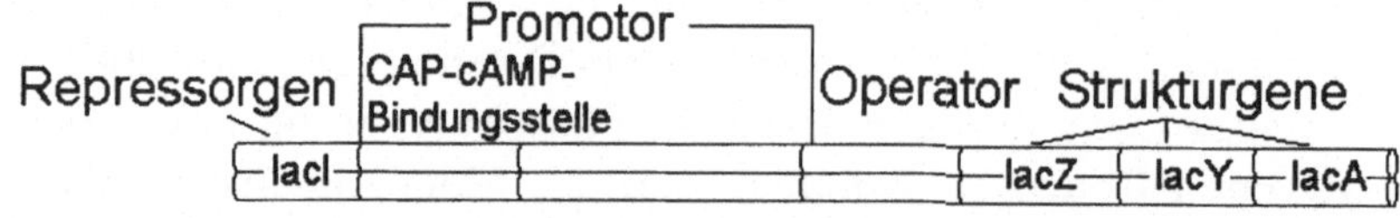

Bild 2.7 Schematische Darstellung des lac-Operons von *Escherichia coli* mit dem unmittelbar anschließenden lac-Repressor-Gen. Das Operon besteht aus drei Strukturgenen (lacZ, lacY und lacA) und einer Promotor-Operator-Sequenz. Das Gen lacI definiert den lac-Repressor. Verbindet dieser sich mit dem Operator, wird die Übersetzung der genetischen Information des lac-Operons unmöglich gemacht.

Damit es zur Ausbildung des ß-Galactosidase-codierenden Gens kommt, ist ein positives Signal erforderlich. Dieses besteht aus einem Komplex aus zyklischem AMP (cAMP) und einem Protein (genannt CAP, catabolite activator protein). Der Komplex geht mit dem Gen eine Bindung ein und aktiviert es. Über mehrere Zwischenschritte führt dies schließlich zu einer vermehrten Bildung der ß-Galactosidase.

ß-Galactosidase ist nicht das einzige Enzym, dessen Herstellung sich nur bei ausreichender ß-Galactosidzufuhr lohnt. Auch die ß-Galactosid-Permease (codiert durch Gen lacY) und die ß-Galactosid-Transacetylase (codiert durch Gen lacA) wandeln Galactoside um. Daher wendet die Natur ihren Sparmechanismus gleichzeitig auf alle drei Enzyme an: Die Gene lacZ, lacY und lacA liegen auf der DNA benachbart und werden zusammen aktiviert. Gemeinsam mit einer sogenannten Promotor-Operator-Sequenz, d.h. einem bestimmten, für die Steuerung der gesamten Gengruppe verantwortlichen DNA-Abschnitt, bilden sie ein Operon (vgl. 4.4.3).

Neben cAMP sind andere intrazelluläre Botenstoffe bekannt. cGMP (zyklisches Guanosinmonophosphat) entsteht nach Aktivierung des Enzyms Guanylatcyclase. Verändert ein Reiz das Potential der Zellhülle, so kann es auch zu einem Einstrom von Calcium durch spannungsgesteuerte Ionenkanäle in die Zelle kommen.

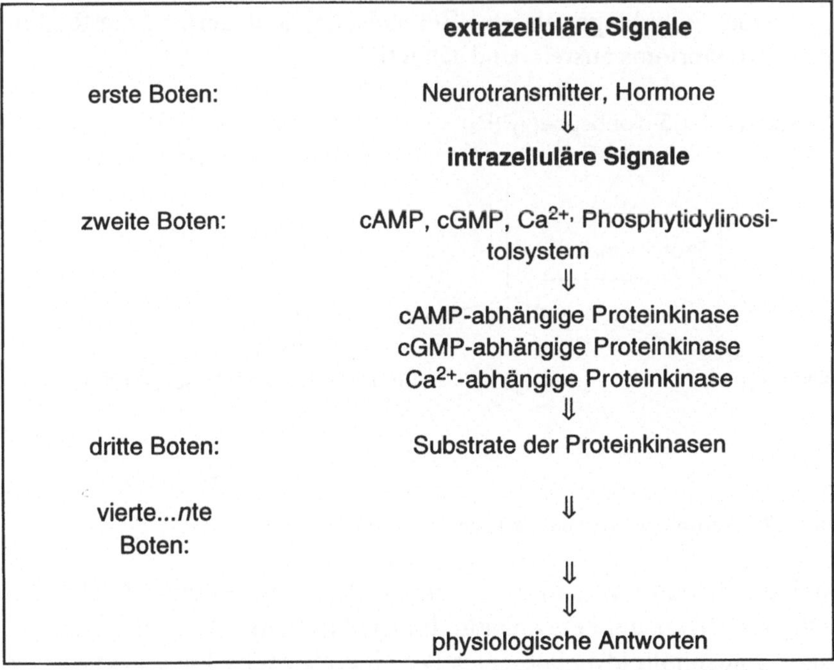

Bild 2.8 Beispiele für Signalkaskaden. Extrazelluläre Signale lösen über eine Serie von intrazellulären Transduktionen physiologische Antworten aus.

Calcium sowie cAMP und cGMP wandeln Enzyme der zweiten
Stufe, die man als Kinasen bezeichnet, aus unwirksamen Formen in
wirksame um. Die aktivierten Kinasen übertragen Phosphatgruppen
auf Enzyme der dritten Stufe. Dieser Vorgang der Phosphorylierung
ist eine in allen Zellen benutzte Methode, um den chemischen Zustand von Molekülen zu ändern. Phosphorylierte Enzyme sind enzymatisch aktiv, das heißt, sie wirken wie Katalysatoren, die eine
chemische Reaktion in Gang bringen und beschleunigen können. Die
aktivierten Enzyme bringen dann die Veränderungen hervor, die der
äußere Reiz auslösen soll.

So beeinflussen sie beispielsweise in verschiedenen Bakterienarten
die Drehrichtung der Geißel und damit die Schwimmrichtung des
Bakteriums. Das Bakterium bewegt sich dorthin, wo es mehr und
bessere Nahrung findet und entfernt sich aus Gebieten, wo es Hunger
leidet und wo Gefahren drohen. Ein solches Verhalten entspricht den
Reflexen im Tierreich. Da die Signalübertragung vom Rezeptor bis
zur Geißel nicht länger als eine Zehntelsekunde dauert, ist die Reaktion des Bakteriums ausreichend schnell.

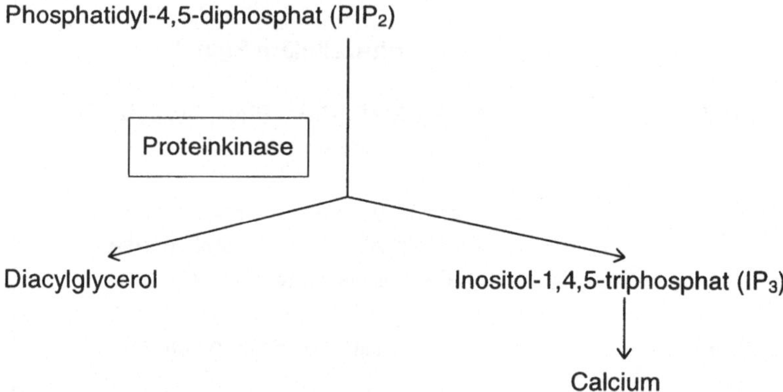

Bild 2.9 Phosphatidylinositolkaskade

Andere Umweltreize aktivieren eine weitere intrazelluläre Reaktionskette, die sogenannte Phosphatidylinositolkaskade. Diese läßt intrazelluläre Phospholipidsignale entstehen, die ebenfalls Enzymaktivitäten
regulieren. Ein Enzym, die Phospholipase C, ist dabei von besonde-

rem Interesse. Sie baut ein Phospholipid in der Zellmembran gleich zu zwei zweiten Botenstoffen ab, nämlich Diacylglycerol und Inositol-1,4,5-triphosphat (IP_3), das aus Speichern im Zellinneren einen weiteren Botenstoff – Calcium – freisetzt.

Phosphorylierungs- und Phosphatidylinositolkaskade beeinflussen sich gegenseitig: Information fließt von einer Reaktionskette zur anderen, woraus sich komplizierte erregende und hemmende Wechselwirkungen ergeben.

2.1.5 Schlußfolgerung

Räumliche Struktur und biologische Organisation einer Zelle legen fest, in welcher Weise Umweltreize in Funktionsänderungen übersetzt werden. Hierbei haben Umweltreize Zugriff auf jene intrazellulären Vorgänge, die den Kern der zellulären Informationsverarbeitung darstellen. Reize lösen biologische Mechanismen aus, und biologische Regeln bestimmen die Reizumwandlung. Indem Botenstoffe spezifisch Umweltreize in zelluläre Informationen umwandeln, haben sie Übersetzerfunktion. Hierbei hängt der Gehalt der übersetzten zellulären Information von den Operationsregeln und der Arbeitsweise des Zellsystems ab – die Bedeutung eines Moleküls ist reiz- und systemspezifisch. Sie ergibt sich u.a. aus der Rolle des Moleküls in einem komplexen biochemisch-verhaltensphysiologischen Netz – das Molekül im Reagenzglas verliert seinen Informationsgehalt.

2.2 Der Automat

Die Zelle ist ein höchst komplexes Gebilde. Indem wir eine Modellvorstellung von ihr entwickeln, nehmen wir ihr ihre Komplexität und ahmen die Informationsverarbeitung natürlicher Zellsysteme in vereinfachter Weise nach. Es entsteht ein Abbild der Wirklichkeit, ein Ding, das uns auch im alltäglichen Leben häufig begegnet und das nach eigenen Gesetzen selbständig wirkt – ein sogenannter endlicher Automat. Die Reduktion eröffnet zum einen die Möglichkeit, Zellstrukturen mit Hilfe von Computern zu simulieren. Zum anderen lassen sich durch endliche Automaten all die Elemente nachbilden, die die Grundlagen heutiger Digitalrechner bilden.

2.2.1 Was ist ein endlicher Automat?

Ein Automat ist eine Maschine, die sich selbst steuert. Sie reagiert auf bestimmte Ereignisse mit ausgewählten Funktionen, ohne daß ein Mensch einzugreifen braucht. Ein Eingabesignal bewirkt, daß sie in einen anderen Zustand übergeht. Ein endlicher Automat kann sich nur in einer endlichen Zahl verschiedener Zustände befinden.

Überall begegnen uns in unserem täglichen Leben endliche Automaten. Kaffeeautomat, Schreibmaschine, Musikinstrument, Taschenrechner – sie alle sind Beispiele. Ihnen ist gemeinsam, daß sie auf einige Signale und Eingaben der Umwelt in bestimmter Weise reagieren.

2.2.2 Die Informationsaufnahme eines endlichen Automaten

Umweltsignale können z.B. dadurch erzeugt werden, daß Tasten gedrückt werden wie bei Schreibmaschine, Taschenrechner oder Klavier, Münzen eingeworfen werden wie bei Fahrkarten- und Spielautomat oder Zeichen eingelesen werden, die evtl. zuvor auf einem Speichermedium wie z.B. Magnetplatten oder Bändern gespeichert waren.

Für jeden Automaten gibt es somit eine für ihn typische Menge von elementaren Signalen, mit denen die Umwelt auf ihn einwirken kann und die der Automat „versteht". Diese Menge bezeichnet man als Eingabealphabet des Automaten.

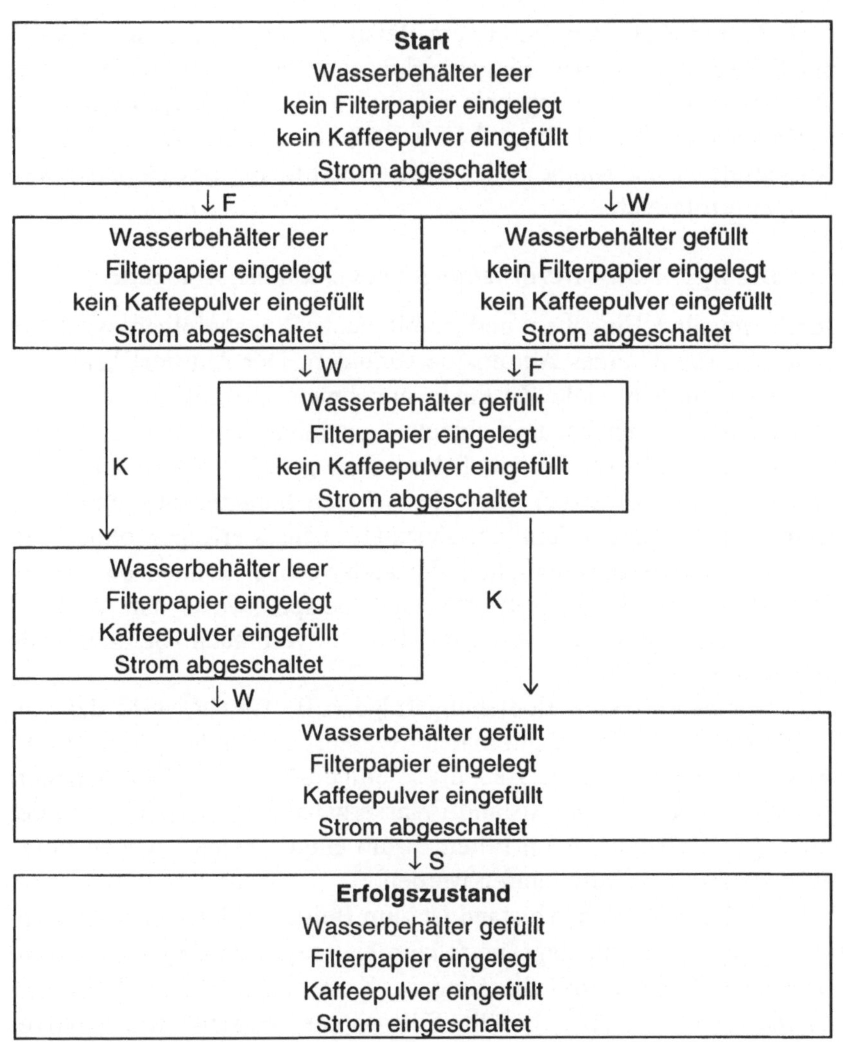

Bild 2.10 Die Zustände eines Kaffeeautomaten

Nehmen wir als Beispiel einen Kaffeeautomaten, so gibt es einzelne Funktionen, die durch Eingabesignale gesteuert werden, nämlich Wasser einfüllen, Filterpapier einlegen, Kaffeepulver einfüllen und Strom einschalten. Kürzen wir diese elementaren Operationen durch

W, F, K und S ab, dann sind zum Beispiel WFKS oder auch FKWS und FWKS als korrekte Eingabefolgen anzusehen, die nach einiger Zeit zum gewünschten Ergebnis, nämlich heißem Kaffee, führen.

Dagegen sind die Folgen WFS (gefiltertes, heißes Wasser), KWS (Kaffeesatz in der Kanne) oder SFK (Überhitzung des Gerätes) weit weniger erfolgreich.

2.2.3 Die Informationsverarbeitung eines endlichen Automaten

Durch einzelne Eingaben und somit auch Eingabefolgen wird der „innere Zustand" eines Automaten verändert. Der Automat kann verschiedene endlich viele Zustände annehmen, die diskret, d.h. klar voneinander abgrenzbar und einzeln benennbar, sein müssen. Zu jedem Zustand können Ein- und Ausgaben gehören. Beim Übergang zwischen den Zuständen wird der Modellcharakter des endlichen Automaten besonders deutlich: Zustandswechsel erfolgen ohne Zeitverbrauch. Diese blitzschnellen Zustandswechsel können nur in der Vorstellung existieren. Stellt man sich beispielsweise den Wechsel zwischen Bewegung und Stillstand ohne Zeitverbrauch vor, sind beide diskrete Zustände.

Bei einer korrekten Bedienungsfolge, z.B. WFKS, wird der Anfangszustand des Kaffeeautomaten (Wasserbehälter leer, kein Filterpapier eingelegt, kein Kaffeepulver eingefüllt, Strom abgeschaltet) überführt in den Erfolgszustand (Wasserbehälter gefüllt, Filterpapier eingelegt, Kaffeepulver im Filter, Strom eingeschaltet), wobei einige Zwischenzustände durchlaufen werden.

Ein solcher Zwischenzustand ist zum Beispiel (Wasserbehälter gefüllt, Filterpapier eingelegt, noch kein Kaffeepulver eingefüllt, Strom abgeschaltet), der durch die Eingabe K in den nächsten Zwischenzustand (Wasserbehälter gefüllt, Filterpapier eingelegt, Kaffeepulver im Filter, Strom abgeschaltet) überführt wird. Der Automat reagiert also auf eine Eingabe durch Übergang in einen anderen Zustand, und zwar in Abhängigkeit vom momentanen inneren Zustand und vom gerade erhaltenen Eingabezeichen.

Zustände sowie Ein- und Ausgaben legen die Maschine fest. Es gibt keine zusätzlichen Informationen und insbesondere keine Möglichkeit, Informationen zu speichern.

2.2.4 Zelluläre Automaten

Die Erfinder der zellulären Automaten, John von Neumann und Stanislaw Ulam, wollten ein Modell sich wechselseitig beeinflussender Teilkomponenten entwerfen, mit dessen Hilfe die Entwicklung vernetzter Systeme studiert werden konnte. Als Vorbild für ihren Entwurf sahen sie die natürlichen Zell- und Nervenzellverbände. So sind die Teilkomponenten ihres Systems sich selbst reproduzierende Automaten, d.h. Maschinen, die einen anderen, völlig gleichen Automaten erzeugen können. Diese Automaten sind in einem gleichförmigen Gitter angeordnet, von dem jedes Feld einen endlichen Automaten verkörpert. Die identischen Automaten, auch „Zellen" genannt, stehen untereinander in enger Verbindung: Jeder erhält Eingabeinformationen von benachbarten Automaten, wobei die Nachbarschaftsverbindung in der gesamten Anordnung einheitlich ist. Der Zustand einer Automatenzelle kann durch wenige Zahlenwerte beschrieben werden, und alle Zellen ändern ihren Zustand entsprechend den gleichen Regeln und zur gleichen Zeit.

Mit Hilfe zellulärer Automaten lassen sich die unterschiedlichsten Systeme sich lokal beeinflussender Teile modellieren – von der Nebelbank bis zum Weltraum. Zelluläre Automaten können helfen, Antworten auf die unterschiedlichsten Fragen zu finden, z.B.: Wie arbeiten Computer in einem bestimmten Netzwerk zusammen?

Der Entwurf von John von Neumann und Stanislaw Ulam hatte natürliche Zellsysteme zum Vorbild, und zelluläre Automaten können auch als Modell biologischer, zur Selbstreproduktion fähiger Zellsysteme angesehen werden. Hierbei wird jedoch der Modellcharakter zellulärer Automaten besonders deutlich. Jede ihrer Zellen ist von einer recht eintönigen Umwelt umgeben: Die Zelle empfängt eine kleine Menge diskreter Eingabesignale, die sich durch einfache Zahlenwerte darstellen lassen und der unmittelbaren Nachbarschaft entstammen. Es gibt keine Rezeptoren und keine Kommunikationsmoleküle, die einen differenzierten Informationsaustausch auch zwischen weiter entfernten Strukturen regeln. Die komplizierte Signalkaskade der wirklichen Zelle vereinfacht sich so zu einem blitzartigen Wechsel zwischen diskreten Zuständen.

2.2.5 Die Informationsverarbeitung eines zellulären Automaten

In Abhängigkeit von voreingestellten Signalen schaltet jede Automatenzelle zwischen verschiedenen Zuständen um. Hierbei bestimmt die Zelle ihren neuen Wert aus ihrem vorherigen und den alten Inhalten ihrer Nachbarzellen. Der Zustand einer Automatenzelle kann durch wenige Zustandswerte beschrieben werden – oft sind dies nur die Werte 0 und 1. Darin ähnelt sie einem Digitalcomputer, in dem jede Information ebenfalls nur durch digitale Einheiten – der begrenzten Abfolge unterschiedlicher Bits – ausgedrückt wird.

Auf den ersten Blick erscheinen die Entwicklungsmöglichkeiten eines zellulären Automaten recht eingeschränkt, doch dieser Schein trügt: Viele einfache Teile tun sich zusammen, um ein komplexes Ganzes zu formen.

Auch wenn die einzelne Zelle kaum Möglichkeiten der Entscheidung hat, ist die Kombinationsbreite für die Zustände des gesamten zellulären Automaten gewaltig. Sie hängt allein ab von der Zahl aller Zellen des Zellraumes. Enthält der Zellraum eines Automaten N Zellen, die nur zwei Zustände annehmen können, so gibt es 2^N verschiedene Möglichkeiten, die zwei verschiedenen Zustandswerte auf alle Zellen zu verteilen.

Das ganze Spektrum der Entwicklungsmöglichkeiten hängt sowohl von der Zahl der Zellzustände als auch von der Größe der Nachbarschaft ab. Jede mögliche Kombination der Zustandswerte einer Nachbarschaft kann mit einem eigenen neuen Zustand der Zelle verknüpft werden.

2.2.6 Nachbarschaftliche Beziehungen

Alle Zellen sind von gleicher Gestalt. Sie können die Form eines Quadrates, eines Sechsecks oder eines Dreiecks annehmen. Am häufigsten findet man ein zweidimensionales rechteckiges Gitter, in dem die Zellen wie die Felder eines Schachbrettes angeordnet sind.

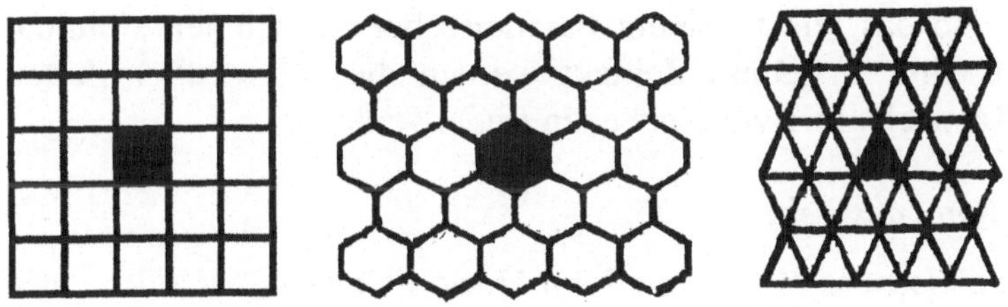

Bild 2.11 Zweidimensionale Zellräume: rechteckige, hexagonale und dreieckige Gitterstruktur

 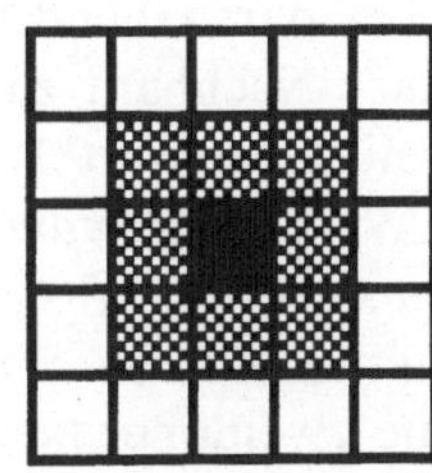

Bild 2.12
Von Neumann- (links) und
Moore-Nachbarschaft
(rechts)

Die geometrische Grundform einer Zelle legt ihre nachbarschaftlichen Beziehungen fest: Hat eine Zelle in einem Sechseck-Gitter sechs Zellen in ihrer unmittelbaren räumlichen Nachbarschaft, so sieht dies in einem rechteckigen Gitter ganz anders aus. Hier ist eine Zelle direkt benachbart zu vier anderen Zellen (sogenannte von-Neumann-Nachbarschaft). Statt sich nur auf diese vier Nachbarn einer Zelle zu beschränken, können auch die vier an den Ecken angrenzenden Zellen als weitere Nachbarn hinzugenommmen werden (Moore-Nachbarschaft).

In eindimensionalen Automaten liegen die Variationsmöglichkeiten im Radius der Nachbarschaft. Einen Effekt auf die Entwicklung einer Zelle müssen nicht nur die zwei unmittelbar angrenzenden Zellen haben – auch über eine Entfernung von zwei oder drei Zellen kann die Entwicklung beeinflußt werden.

Welchen Einfluß der Zustand der Nachbarn auf die eigene Entwicklung nimmt, also die Art der Wechselwirkungen, legt die Regel des Automaten fest. Sie beschreibt das Programm, das für alle Zellen gleich ist und das wie in einem Parallelrechner von ihnen simultan ausgeführt wird: In jedem Zeittakt werden die Werte aller Zellen gleichmäßig nach einer vorgegebenen Regel verändert.

2.2.7 Das Spiel des Lebens

Im Spiel des Lebens, 1968 von John Horton Conway erfunden, entwickeln und vermehren sich die Akteure selbständig wie Lebewesen. Es sind die Elemente eines Zellularautomaten, die über ein zweidimensionales rechteckiges Feld verteilt sind. Jedes dieser Elemente hat die Form eines Quadrates und steht in Moore-nachbarschaftlicher Beziehung zu seinen angrenzenden Zellen. Ein Element kann nur zwei Zustände annehmen, beschrieben durch 0 und 1. 1 erhält es, wenn sein eigener Zustand und der seiner Nachbarn zusammen 3 ergibt bzw. auch 4, wenn das Element selbst denWert 1 hatte. In allen anderen Fällen wird dem Element der Wert 0 zugeordnet.

Hinter diesen Bedingungen steckt die Absicht, die Entwicklung eines wirklichen Zellsystems zu modellieren. Ein Element repräsentiert eine lebende Zelle, die in eine zweidimensionale rechteckige Gitterwelt hineingeboren wird. Je nach Bevölkerungsdichte in ihrer Umgebung bleibt sie am Leben oder stirbt: Ein Zustandswert von 1 bedeutet, daß sie lebt; ein Wert von 0 dagegen entspricht ihrem Tod. Eine Zelle wird zum Leben erweckt, wenn es in den acht um sie herum liegenden Gitterplätzen eine ideale Bevölkerungsdichte von genau drei lebenden Zellen gibt. Auch das Überleben einer Zelle hängt von der Zahl ihrer Lebensgefährten in der Nachbarschaft ab. Streiten sich mehr als drei lebende Zellen um den lokalen Lebensraum in ihrer Nachbarschaft, stirbt die Zelle. Ein gleiches Schicksal ereilt sie aber auch, wenn sie nicht mindestens zwei lebende Nachbarn findet und an Einsamkeit zugrunde geht. Nur bei zwei oder drei lebenden Zellen in ihrer Umgebung sind somit die Voraussetzungen für das eigene Überleben gesichert.

Es ist nicht vorhersehbar, wie sich die Zellmuster im Spiel des Lebens entwickeln, und es entstehen überraschende und vielfältige Zellmuster. Einige Muster verschwinden und werden nie mehr gesehen – sie sterben aus. Andere Muster durchlaufen zyklische Konfigurationen, bei denen nach gewisser Zeit das Ausgangsmuster wieder erreicht wird. Manche Muster wandern über die Bildfläche in horizontaler, vertikaler oder diagonaler Richtung, und wieder andere Muster enden in einer gleichbleibenden Konfiguration (vgl. Bild 2.13).

Das in diesen Automaten umgesetzte Prinzip lokaler Wechselwirkungen einfacher Bausteine erfaßt auf eine leicht zugängliche Weise Grundcharakteristika der sich selbstorganisierenden Welt natürlicher Zellsysteme. Man kann sich mit ihnen den Phänomenen der Komplexität annähern, ohne erst einen umfassenden theoretischen Apparat im Detail zu studieren.

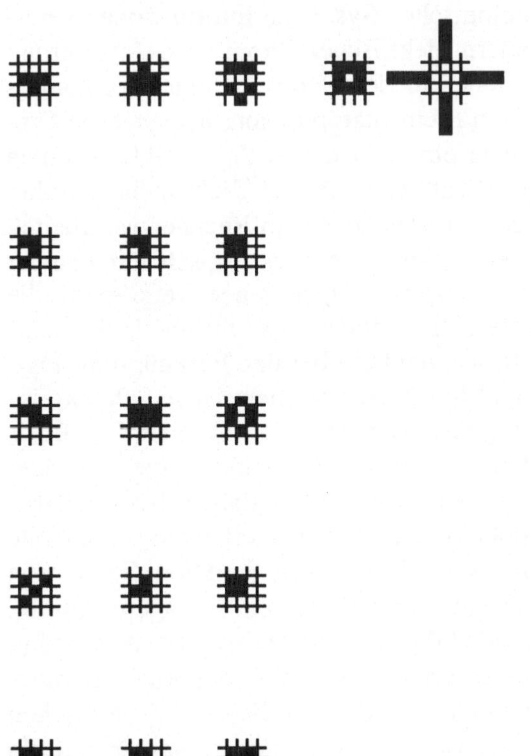

Bild 2.13
Beispiele stationärer Muster, die sich aus vier lebenden Zellen entwickeln

Spiegeln Zellularautomaten zum einen das Verhalten natürlicher Zellsysteme wider, ähnelt ihr Verhalten zum anderen auch dem von Computern. Mit den Regeln des Spiel des Lebens lassen sich all die Elemente nachbauen, die die Grundlagen heutiger Digitalrechner bilden. Es können beliebige Symbole codiert, manipuliert und gespeichert werden, d.h. Informationen verarbeitet werden, – mit nichts anderem als den Elementen und Regeln des zellulären Spiels selbst.

2.2.8 Wie das Spiel des Lebens einen Computer nachbildet

Sind es Moleküle, die in biologischen Systemen Informationen verarbeiten, so ist es in Computern elektrischer Strom. Die Ausführung einer Mikrooperation, d.h. einer in der Hardware eines Computers vorgesehenen, festverdrahteten Elementaroperation, bedeutet die Umwandlung einer Information in ein elektrisches Signal, d.h. in einen der beiden Zustände „Strom fließt“ bzw. „Strom fließt nicht“. In dieser elektrischen Form werden Informationen im Rechner verarbeitet, d.h. daß sie gespeichert oder arithmetisch bzw. logisch miteinander verknüpft werden. Bei arithmetischen Operationen verkörpern die beiden elektrischen Zustände (Strom fließt bzw. Strom fließt nicht) die binären Ziffern 1 und 0, während sie bei der Verknüpfung logischer Ausdrücke für wahr und falsch stehen. Elektrische Schaltkreise ermöglichen die Verarbeitung der eingegebenen Bitfolgen. Die Basis all dieser Schaltungen sind drei elementare Grundbausteine, die sogenannten logischen Gatter: die logischen Verknüpfungen UND, ODER und NICHT. Die UND-Funktion ergibt den Wert wahr, wenn alle verknüpften Aussagen wahr sind. Die ODER-Funktion liefert den Wert wahr, wenn mindestens eine der verknüpften Aussagen wahr ist. Die NICHT-Funktion verwandelt den Wahrheitswert einer Aussage in sein Gegenteil. Die gesamte Informationsverarbeitung eines Computers beruht auf dem Hintereinanderschalten dieser drei logischen Schaltungen. Dabei wird zunächst jede Aktion des Computers auf die Manipulation einzelner Bits zurückgeführt.

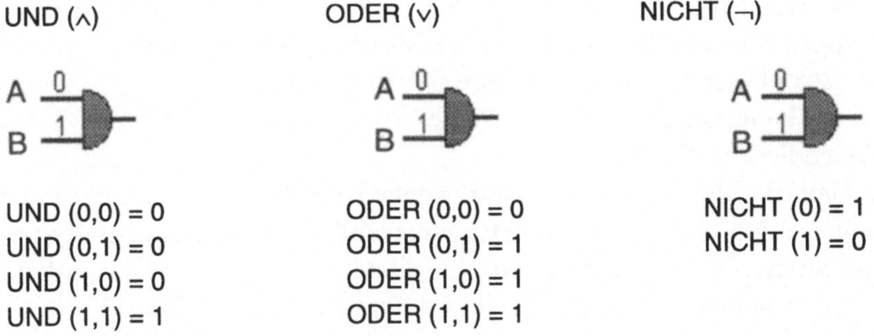

UND ($\wedge$)	ODER ($\vee$)	NICHT ($\neg$)
UND (0,0) = 0	ODER (0,0) = 0	NICHT (0) = 1
UND (0,1) = 0	ODER (0,1) = 1	NICHT (1) = 0
UND (1,0) = 0	ODER (1,0) = 1	
UND (1,1) = 1	ODER (1,1) = 1	

Bild 2.14 Die drei logischen Gatter

Informationsverarbeitung in Computern und Zellularautomaten entsprechen sich. Im Spiel des Lebens fließt natürlich kein Strom. Jede Information wird auf einem zweidimensionalen Gitter verarbeitet und durch „belebte" Gitterplätze dargestellt. Doch gibt es Zellkonfigurationen, die genau wie in wirklichen Computern jede beliebige Eingabe binär verschlüsseln können. Es sind die sogenannten Gleiter. Ein Gleiter ist eine bestimmte Anordnung „belebter" Zellen, die in vier aufeinanderfolgenden Generationen ihre Gestalt verändert, um dann nach genau vier Generationen in gleicher Form, nur diagonal um eine Zelle versetzt, wieder aufzutauchen. Ein Gleiter ist somit ein Muster, das sich in einem ewigen Lauf unverändert durch die Gitterwelt bewegt.

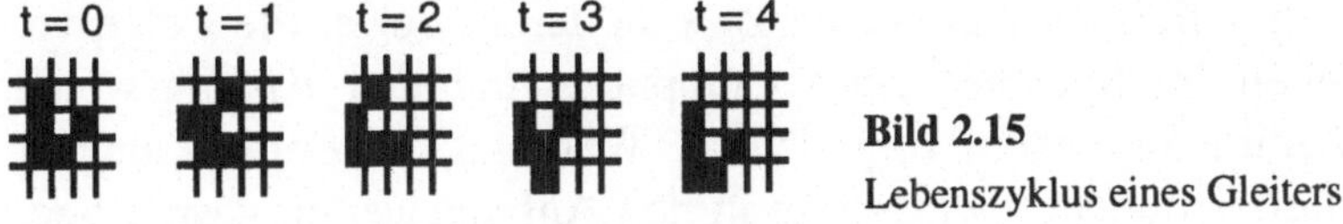

Bild 2.15
Lebenszyklus eines Gleiters

Folgen von Gleitern sind im Spiel-des-Lebens-Computer das Gegenstück zu elektrischen Impulsen. Das Spiel des Lebens kennt eine Konfiguration, die regelmäßig in Abständen von 30 Zeitschritten einen Gleiter erzeugen kann, die sogenannte Gleiterkanone. Die Periodenlänge der Gleiterkanone, d.h. 30 Zeitschritte, bestimmt die Länge eines Arbeitstaktes des zellulären Computers. Ist ein Gleiter in einem Takt vorhanden, so ist dies gleichbedeutend zur „Strom an"-Phase im wirklichen Computer. Wird zu Beginn des nächsten Arbeitstaktes, d.h. nach 30 Zeitschritten, kein Gleiter auf die Reise geschickt, so ist der „Strom" ausgeschaltet. Da jede beliebige Folge von Gleitern möglich ist, kann genau wie in wirklichen Computern jede beliebige Eingabe codiert werden.

Auch die drei logischen Gatter können mit Hilfe von Gleitern erzeugt werden. Da sich beim Zusammenstoß zwei Gleiter gegenseitig vernichten können, kann so ein NICHT-Gatter nachgebildet werden, das die Eingabe 0 (falsch) in eine 1 (wahr) verwandelt und umgekehrt: Ist eine Folge von Gleitern Eingabestrom eines NICHT-Gatters, so wird eine zweite kontinuierliche Folge von Gleitern derart auf diesen Eingabestrom gerichtet, daß seine Gleiter (Einsen) in Nichtgleiter (Nullen) verwandelt werden. Falls der Eingabestrom an einer Stelle keinen Gleiter enthält, kann der Gleiter aus dem kontinuierlichen Strom unbehelligt passieren, so daß eine 0 in eine 1 umgewandelt wird.

Mit kollidierenden Gleiterströmen lassen sich auch die anderen Gattertypen, d.h. UND- und ODER-Gatter nachbilden, so daß sich auf der Grundlage des Spiels des Lebens ein Computer vollständig konstruieren läßt.

2.2.9 Wie ein Computer einen zellulären Automaten nachbildet

Der vorangegangene Abschnitt zeigte, daß die Informationsverarbeitung eines zellulären Automaten in die eines Computers übersetzt werden kann. Umgekehrt ist es möglich, mit Hilfe eines Computers einen zellulären Automaten zu simulieren. So ist die Folge von Binärzellen im Speicher eines Computers mit den Anfangswerten eines Zellularautomaten vergleichbar. Während der Entwicklung eines Zellularautomaten wird diese in den Anfangswerten gespeicherte Information verarbeitet. Die Entwicklung aus einem Anfangszustand kann man als eine Berechnung ansehen, die die Informationen des jeweiligen Zustandes verarbeitet.

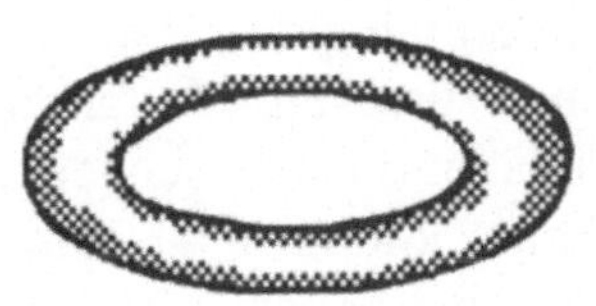

Bild 2.16
Torus

Jeder der Entwicklungsschritte läßt sich mit Hilfe eines Computerprogramms simulieren, so daß das Ergebnis nach einer bestimmten Zeit gefunden werden kann. Das Programm legt zunächst einen Bereich für die Zellen fest, wobei die Zellen den Speicherelementen im Computer entsprechen. Idealerweise wäre dieser Bereich unendlich groß, aber dies ist praktisch unmöglich. Um das Problem des offenen Randes zu vermeiden, kann man die Ränder des Zellraums miteinander verbinden. Im eindimensionalen Raum wird so aus einem einfachen Streifen von Zellen ein Ring, in zwei Dimensionen ein Torus (vgl. Bild 2.16). Die zweite Möglichkeit der künstlichen Randerweiterung ist die Spiegelung der Randzellen.

Hierbei wird die nicht vollständige Nachbarschaft einfach am tatsächlichen Rand des Raums gespiegelt, so daß jede Randzelle auch hier genauso viele Nachbarn besitzt wie die Zelle im Innern.

Das Programm sucht nun einzeln nacheinander jede Zelle auf, untersucht deren Nachbarzellen und berechnet den Wert für den nächsten Zustand der Zelle. Hierbei muß der Inhalt einer Zelle unverändert bleiben, bis ihr Wert von all den Zellen geprüft worden ist, deren Nachbar sie ist.

Auf einem normalen Digitalrechner ausgeführt, durchläuft das Programm nacheinander die einzelnen Schritte. Dabei bildet es die Operationen vieler zusammengeschalteter, gleichzeitig laufender Computer nach, d.h. es simuliert sie.

Gibt es eine wirksamere Möglichkeit, an das Ergebnis zu gelangen? Gibt es eine Abkürzung der schrittweisen Simulation, ein Verfahren, das das Ergebnis vieler Entwicklungsschritte abgibt, ohne jeden Schritt durchlaufen zu haben? Der Rechner könnte so die Entwicklung des Zellularautomaten ohne ausdrückliche Simulation vorherbestimmen. Eine einfache Überlegung führt zu dem Schluß, daß es keine allgemeine Vereinfachung geben kann, die die Entwicklung eines beliebigen Zellularautomaten bestimmt: Die meisten Zellular-

automaten verfügen über eine universelle Rechenfähigkeit, d.h. daß
sie jedes berechenbare Problem lösen können. Würde ein Verfahren
bekannt sein, das das Verhalten dieser Zellularautomaten schneller
lieferte als sich der Automat selbst entwickelte, könnte man damit
jede Berechnung beschleunigen. Da dies etwas Unmögliches ist (wie
sich mathematisch beweisen läßt), folgt, daß sich die Entwicklung
eines beliebigen Zellularautomaten nicht ohne weiteres vereinfachen
läßt. Dieses Problem ist irreduzibel, nicht zu vereinfachen – das Ergebnis kann man nur durch schrittweise Simulation erreichen.

Allgemein scheint bei biologischen Systemen die rechnerische Ir-
reduzibilität weit verbreitet zu sein: So könnte sich beispielsweise
herausstellen, daß man die Entwicklung einer Zelle aus ihrem genetischen Code nur durch Verfolgung eines jeden einzelnen Entwick-
lungsschrittes bestimmen kann.

Zellularautomaten sind Modelle von Zellsystemen, deren Art der
Informationsverarbeitung der eines Computers entspricht: Wie die
vorangegangenen Abschnitte zeigten, sind zum einen Zellularautomaten in der Lage, Computer nachzuahmen, und zum anderen ist es
möglich, mit Hilfe von Computern Zellularautomaten zu simulieren.

Jedoch sind Zellularautomaten stark vereinfachte Modellvorstellungen von Zellsystemen, die wenige ausgewählte Eigenschaften der
Wirklichkeit berücksichtigen. Bei genauer Betrachtung unterscheiden
sich Zellen einerseits sowie Zellularautomaten und Computer andererseits deutlich in ihrer Art, Informationen zu verarbeiten.

2.3 Computer

2.3.1 Die Hardware

Ein Computer verfügt über Bauteile, die sich so zusammenschalten
lassen, daß sie logische und arithmetische Operationen ausführen
können. Dieses Bauteil ist der Transistor, ein elektronischer Schalter,
der den Stromfluß regelt. Ein Transistor besteht aus drei halbleitenden
Schichten. Die beiden äußeren Schichten werden Emitter und Kollek-
tor genannt, die mittlere Schicht heißt Basis. Die drei Schichten sind
in ihren elektrischen Eigenschaften so aufeinander abgestimmt, daß

eine kleine Verschiebung des Basis-Kollektor-Stroms eine sehr viel
größere Änderung des Emitter-Kollektor-Stroms hervorruft.

Ein hoher Kollektorstrom läßt sich als 1, ein niedriger als 0 inter-
pretieren. Durch Kombination von Transistoren und anderen Bauele-
menten kann man UND-, ODER- und NICHT-Funktionen aufbauen
(vgl. 2.2.8). Das UND-Glied liefert einen hohen Ausgangsstrom, falls
alle Eingangsströme groß sind. Das ODER-Glied erzeugt einen hohen
Ausgangsstrom, wenn mindestens einer der Eingangsströme groß ist.
Das NICHT-Glied liefert für einen großen Eingangsstrom einen kleinen Ausgangsstrom und umgekehrt.

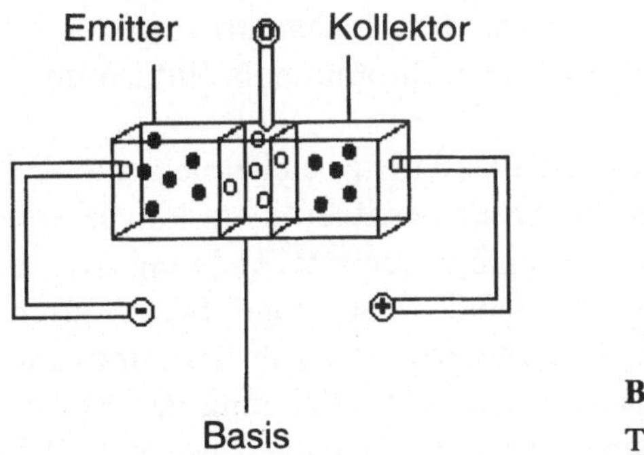

Bild 2.17

Transistor

Transistoren lassen sich miteinander zu beliebig komplizierten
Schaltungen kombinieren. Diese Schaltungen nehmen wenig Platz in
Anspruch: Auf einem sogenannten Chip, d.h. einem winzigen Plätt-
chen aus Silizium, können auf wenigen Quadratmillimetern über
100 000 Transistoren eingebettet werden. Transistorschaltungen verbrauchen auch wenig Rechenzeit: Ein zentraler Taktgeber schaltet die
Transistoren bis zu 1 Million mal pro Sekunde.

Daten sind im Rechner Bit für Bit gespeichert, und das Speicherelement für 1 Bit kann genau zwei Zustände festhalten. Zur kurzfristige
Speicherung dienen zumeist Register, für die längerfristige Speicherung Magnetkernspeicher.

An vielen Stellen im Computer muß bei der Verarbeitung Information kurzfristig festgehalten werden, oder bestimmte Daten müssen

immer wieder sofort greifbar sein. Dafür gibt es die Register, die für das Abspeichern und die Wiedergabe von Information nur einen Bruchteil der Zeit benötigen, die beim Arbeitsspeicher für Lesen und Schreiben notwendig ist. Ein Register besteht aus einzelnen Speicherelementen, von denen jedes 1 Bit speichern kann. Meistens benutzt man als Speicherelement eine aus Transistoren bestehende elektronische Schaltung, die als Flipflop bezeichnet wird. Die Information am Flipflopausgang kann jederzeit unmittelbar abgenommen werden – es bedarf zum Übernehmen des gespeicherten Inhalts keines besonderen Lesevorgangs.

Das Einschreiben einer Information in ein Register bezeichnet man als Laden des Registers. Die vor dem Laden im Register stehende Information wird durch einen kurzen Stromimpuls einfach überschrieben.

Ringförmige Kerne aus Ferrit sind die Speicherelemente des Kernspeichers. Fließt durch einen dieser Ferritkerne ein kurzer Stromstoß hindurch, so wird der Kern in eine bestimmte Richtung magnetisiert. Diesen magnetischen Zustand behält er so lange, bis er durch einen Stromstoß anderer Richtung in entgegengesetzter Richtung ummagnetisiert wird. Man legt fest, daß die Magnetisierung des Kerns in der einen Richtung einer gespeicherten 1, die entgegengesetzte Magnetisierung einer gespeicherten 0 entspricht. Jeder Kern kann somit genau 1 Bit speichern.

2.3.2 Zelle und Computer

Im Vergleich zum Computer verfügt eine Zelle über wesentlich differenziertere Möglichkeiten der Informationsverarbeitung. So könnten sämtliche Aufgaben eines Computers auch von einem Netzwerk chemischer Moleküle ausgeführt werden: Datenaufnahme, -integration und -verstärkung ebenso wie die Speicherung von Informationen und ihre digitale Verarbeitung mit Hilfe logischer Entscheidungen.

Es gibt Proteine, die wie ein digitaler Computer genau zwei Zustände einnehmen können: So entspricht etwa der aktive, phosphorylierte Zustand einer digitalen „1" und der nichtaktive, unphosphory-

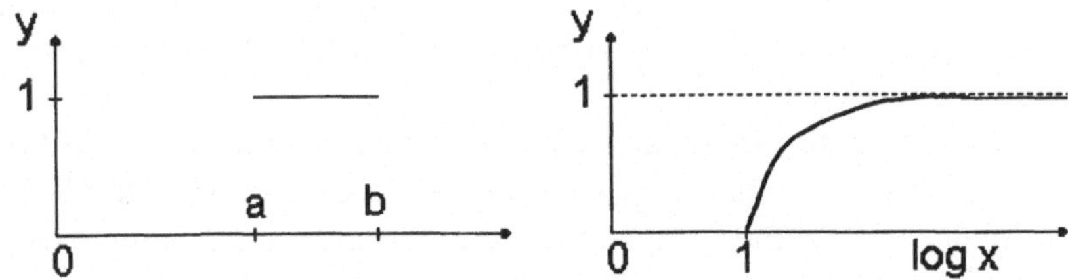

Bild 2.18 Fuzzy-Menge. Die Menge der klassischen Mengentheorie wird beschrieben durch eine Abbildung, die als charakteristische Funktion bezeichnet wird. Diese Abbildung ordnet jedem Element der Menge den Wert 1 und allen Elementen, die nicht zur Menge gehören, den Wert 0 zu. Für ein Intervall [a,b] der reellen Zahlen erhalten wir dann das Diagramm oben links.

Eine unscharfe Menge oder fuzzy-Menge einer gegebenen Grundmenge A ist dagegen eine Abbildung F: A → [0,1]. Der Wert f(x) kann als Grad der Zugehörigkeit gedeutet werden f(x) =1 volle Zugehörigkeit, f(x) = 0 keine Zugehörigkeit. Die Klasse der reellen Zahlen, die viel größer sind als 1, kann beispielsweise durch die fuzzy-Menge dargestellt werden (vgl. Diagramm oben rechts): f(x) = 0 für x ≤ 1, 1-exp(1-x) für x >1.

lierte einer digitalen „0". Wenn mehrere Proteine kooperieren, kann zwischen 0 und 1 wie bei einem Ein-Aus-Schalter hin- und hergeschaltet werden.

Proteine, die mehrere Bindungsstellen besitzen, sind keine Seltenheit. Solche Proteine können logische Verknüpfungen vornehmen. Sie sind beispielsweise nur dann aktiv, wenn gleichzeitig an zwei Stellen Phosphate sitzen, entsprechend einer logischen UND-Verknüpfung. Oder sie sind aktiv, wenn sie an mindestens einer Stelle phosphoryliert sind, was einer logischen ODER-Verknüpfung entspricht.

Darüber hinaus ist in manchen Proteinen auch eine „unscharfe Logik", eine fuzzy-Logik, realisiert, bei der es Zwischenzustände gibt. Solche fuzzy-Proteine können nicht nur Entweder-Oder, sondern auch Informationen wie „etwas wärmer" oder „etwas dunkler" verarbeiten.

Chemische Netzwerke sind wesentlich komplexer als die Netzwerke elektronischer Computer. Im Gegensatz zum Computer kennt eine Zelle keine Elektronenströme und keine Kabel. In chemischen Netzwerken werden Signale entweder durch direkten Kontakt zwischen Proteinen oder durch Botenstoffe – beispielsweise phosphorylierte

Moleküle – übermittelt. Die Botenstoffe treiben frei in der Zelle, sie „diffundieren", bis sie an Proteine geraten, die die Botschaft verstehen und umsetzen.

Eine einzige biologische Zelle besitzt eine millionenfach kleinere Fläche als ein Mikrochip – dennoch beherbergt sie Hunderte verschiedener Rezeptoren und Proteine, die sich gegenseitig beeinflussen. In der biologischen Zelle ist, anders als im Computer und noch extremer als bei den Nervenzellen im Gehirn, jede Einheit mit jeder anderen verbunden.

Die Effekte auf die Aktivität und Konzentration von Tausenden von weiteren Zellproteinen, die für den Stoffwechsel und die Bewegung der Zelle zuständig sind, sind oft hochgradig nichtlinear und mathematisch kaum zu beschreiben. Im Extremfall treten Signalverstärkungen um den Faktor 100 000 auf: So viele Moleküle kann beispielsweise ein einzelnes Lichtteilchen verändern, das auf einen Photorezeptor fällt.

Trotz dieser hohen Vernetzung und des unspezifischen Signaltransportes ist die Geschwindigkeit der Informationsübermittlung erstaunlich hoch: Binnen einer Zehntelsekunde erreichen die diffundierenden Botenmoleküle jeden Ort in der Zelle.

Zellsysteme speichern Wissen als Verknüpfungsmuster biochemischer oder struktureller Veränderungen. So spiegelt beispielsweise die Konzentration der phosphorylierten Enzyme im Zellinneren genau die chemische Umgebung wider, in der sich die Zelle innerhalb der letzten Sekunden befunden hat.

Dagegen haben die Inhalte der Speicherzellen eines Rechners zueinander keinerlei Beziehung. Jedes Bit steht im Speicher für sich, unabhängig von anderen gespeicherten Bits. Die gegenseitige Unabhängigkeit der Bits bleibt selbst dann erhalten, wenn Informationen im Rechner aus dem Speicher abgerufen und durch elektrische Größen dargestellt werden.

2.3.3 Das Lösen von Problemen

Schon einzellige Organismen verfügen über die Fähigkeit, eigene Lösungen zu einem besonderen Problem zu entwickeln. Sie brauchen keinen wohldefinierten Prozeß, mit dessen Hilfe sie eine Eingabe in eine Ausgabe überführen. Regeln werden nicht explizit gelernt, sondern implizit generalisiert, wobei sich biologische Systeme veränderten Regeln selbständig anpassen können.

Ein Computer hingegen führt fest vorgegebene Handlungsschritte aus – er selbst entwickelt keine Lösung zu einem Problem. Im Gegensatz zu natürlichen Systemen kennt er nur eine einzige Art von Daten, nämlich binäre Ziffern, und er arbeitet stets nach dem gleichen Satz von Regeln, nämlich dem eines ihm vorgegebenen Befehlssatzes, bestehend aus einzelnen Mikrooperationen. Ihre Ausführung bedeutet die Umwandlung einer Information in ein elektrisches Signal, das einen Schaltvorgang im Rechner auslöst. Zahlreiche Mikroinstruktionen werden vom Rechner automatisch hintereinander ausgeführt und bilden einen Maschinenbefehl – etwas, das einem Programmierer als kleinste unteilbare Einheit erscheint. Die einen Maschinenbefehl ausführende Folge von Mikrobefehlen bildet ein Mikroprogramm.

Die Art der Mikroprogrammierung entscheidet über die Flexibilität eines Rechners. So können Mikroprogramme fest verdrahtet oder in besonderen Speichern abgelegt sein. Für diese Speicher verwendet man gewöhnlich zwei Arten: einen Nur-Lese-Speicher, abgekürzt ROM (read only memory), und einen Schreib-Lese-Speicher mit wahlfreiem Zugriff (RAM, random access memory). Der Nur-Lese-Speicher enthält Informationen, die vom Hersteller fest einprogrammiert wurden und sich nicht mehr verändern lassen. Bei einem Schreib-Lese-Speicher können Informationen dagegen jederzeit nach Bedarf eingeschrieben und gelesen werden. Entspricht das Proteinnetzwerk natürlicher Zellen dem „random access memory", so kann die in den Erbanlagen der DNA niedergelegte genetische Information mit dem Dauerspeicher und Betriebssystem eines Computers verglichen werden.

Es ergibt sich eine Schwierigkeit: Die Probleme, die ein Computer lösen soll, sind kaum jemals in seiner Sprache, d.h. mit Hilfe von Bits, formuliert. Statt dessen ist der Lösungsweg eines Problems von einem

Menschen in Form eines Algorithmus beschrieben, eines aus endlich vielen Schritten bestehenden Verarbeitungsverfahrens. Die zu verarbeitenden Daten sind als Zahlen, Schriftzeichen, Symbole usw. ausgedrückt. Der Algorithmus selbst ist in natürlicher Sprache abgefaßt, die voller Ungenauigkeiten und Mehrdeutigkeiten ist. Oft können diese nur durch Hintergrundwissen aufgelöst werden – etwas, über das ein Computer nicht verfügt. Zudem faßt die natürliche Sprache viele Einzelvorgänge zu einem Ganzen zusammen bzw. setzt sie implizit in Beziehung zueinander. Darin ähnelt sie der Informationsverarbeitung biologischer Zellsysteme, die gleichzeitig auf genomischer, molekularer, auf System- und Verhaltensebene stattfindet. Wie die natürliche Sprache verarbeiten biologische Systeme auch Ungenaues (etwas, das „fuzzy" ist).

Ein Computer der heutigen Rechnergeneration hingegen akzeptiert nur einen strengen Formalismus. Er ist nicht mehr als eine Maschine, die physikalische Regeln in ihm vorgegebener Form manipuliert. Zwar wäre es theoretisch möglich, ein fuzzy-System auf einem fuzzy-Computer zu verwirklichen, wie es von Zadeh angeregt wurde, doch diese Möglichkeit wurde bisher nicht verwirklicht. Bis zur Herstellung eines fuzzy-Computers bleibt nur die Simulation mit Hilfe von mathematischen Formeln, die, übersetzt in die Rechnersprache, von einem Computer abgearbeitet werden können.

So muß eine Vielfalt von Informationsdarstellungen von einer Maschine mit nur einem einfachen Sprachschatz – einem einzigen, festen Befehlssatz – verstanden werden. Hierzu wird der in natürlicher Sprache formulierte Algorithmus zunächst in eine Sprache übersetzt, in der die Bedeutung jedes Objektes und jeder Anweisung präzise und eindeutig definiert ist – in eine Programmiersprache. In ihr sind die Objekte des Algorithmus in genau festgelegter Form als Daten repräsentiert. Die Objekte erhalten Namen, genannt Variablen, wenn sie veränderlich sind, und Konstanten, wenn sie gleich bleiben.

Zusammen mit den Daten enthält das Programm eine vollständige Anweisungsfolge, die angibt, auf welche Art die Daten verändert werden sollen. Eine Programmiersprache ist nach strengen Regeln aufgebaut. Dennoch hat sie eine oberflächliche Ähnlichkeit mit einer natürlichen Sprache. Sie verfügt über ein Vokabular von Wörtern, Zahlen und Schlüsselwörtern mit einer festen Bedeutung. Für die Kombination der Grundsymbole existieren Regeln, die eine Grammatik bilden.

Es gibt zwei Arten von Programmiersprachen. Während die problemorientierten Sprachen von der jeweiligen Computeranlage unabhängig sind, nutzen maschinenorientierte Sprachen die technischen Eigenschaften einer Anlage besonders gut aus, sind aber anlagenabhängig.

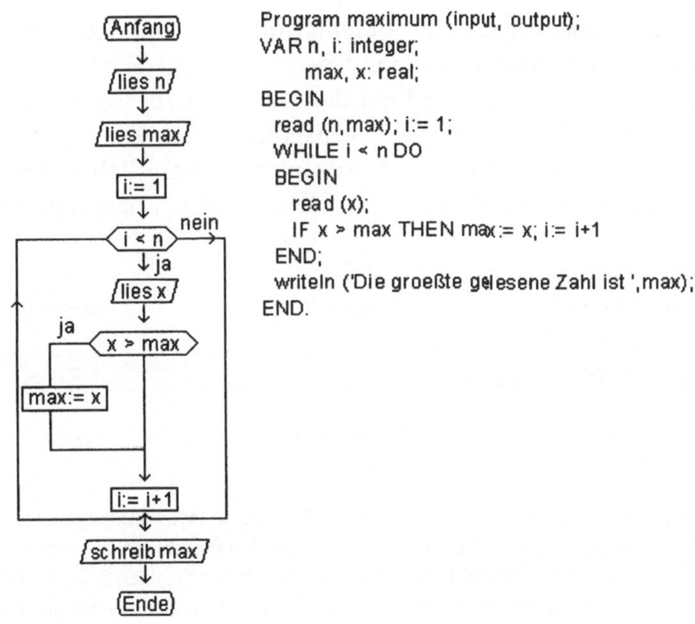


```
Program maximum (input, output);
VAR n, i: integer;
      max, x: real;
BEGIN
  read (n,max); i:= 1;
  WHILE i < n DO
  BEGIN
    read (x);
    IF x > max THEN max:= x; i:= i+1
  END;
  writeln ('Die groeßte gelesene Zahl ist ',max);
END.
```

Bild 2.19 An dem Problem, die größte unter n natürlichen Zahlen zu bestimmen, sollen die Besonderheiten einer Programmiersprache gezeigt werden. Links ist das Ablaufprogramm eines Algorithmus für das Problem dargestellt. Die Übersetzung des Algorithmus in die Programmiersprache Pascal, eine problemorientierte Sprache, ist rechts gezeigt. Kernstück des Algorithmus ist eine n-mal auszuführende Schleife. Bei jedem Durchlaufen der Schleife wird eine Zahl x eingelesen. Ist sie größer als die größte der bisher eingelesenen Zahlen (genannt „max"), nimmt max den Wert von x an.

Der Schritt von der Programmiersprache in die Sprache des Rechners, die Maschinensprache, wird vom Computer selbst vorgenommen. Überführen in biologischen Systemen Moleküle Information von einer Form in die andere, so wandeln in Computern Übersetzungsprogramme (Compiler bzw. Assembler genannt) problemorientierte bzw. maschinenorientierte Sprachen in Maschinensprachen um. Da die Hardware eines Computers nur die elektronische Darstellung binärer Zahlen kennt, besteht die Maschinensprache aus einer Folge solcher Zahlen.

Diese Zahlenfolge bildet Befehlsworte. Sie enthalten einen Operationsteil, der bestimmt, welche Operationen der Rechner vornehmen soll, und einen Adressenteil mit den Adressen der Operanden, die der Rechner bei dieser Operation anzusprechen hat. Die im Rechner gespeicherte Adresse ähnelt dem Rezeptor der natürlichen Zelle – auch er dient wie die Adresse dazu, ein Ding an seinen richtigen Wirkort zu führen.

Operationsteil	Adreßteil	Adreßteil
ADD	143	298
Was	Woher/Wohin	Woher

Bild 2.20 Beispiel einer Addition zweier Zahlen in Maschinensprache. In unsere Sprache übersetzt, könnte der Maschinenbefehl so ausgedrückt werden: Hole die erste Zahl, die im Arbeitsspeicher unter der Adresse 143 steht, in das Rechenwerk. Addiere zu ihr die zweite Zahl, die unter der Adresse 298 gespeichert ist. Bringe das Ergebnis nach Speicherstelle 143.

2.3.4 Die Zeit

Die Ausführung eines Mikroprogramms geschieht nach einem vorgegebenen Zeitraster, d.h. einer Folge von Taktintervallen. Innerhalb eines Taktintervalls werden verschiedene Mikrooperationen gleichzeitig angestoßen. Sie alle zusammen bilden den Mikrobefehl.

Ein Taktgenerator erzeugt eine gleichmäßige Impulsfolge, die die gesamte Befehlsfolge des Mikroprogramms zeitlich synchronisiert.

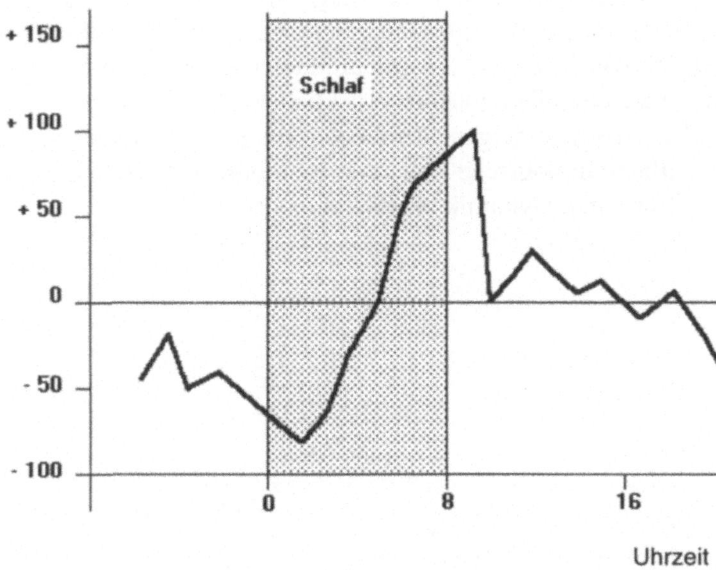

Bild 2.21 Änderung der Cortisolkonzentration im Blut im Verlaufe eines Tages

Wichtigster Bestandteil des Taktgenerators sind kristalline Quarze, deren gleichmäßige Schwingungen Grundlage einer regelmäßigen Taktfrequenz sind.

Ebenso wie die Ausführung eines Mikroprogramms sind alle Lebensvorgänge einer Zelle zeitlich organisiert. Im Unterschied zum Mikroprogramm sind die Zeitmuster im Zellverhalten jedoch komplex. Nicht nur Vorgänge der inneren, sondern auch der äußeren Umwelt werden als Zeitgeber wirksam, an dem sich das Zeitmuster einer Zelle orientiert. So können beispielsweise äußere Perioden wie Tagesrhythmen und Jahresrhythmen als Zeitgeber wirksam sein. Einfache Zeitgeber, d.h. ähnlich den Quarzkristallen schwingende Systeme, haben Einfluß auf die Geschwindigkeit, mit der Moleküle in biologischen Systemen Informationen verarbeiten.

Zu den tagesperiodischen Schwankungen gehören die circadianen Schwankungen der Kernvolumina, die mit rhythmischen Synthesevorgängen (Nukleotidsynthese) zusammenhängen. Auch das Zytoplasma bestimmter Zellen kann tägliche Volumenschwankungen aufweisen. Dies ist beispielsweise bei Zellen der Nebennierenrinde der Fall, die das Hormon Cortisol produzieren, dessen Konzentration im Blut einen charakteristischen circadianen Rhythmus zeigt.

Die Beispiele zeigen: Im Gegensatz zum Computer gibt es keine einheitliche biologische Zeit, aber biologische Zeitstandards, die einer unaufhörlichen Dynamik unterworfen sind.

Kapitel 3
Information und Infektion

3.1 Was ist eine Infektion?

Mikroorganismen dringen in einen Makroorganismus ein und vermehren sich in ihm – dies ist das Wesentliche einer Infektion. Um in der fremden Umgebung des Wirtsorganismus überleben zu können, müssen die Mikroorganismen ihren Stoffwechsel dem ihres Wirtes genau anpassen. Zwischen Wirt und Mikroorganismus entwickelt sich so eine wechselseitige Beziehung, die auf einen regen Austausch von Informationen angewiesen ist. Einerseits steuern chemische Signale des Wirtes das Verhalten der Mikroorganismen, andererseits rufen chemisch Signale der Eindringlinge Antwortreaktionen des Wirtes hervor: Wirt und Eindringling kommunizieren in intensiver Weise miteinander.

Auch Computer können infiziert werden. Zwar sind es keine Mikroorganismen aus Fleisch und Blut, die in ihn eindringen, sondern fremde, schädliche Informationen, die sich mikroorganismengleich in ihm vermehren und wertvolle gespeicherte Informationen verändern oder – schlimmer – zerstören. Wie bei lebenden Organismen muß sich die eingedrungene Information der im Computer gespeicherten genau anpassen – computereigene und computerfremde Information sind in gleicher Sprache verschlüsselt.

In lebenden Organismen hat die Beziehung zwischen Eindringlingen und Wirt viele Formen. Zumeist ist sie für den Wirtsorganismus zerstörerisch. Dies kann bedeuten, daß für ihn lebensnotwendige Informationen vernichtet und durch fremde ersetzt werden. Die Vernichtung lebenswichtiger Informationen führt zum Tod der Wirtszelle. Tausende von Krankheitserregern sind bekannt, die die Zellen des Wirtsorganismus auf diese Art zerstören.

In günstigen Fällen entwickelt sich ein Nebeneinander oder sogar eine Symbiose zum Nutzen von Wirts- und Mikroorganismus, die für beide einen Informationsgewinn bedeutet. So verhindern ortsansässige Bakterien der Haut das Wachstum schädlicher Mikroorganismen. Sie bauen den Talg der Haut ab und senken mit den freigesetzten Fettsäuren deren pH-Wert. Dieser Säuremantel verhindert die Ansiedlung schädlicher Bakterien.

In Computern ist die Beziehung zwischen fremder und eigener Information niemals ein Nebeneinander oder eine Symbiose zu beiderseitigem Nutzen, sondern immer zum Schaden der im Rechner gespeicherten Information. Dies muß nicht notwendigerweise so sein – nur ist bislang keine infektiöse Software ohne schädigende Wirkungen entwickelt worden.

3.2 Die Informationsspeicher: Lebende Eindringlinge

Würmer, Viren, Bakterien und andere Mikroorganismen können dem komplizierten biochemischen Netzwerk eines Vielzellers – wie z.B. dem des Menschen – sehr gefährlich werden. Ihre schädigenden Einwirkungen sind mit der Vernichtung wichtiger, in der Wirtszelle gespeicherter Informationen oder der Übertragung falscher Informationen verbunden, die die Wirtszelle täuschen und zu Fehlverhalten führen.

Eine Krankheit, die auf der Übertragung falscher Informationen beruht, ist die Cholera. Ein von den Erregern übertragener falscher Botenstoff (das sogenannte Cholera-Toxin) reagiert mit Rezeptoren der Dünndarmschleimhaut, und die Darmzellen reagieren so, als wäre er das richtige Signal. Die durch das Cholera-Toxin stimulierten Rezeptoren führen zu einer vermehrten cAMP-Bildung, worauf die Zellen der Darmschleimhaut große Flüssigkeitsmengen absondern. Im Normalfall schafft diese Flüssigkeit das geeignete Milieu für die Verdauung im Darm.

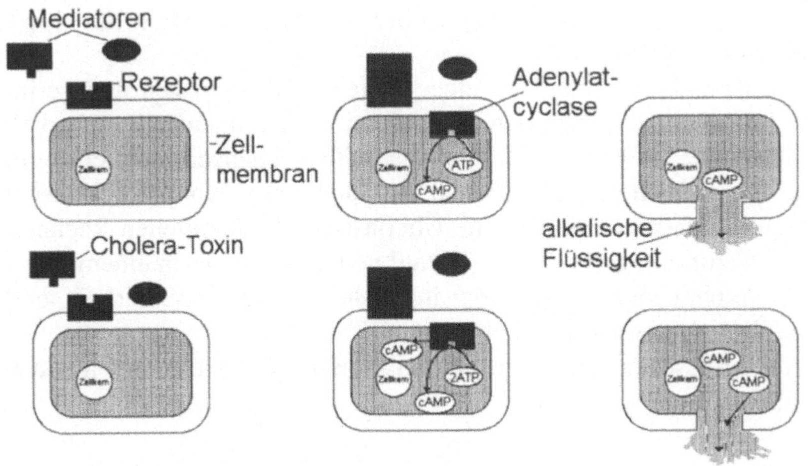

Bild 3.1 Die Wirkungsweise des Cholera-Toxins

Schädigende Einwirkungen von Eindringlingen führen zu wahrnehmbaren Veränderungen des Wirtes – zu Symptomen. Weil jeder Krankheitserreger über spezifische Mechanismen, seine schädigenden Einwirkungen zu entfalten, verfügt und sich an für ihn charakteristischen Orten vermehrt, ruft jeder Krankheitserreger typische Symptome hervor. So liefert beispielsweise die Nasenschleimhaut den Schnupfenviren – zumeist sogenannten Rhinoviren – besonders günstige Umweltbedingungen. Insbesondere bei Unterkühlung („Erkältung") siedeln sich die Viren auf der Nasenschleimhaut an und lassen sie hochgradig anschwellen. Die geschwollene Nasenschleimhaut sondert einen wäßrig-eitrigen Schleim ab: „Die Nase läuft" – ein jedermann bekanntes Phänomen.

Die Zeit zwischen Infektion und dem Auftreten der ersten Symptome wird als Inkubationszeit bezeichnet. Ist sie lang, werden viele Lebewesen Opfer einer Ansteckung, weil die Infektion zunächst nicht wahrnehmbar ist. Ist sie kurz, wird das Opfer rasch entdeckt und kann von Gesunden isoliert, d.h. in Quarantäne gehalten werden.

Neben der Länge der Inkubationszeit hängt die Ausbreitungsgeschwindigkeit einer Infektion auch von der Infektiosität ab, d.h. der Fähigkeit der Mikroorganismen, in das Wirtsgewebe einzudringen, sich dort zu vermehren und gegenüber den Abwehrkräften des Organismus zu bestehen.

Ein Krankheitserreger mit einer langen Inkubationszeit und geringer Infektiosität, der sich insgesamt sehr unauffällig verhält (schleichende Infektion) hat gute Ausbreitungschancen – gleiches gilt auch für Softwaremanipulationen in Computern. Hohe Infektiosität bedeutet in diesem Fall schnelle Überlastung der befallenen Rechner, rasche Verbreitung über eine Vielzahl von miteinander in einem Netzwerk verbundenen Computer, mangelhafte Systemsicherheit und schließlich Systemzusammenbruch.

Nach Aussehen und Funktionsweise lassen sich viele verschiedene Schädlinge unterscheiden.

3.2.1 Würmer

Würmer sind von zylinderförmiger Gestalt: Ein Hautmuskelschlauch umgibt ihren langgestreckten Körper, der zumeist aus deutlich durch Querfurchen abgegrenzten Segmenten besteht. Würmer sind Parasiten, die ganz oder teilweise auf Kosten anderer Lebewesen – Menschen oder Tiere – leben. Da Würmer ihre Nahrung vorverdaut vom Wirt beziehen, ist ihr Stoffwechsel einfach und von einem funktionierenden Enzymsystem der Wirtszellen abhängig – Würmer nutzen fremde Informationen für das eigene Überleben.

Während ihres Lebens nehmen Würmer verschiedene Gestalten an: vom Ei zur Larve, von der Larve zur Finne, von der Finne zum ausgewachsenen Wurm. Die meisten Formen der Würmer leben als Parasiten im Darm, einige in den inneren Organen wie beispielsweise der Leber oder der Lunge, andere in den Blut- und Lymphgefäßen oder im Bindegewebe unter der Haut. Besonders gefährlich sind Würmer, die in Augen, Lunge, Leber, Gehirn oder Harnblase eindringen, wie beispielsweise der Schweinebandwurm, dessen Eier das Zentralnervensystem befallen und zu einem Krampfleiden führen können. Einige Wurmarten wechseln während ihrer Entwicklung den Wirt. Die Larven des Schweinebandwurmes wachsen beispielsweise im Muskelgewebe des Schweines zur Finne heran, der ausgewachsene, bis zu 10 m lange Bandwurm lebt dagegen im Darm des Menschen.

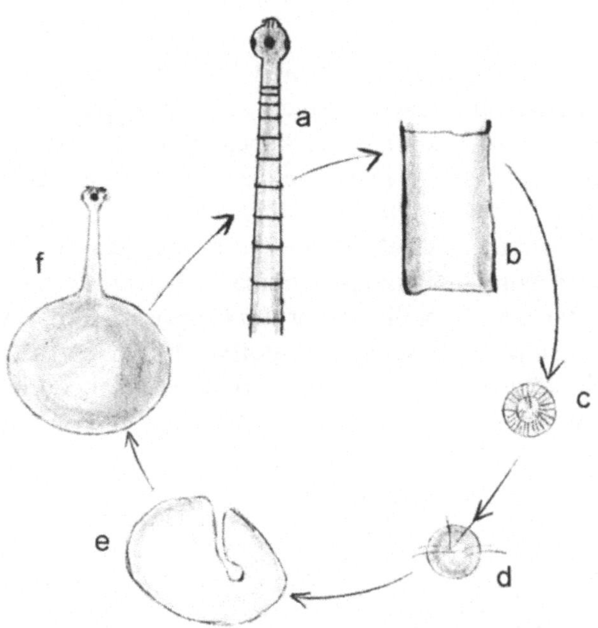

Bild 3.2 Entwicklung des Schweinebandwurmes. Der Bandwurm (a) (dargestellt: Kopf, Kopfstiel, die ersten Glieder) stößt die reifen mit Eiern gefüllten Glieder ab (b). Im Darm des Schweines schlüpft aus dem Ei (c) die sechshakige Larve (d) aus. Sie entwickelt sich im Muskelgewebe zur Finne (e). Im Darm des Menschen geht daraus ein neuer Bandwurm (f, a) hervor.

Je nach Art ihrer Ansiedlung und Entwicklungsform lassen Würmer verschiedene Krankeitsbilder entstehen. Einige schädigen die Schleimhäute, andere die Haut oder Blut- und Lymphgefäße. Verstopfen die Würmer beispielsweise kleine Gefäße, so staut sich die Flüssigkeit in diesen Gefäßen. Die Abflußbehinderung in den Lymphbahnen kann groteske Ausmaße annehmen. So führen bestimmte Fadenwürmer (*Wuchereria bancrofti*) zu solch unförmigen Schwellungen an Armen und Beinen, daß die Erkrankung den Namen Elefantiasis, Elefantenkrankheit, erhielt.

3.2.2 Bakterien

Wesentlich kleiner als Würmer sind Bakterien. Es sind Lebewesen, die zumeist nur aus einer einzigen Zelle bestehen. Nach der Form dieser Zelle kann man kugelige, stäbchenförmige und wurmähnliche Bakterien unterscheiden. Die kugeligen Formen sind die Kokken, die als Paar (*Diplokokkus*), Haufen (*Staphylokokkus*) oder Ketten (*Streptokokkus*) auftreten. Stäbchenbakterien können beispielsweise Tuberkulose oder Wundstarrkrampf verursachen; wurmförmige Bakterien rufen Typhus oder Syphilis hervor. Im Gegensatz zu den Viren verfügen Bakterien über einen eigenen Stoffwechsel. Dies macht sie unabhängig: So können sie auch ohne warmen und nährstoffreichen Wirt eine gewisse Zeit lang überleben.

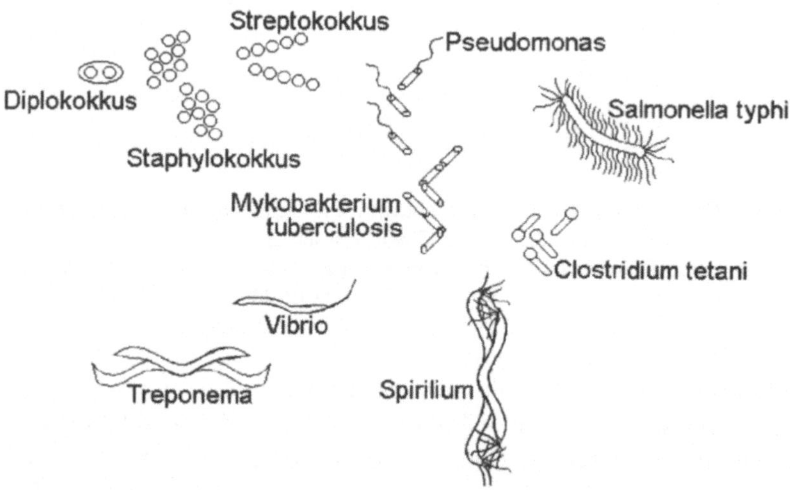

Bild 3.3 Bakterien treten in vielfältigen Formen auf - kugelig, stäbchen- oder wurmförmig.

Den größten Raum innerhalb der Bakterienzelle nimmt die in ihr gespeicherte Erbinformation ein, d.h. die DNA, die innerhalb des von einer Zellwand umschlossenen gallertigen Zytoplasmas liegt. Bei den kernlosen Prokaryonten liegt die DNA ohne äußere Hülle im Zytoplasma.

Bei den Eukaryonten dagegen ist das Erbmaterial in einem Kern gelagert, der sich vom Zytoplasma durch eine Kernmembran absetzt. Im Zytoplasma liegen sogenannte Organellen, die verschiedene Arbeiten durchführen. Sie produzieren und verpacken Produkte für den Abtransport und zerkleinern aufgenommene organische Stoffe, um die Einzelteile weiterverarbeiten zu können.

Im Gegensatz zu den Würmern, die über mehrere Entwicklungsstufen heranreifen, ist die Entwicklung und Fortpflanzung der meisten Bakterienarten relativ einfach. Sie teilen sich in der Mitte und lassen aus jeder ihrer Hälften wieder ein vollständiges Bakterium heranwachsen.

Die beiden Tochterzellen enthalten dieselbe genetische Information wie die ursprüngliche Bakterienzelle, deren DNA sich vor der Teilung einfach identisch verdoppelt. Nachdem jeder der entstandenen DNA-Stränge zu einem der Zellpole wandert, schnürt sich die Zelle in der Mitte durch und läßt so die beiden Tochterzellen entstehen.

Bei dieser Teilung bleibt die genetische Information gleich. Dennoch ist die in einer Bakterienzelle gespeicherte Information nicht unveränderbar. Um in der feindlichen Umgebung eines Wirtsorganismus bestehen zu können, müssen Bakterien anpassungsfähig sein. Sie können ihre genetische Information sprunghaft ändern – man nennt dies Mutation. Aber auch der Wirt ändert in Abhängigkeit von den eingedrungenen Fremdlingen sein genetisches Material und läßt so bessere Abwehrmaßnahmen entstehen. Im Laufe dieses evolutionären Wettbewerbs entwickelten und entwickeln sich immer kompliziertere Systeme von Angriff und Verteidigung.

Bakterien (und allgemein Krankheitserreger), die den Abwehrmaßnahmen eines infizierten Körpers entgehen, sind resistent. Resistenz bedeutet Gewinn von Information, der zuweilen in der feindlichen Umgebung eines Wirtsorganimus lebensnotwendig ist. Zum Teil ist diese Resistenz von vornherein da, zum Teil entwickelt sie sich im Wirtsorganismus durch Mutation und Selektion, d.h. durch Änderung der genetischen Information und Vermehrung der ihrer Umwelt am besten angepaßten, den Abwehrmaßnahmen eines Wirtes standhaltenden Organismen.

Resistenz kann auch übertragen werden. Hierbei spendet eine
Bakterienzelle einer anderen genetisches Material, d.h. Resistenzfak-
toren. Dies sind besondere Gene, die sich unabhängig von ihrer Bakterienzelle verdoppeln können. So verbreiten sie das Wissen, mit dessen Hilfe sich die Bakterienzelle erfolgreich gegen die Abwehrmaßnahmen ihres Wirtsorganismus zur Wehr setzt.

3.2.3 Wie Bakterien genetische Informationen übertragen

Bakterien verfügen über verschiedene Möglichkeiten, genetisches
Material zu übertragen. So können sie über einen Proteinfaden einen
Kontakt zueinander schaffen, über den sie ihre Gene übertragen –
man nennt dies Konjugation. Konjugationen finden sich besonders
häufig bei *Escherichia-coli*-Bakterien, Bakterien, die sich in der normalen Darmflora finden und nur dann Krankheiten verursachen, wenn
sie außerhalb dieses Bereiches gelangen.

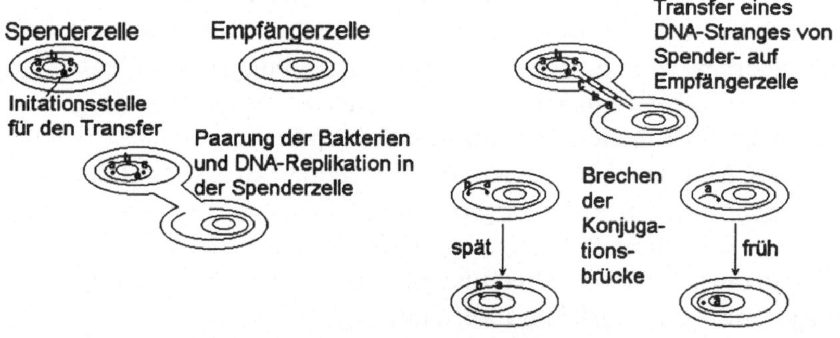

Bild 3.4 Austausch genetischer Informationen zwischen Bakterien durch Konjugation. Zwei *Escherichia-coli*-Zellen treten über eine aus Proteinen bestehende
Konjugationsbrücke in Verbindung zueinander. Die DNA der Spenderzelle
wird verdoppelt. Einer der beiden Stränge wird auf die Empfängerzelle
übertragen. Der Transfer endet, wenn die Konjugationsbrücke zerstört wird.

Bei der Transduktion übertragen besondere Viren – Phagen genannt – genetisches Material von einem Spender- auf ein Empfänger-
bakterium. Ein gut untersuchtes Beispiel sind Staphylokokken-
Plasmide. Sie tragen ein Gen, das die Zellen mit der Fähigkeit ausstat-

tet, Penicillinase zu produzieren. Die Penicillinase ist ein Enzym, das das Antibiotikum Penicillin inaktiviert und die Bakterien so penicillinunempfindlich macht.

Die dritte Übertragungsmöglichkeit ist die Transformation, bei der eine Empfängerzelle aus einer Spenderzelle freigesetzte DNA aufnimmt. Sie findet sich nur sehr selten.

3.2.4 Viren

Viren zählen zu den kleinsten Lebewesen der Welt – sie sind kleiner als 0,2 µm. Da sie weder über die nötige Zellstruktur noch über ein entsprechendes Enzymsystem verfügen, um selbständig wachsen und sich vermehren zu können, müssen sie zur Herstellung eigener Produkte die Maschinerie fremder Zellen nutzen.

Während Würmer und Bakterien selbständig bestehen können, sind Viren nur als Parasiten in einer Wirtszelle überlebens- und vermehrungsfähig. Diese Unselbständigkeit macht Viren gefährlich. Im

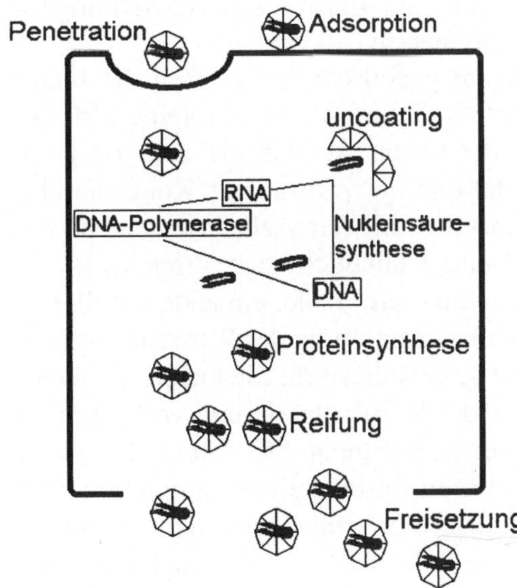

Bild 3.5 Virusvermehrung.

Das Viruspartikel heftet sich an die Zellmembran (Adsorption). Es gelangt durch die Zellmembran in das Zellinnere (Penetration). Die Umhüllung der Nukleinsäure öffnet sich (uncoating). Das genetische Material des Virus wird vervielfältigt und wirkt auf den Zellstoffwechsel der Wirtszelle ein. Die Wirtszelle produziert virale Proteine. Nukleinsäuren und Kapselmaterial werden zu neuen Viruspartikeln zusammengefügt (Reifung). Ihr Verlassen der Wirtszelle (Freisetzung) führt oft zu deren Zerstörung.

Gegensatz zu Würmern und Bakterien sind Viren keine klar erkennbaren Fremdlinge. Sie werden zu festen Bestandteilen der infizierten Zelle. Für die befallene Zelle wird eine klare Trennung zwischen Selbst und Nicht-Selbst, zwischen eigener und fremder Information, äußerst schwierig, teilweise sogar unmöglich.

Im wesentlichen verkörpern Viren gespeicherte Information – Nukleinsäure. Viren bestehen aus einem Kern, der einen Typ von Nukleinsäure – Desoxyribonukleinsäure oder Ribonukleinsäure – enthält, und einer ihn umhüllenden Kapsel aus Proteinen. Indem Viren ihre Nukleinsäure in die der Wirtszelle einbauen oder gar die wirtseigene Nukleinsäure gänzlich durch eigene verdrängen, übernehmen sie die Kontrolle über alle Strukturen der Wirtszelle.

Hierbei müssen Viren, die Ribonukleinsäure einschleusen, ihr Genmaterial mit Hilfe eines Enzyms, der sogenannten Reversen Transkriptase, in die DNA-Sprache übersetzen, die die Wirtszelle versteht. Das AIDS-Virus beispielsweise gehört zu den Retroviren, die ihre genetische Information in Form von RNA enthalten, die nach Entfernung der Virusproteinhülle in der Wirtszelle mittels der Reversen Transkriptase in DNA umgeschrieben wird.

DNA-Viren dagegen benötigen diesen Übersetzungsmechanismus nicht – sie verfügen lediglich über ein Enzym zur Vervielfältigung ihres Genmaterials, die DNA-Polymerase.

Die in den Viren gespeicherte genetische Information ist relativ klein. Sie legt nur eine begrenzte Zahl viruseigener Proteine fest. Das Gefährliche dieser fremden Information ist, daß sie zumeist große Teile der wirtseigenen vernichtet und die vollständige Kontrolle über die Wirtszelle übernimmt. Sie zwingt die Wirtszelle, viruseigene Nukleinsäure und Kapselmaterial und schließlich neue Viren zu produzieren. Verlassen diese Viren die infizierte Zelle, um andere Zellen zu befallen, geht dies zumeist mit einer Zerstörung der Wirtszelle einher.

Einige Viren sind nicht ganz so zerstörerisch: Sie bauen ihr genetisches Material reversibel in das der Wirtszelle ein und verändern dadurch deren Erbmaterial, ohne es zu zerstören. Die fremde Information des Virus wird so zu einem festen Bestandteil der infizierten Zelle und aller ihrer Nachkommen. Die Wirtszelle geht nicht zugrunde, dennoch belastet sie die unnütze Information – sie trägt ein hohes Risiko zu entarten, d.h. eine Krebszelle zu werden.

3.3 Die Informationsaufnahme: Das Eindringen der Schädlinge

Erreger benutzen lebende Wirte, ohne die sie sich nicht verbreiten und Aktivitäten entfalten können. Übertragung eines Krankheitserregers findet zwischen den Generationen, d.h. von der Mutter auf das ungeborene Kind, und zwischen Lebewesen gleicher oder unterschiedlicher Art statt: Anpassungsfähige Erreger können in verschiedenen Organismen wie z.B. Wirbeltieren und Insekten überleben. So werden die Erreger der Malaria durch Mücken übertragen und kommen daher in warmen Sumpfgebieten, in denen sich die Mücken besonders gut vermehren, besonders häufig vor.

Besonders widerstandsfähige Mikroorganismen können einige Zeit in einer toten Umwelt überleben und durch Gegenstände, Lebensmittel, Staubteilchen oder Tröpfchen übertragen werden.

3.3.1 Die Haut als Schutzwall

Das erste Hindernis, das die Mikroorganismen zu überwinden haben, ist die Haut, die den Menschen wie ein Schutzanzug überzieht und die eine Barriere zur Umwelt bildet. Die Haut bedeckt eine Fläche von 1,6 Quadratmetern und macht als Decke ungefähr 12 Prozent des Körpergewichtes aus.

Sie erscheint unbelebt – doch dieser Eindruck täuscht. Sie wird ständig von zahlreichen Mikroorganismen bewohnt. Krankheitserreger finden die größte Beachtung – die meisten Hautbesiedler sind jedoch harmlos, teilweise sogar nützlich. So bilden ortsansässige Bakterien einen Schutzschild, um schädliche Mikroorganismen abzuwehren. Sie bauen den Talg der Haut ab und senken mit den anfallenden Fettsäuren den pH-Wert. Dieser Säuremantel schreckt viele Krankheitserreger ab.

Auch die tägliche Schuppung hindert viele Mikroorganismen daran, sich anzusiedeln – sie werden mit den Schuppen abgestoßen. Gelingt es den Erregern dennoch, in die Haut einzudringen, wird der Kampf gegen sie fortgesetzt. In den Gewebsspalten der Haut finden sich zahlreiche Zellen, die Bakterien und Fremdstoffe abwehren können. Es sind die Zellen des Immunsystems (vgl. 3.4.1).

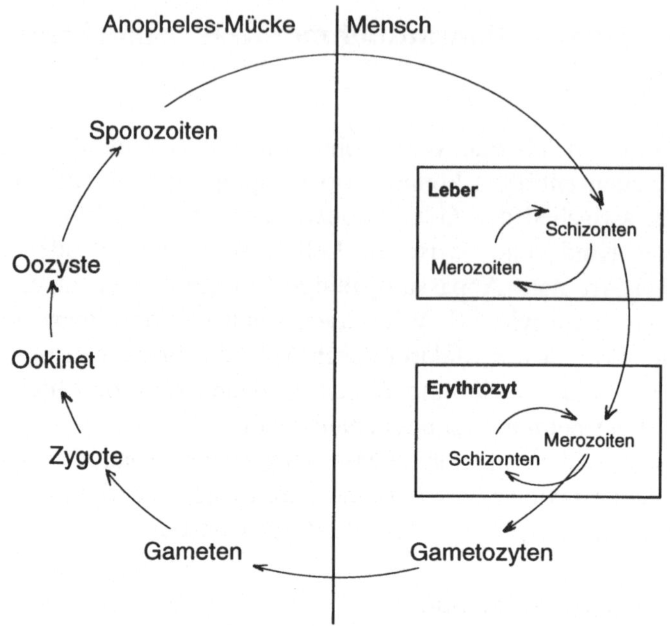

Bild 3.6 Schema der Entwicklungszyklen von Plasmodien in Mensch und Mücke. In der Mücke: Aufsaugen von Gametozyten mit Menschenblut, Ausbildung der Geschlechtsformen (Gameten), Befruchtung und Fortentwicklung der vereinigten Form über Zygote, Ookinet und Oozyste zu den übertragungsfähigen Sporozoiten. Im Menschen: Übertragung von Sporozoiten aus dem Speichel der Mücke ins Blut, Transport in die Leber, dort Bildung von Schizonten und Zerfall zu Merozoiten. Ausschwemmung von Merozoiten ins Blut, Aufnahme in Erythrozyten mit weiterer Vermehrung, Zellzerfall und Eindringen der Blutschizonten in weitere Erythrozyten. Dort Bildung einiger Gametozyten mit geschlechtlicher Vermehrung.

Erreger wählen vielerlei Wege, die Schutzbarrieren eines Organismus zu überwinden und einzudringen. Bei Berührung können sie über die Haut hineingelangen. Sie schweben in der Luft, werden eingeatmet und dringen über die Schleimhäute des Atmungssystems ein. Bei Stichverletzungen dringen sie direkt in die Blutbahnen ein. Auch in Nahrung und Trinkwasser können gefährliche Erreger versteckt sein und über den Darm in den Körper hineingelangen.

Im ersten Schritt der Infektion heften sich die krankheitserregenden Mikroben an ihre Wirtszellen. Die Zelladhäsion der Erreger ist gewebespezifisch – es wird das Schlüssel-Schloß-Prinzip genutzt (vgl. Kapitel 2.1.2), bei dem Rezeptoren eine Rolle spielen. Bakterien produzieren Lektine, Proteine, die sich sehr schnell und reversibel mit Zuckern verbinden können. Mit Hilfe dieser Lektine binden sich Bakterien im Vorfeld jeder Infektion an passende Kohlenhydratrezeptoren auf der Oberfläche der Wirtszelle. Die Bindung der Mikroben an die Wirtszelle leitet die eigentliche Infektion ein, bei der die Erreger in die Zelle eindringen.

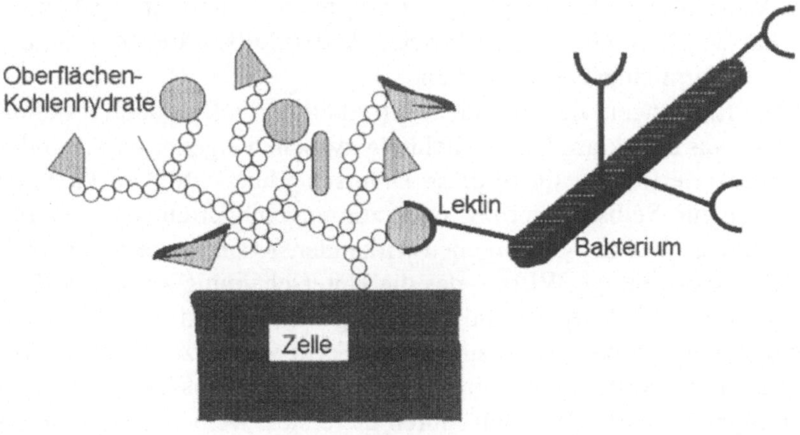

Bild 3.7 Vor einer Infektion heften sich Bakterien mit ihren zuckerbindenden Proteinen (Lektinen) an Kohlenhydratrezeptoren der Wirtszelle.

3.4 Die Informationsverarbeitung: Der Kampf gegen die Eindringlinge

3.4.1 Das Immunsystem

„Leben heißt kämpfen" (Seneca) – dies gilt auch für Infektionen und ihre Abwehr. In jeder Sekunde versuchen unzählige Würmer, Bakterien, Viren und andere gefährliche Fremdlinge in den menschlichen Körper einzudringen und dort Zerstörungen anzurichten. Gelungene Zerstörung oder Abwandlung gegnerischer Information entscheidet über Leben und Tod. Nur weil das menschliche Abwehrsystem gegen eine Vielzahl von Eindringlingen erfolgreich kämpft und gekämpft hat, hat der Mensch bisher überlebt. Andernfalls wäre er in seiner heutigen Form längst ausgestorben.

Das Eindringen der fremden Information muß schnell erkannt werden, was eine klare Unterscheidung zwischen eigener und fremder Information erfordert. Ohne diese Unterscheidungsfähigkeit käme es entweder zur Selbstzerstörung oder zur ungehinderten Vermehrung gefährlicher, weil im Verborgenen wirkender, Krankheitserreger. Dieses lebensnotwendige Wissen, das die Unterscheidung zwischen Körpereigenem und Körperfremdem ermöglicht, ist im menschlichen Immunsystem gespeichert – zumeist in Form von Rezeptoren. In seiner heutigen zweiteiligen Form entstand das Immunsystem, als sich vor einigen hundert Millionen Jahren die ersten Wirbeltiere aus ihren wirbellosen Vorfahren entwickelten. Im Kampf gegen gefährliche Mikroorganismen stellt es eine überaus wirksame Waffe dar.

Sein angeborener Teil erkennt bestimmte Mikroorganismen unmittelbar, d.h. ohne mit irgendwelchen ihrer Strukturmerkmale jemals in Kontakt gekommen zu sein, und vernichtet sie. Auf diese Weise werden zahlreiche Krankheitserreger bereits beim ersten Zusammentreffen zerstört.

Beim erworbenen Teil dagegen muß vor der erfolgreichen Bekämpfung der Eindringlinge ein Lernvorgang stattgefunden haben, in denen das Abwehrsystem besondere Strukturmerkmale der Fremdkörper – sogenannte Antigene – kennengelernt hat.

Gegen diese Antigene werden spezifische Abwehrsubstanzen, Antikörper genannt, gebildet. Jeder Antikörper hat das Merkmal „seines" Antigens kennengelernt und als dauerhaftes Wissen gespeichert. Unentwegt durch den Körper patrouillierend, ist ein Antikörper ständig auf der Suche des zu ihm passenden Antigens. Findet er es, bindet er sich an das Antigen und vernichtet dann den Eindringling.

3.4.2 Das angeborene Immunsystem

Zu den angeborenen Verteidigungsmechanismen gehören zum einen sogenannte Freßzellen (Phagozyten), frei bewegliche, überall im Körper vorkommende Zellen. Auf ihrer Oberfläche finden sich Erreger bindende Glykoproteinrezeptoren, Rezeptoren, die uns bereits in 2.1.2 als Spezialisten der Zell-Zell-Erkennung begegnet sind. Bindet ein solcher Phagozytenrezeptor eine fremde, krankheitserregende Zelle, wird diese in das Innere der zugehörigen Freßzelle aufgenommen und vernichtet. Somit wird zunächst mit Hilfe eines Rezeptors fremde, schädliche Information erkannt und anschließend vernichtet.

Zum anderen verfügt das angeborene Immunsystem über Proteine, die frei in den Flüssigkeiten des Körpers schwimmen. Stoßen diese Proteine dort auf unerwünschte Eindringlinge, heften sie sich an sie und vernichten sie.

Zu den Proteinen gehört beispielsweise das sogenannte Komplementsystem. Es ergänzt die Wirkungen des erworbenen Immunsystems, d.h. „komplementiert" sie. Das Komplementsystem besteht aus mehr als 15 verschiedenen Enzymen, die durch Antigen-Antikörper-Verbindungen oder durch bestimmte Substanzen, die z.B. von eingedrungenen Mikroorganismen stammen, aktiviert werden können – die Information, daß etwas Fremdes eingedrungen ist, entstammt zum einen dem anderen Teil des Immunsystems, zum anderen dem Fremdling selbst. Das Komplementsystem unterstützt den anderen Teil des Immunsystems, indem es Antigene leichter erkennbar macht und so die Antikörperbildung gegen sie fördert. Zudem lockt es Freßzellen der angeborenen Abwehr an: So lagern sich Komplementproteine an Bakterien an und kennzeichnen sie damit gegenüber den Phagozyten als körperfremd. Die selbstbeweglichen Freßzellen strömen in großen

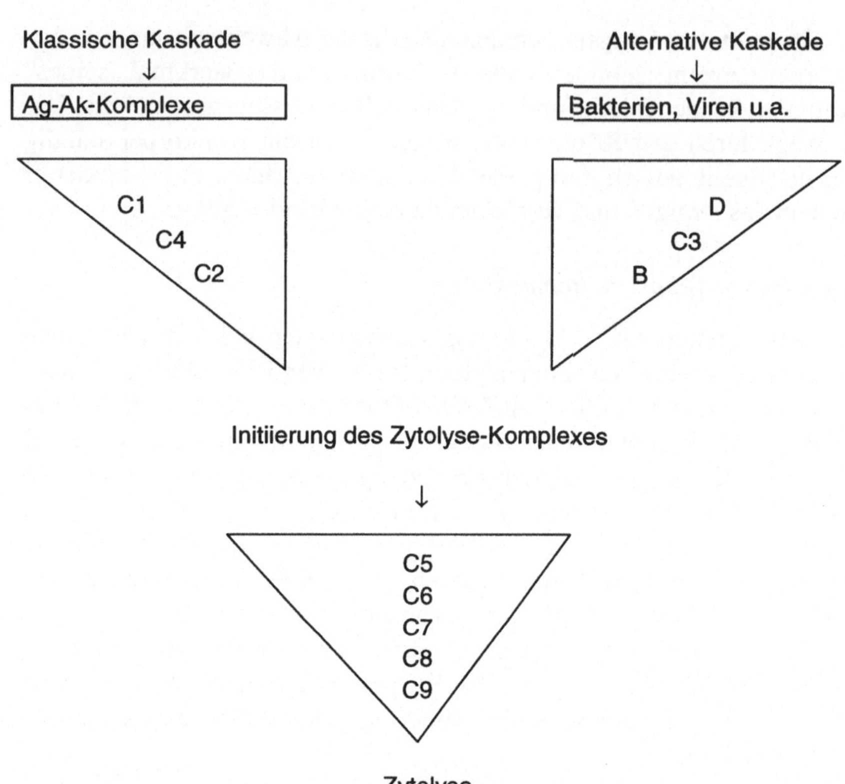

Bild 3.8 Aktivierungswege des Komplementsystems. Komplement reagiert mit Antikörper-beladenen Zellen und ruft dadurch eine irreversible Mebranschädigung mit nachfolgendem Zelltod hervor (Zytolyse).

Scharen herbei, verschlingen die Eindringlinge und zerstören sie im Zellinnern.

Bei der Komplementaktivierung entsteht ein Endprodukt, das Zellmembranen schädigt. Durch die Löcher dringt Wasser ein, bis die Zellen platzen. Auf diese Weise werden Viren und Bakterien direkt getötet.

Körpereigenen Zellen wird das Komplement dagegen nicht gefährlich – sie verfügen über Proteine, die das Komplement sofort nach

seiner Anlagerung zerstören Auf diese Weise wird zwischen „Selbst"
und „Nicht-Selbst" unterschieden.

Bei einigen Viren verhindert das Komplement, daß sie sich an
Körperzellen binden. Damit wird das Eindringen der Schädlinge in
die Zelle unmöglich gemacht, so daß die Zellen (und der gesamte Organismus) gesund bleiben.

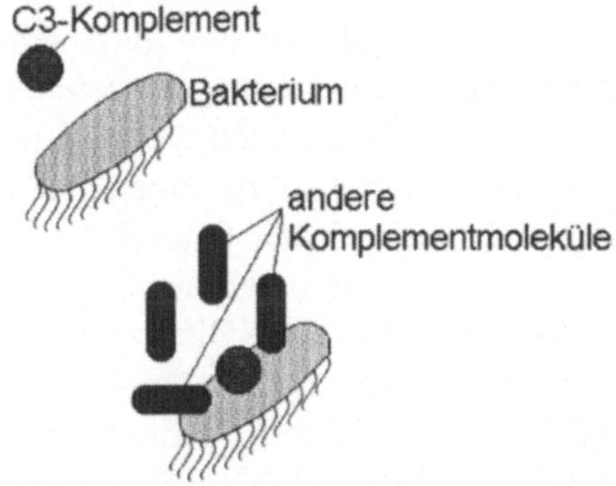

Bild 3.9
Ein C3-Komplement-Molekül
bindet sich an die Oberfläche eines
Bakteriums und veranlaßt dadurch
andere Komplementmoleküle,
ebenfalls eine Verbindung mit dem
Bakterium einzugehen, durch die
das Bakterium abgetötet wird.

Ein anderes Protein des angeborenen Immunsystems ist das Interferon. Es ist ein Signalstoff virenbefallener Zellen, mit dessen Hilfe
sie der Umgebung ihr durch Viren verursachtes Kranksein mitteilen.
Diese Art der Kommunikation ist uns bereits aus Kapitel 2.1.3 ver-
traut, in dem die Kommunikation zwischen Zellen mittels Kommunikationsmolekülen vorgestellt wurde. Interferon ist ein Kommunikati-
onsmolekül, das Zellen in der Umgebung eines Infektionsherdes
alarmiert. Auf diese Weise schützt es die Nachbarzellen der infizierten Zelle – die befallene Zelle selbst geht zugrunde.

Nach seiner Freisetzung aus der infizierten Zelle bindet sich Interferon an einen Rezeptor auf der Oberfläche benachbarter, noch nicht
befallener Zellen. Diese Rezeptorbindung löst eine Signalkaskade ins
Zellinnere aus, wie wir sie bereits aus Kapitel 2.1.4 kennen. Als Ergebnis der Signalskaskade stellt die Zelle „antivirale" Proteine her.
Diese Proteine hemmen die Synthese von Virusproteinen, indem sie
die virale Nukleinsäure zerstören oder verhindern, daß die befallene
Zelle Virusnukleinsäure in Proteine übersetzt.

Wie das Komplementsystem hat auch das Interferon zu anderen Systemen der Immunabwehr enge Verbindungen. So macht Interferon antigene Strukturen auf fremden Zellen besser kenntlich, so daß die Fremdlinge vom erworbenen Immunsystem leichter entdeckt werden können, und steigert die Aktivität von Freßzellen.

Freßzellen stellen neben den Proteinen eine weitere Abwehrmaßnahme des angeborenen Immunsystems gegen eingedrungene Fremdlinge dar. Ihr liegt die Fähigkeit bestimmter Zellen (Makrophagen genannt) zugrunde, Eindringlinge aufzuspüren und in sich aufzunehmen. Mit Hilfe lysosomaler Enzyme bauen sie das zu phagozytierende Material ab – die Eindringlinge werden aufgefressen. Zu den Makrophagen gehören u.a. einige der weißen Blutzellen wie die sogenannten Monozyten sowie die eosinophilen und neutrophilen Granulozyten. Die meisten Makrophagen sind selbstbeweglich und patrouillieren unentwegt auf der Suche nach Eindringlingen durch die Blutgefäße.

Fremdlinge werden dadurch erkannt, daß ihre Hüllen ein anderes Muster als die Hüllen der körpereigenen Zellen zeigen. So finden sich auf ihnen beispielsweise körperfremde Polysaccharide (Zuckerketten), für die die Makrophagen spezifische Rezeptoren besitzen. Stößt ein Makrophagenrezeptor auf ein zu ihm passendes Polysaccharid, geht er sofort eine Bindung mit ihm ein – der Erreger wird eingefangen, um anschließend verschlungen zu werden.

Auch diese zweite Form der angeborenen Immunität unterstützt andere Systeme der Immunabwehr. So geben infizierte Makrophagen Stoffe an ihre Umgebung ab, die von anderen Abwehrsystemen als Signal zum Angriff gewertet werden.

Ein Beispiel ist der Eiweißkörper Interleukin 6. Er wird von Makrophagen ausgeschüttet, wenn sie auf Bakterien stoßen. Interleukin 6 setzt eine Reaktionskette in Gang, durch die letztendlich gefährliche Eindringlinge – Bakterien – so markiert werden, daß sie von anderen Freßzellen und Proteinen des Komplementsystems leicht erkannt und vernichtet werden.

Die angeborene Immunität ist zwar wirkungsvoll, kann jedoch nicht vor allen Infektionen schützen. Mikroorganismen entwickelten und entwickeln sich im Zuge der Evolution wesentlich schneller als Tiere und Mensch und lassen immer neue Mechanismen entstehen, durch die die angeborene Abwehr ausgetrickst wird. Einige Krankheitserreger entgehen beispielsweise ihrem Angriff, weil sie eine Kapsel aus Polysacchariden haben, an die sich kein Komplement anlagern kann. Das gilt für die Erreger von Lungenentzündung (*Pneumokokken*) und septischer Angina (*Streptokokken*).

In diesen Fällen setzt die erworbene Immunität ein, eine Besonderheit der Wirbeltiere. Durch sie vermag der Körper praktisch jeden Mikroorganismus zu bekämpfen.

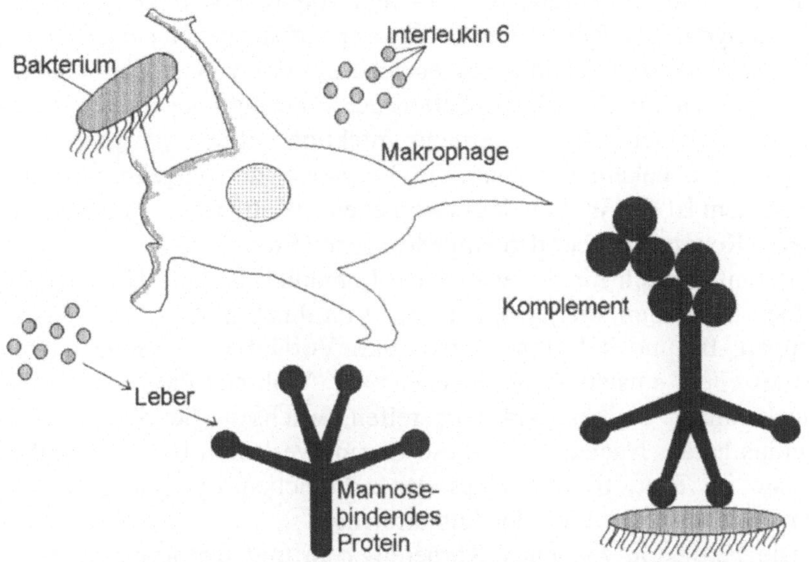

Bild 3.10 Ein Makrophage hat ein Bakterium entdeckt und gibt Interleukin 6 an die Umgebung ab. Interleukin 6 gelangt über die Blutbahn zur Leber, die daraufhin ein Mannose-bindendes Protein freisetzt. Nachdem sich dieses Protein an die Oberfläche des Bakteriums gebunden hat, wird die Komplementkaskade ausgelöst.

3.4.3 Das erworbene Immunsystem

Ist das Wissen über das, was körpereigen und körperfremd ist, im angeborenen Immunsystem bereits von Anfang an gespeichert, muß es im erworbenen Immunsystem erst erlernt werden. Erst bei einer Auseinandersetzung mit dem Fremdkörper gewinnt das erworbene Immunsystem die Information über ihn, die es bei einer späteren Auseinandersetzung nutzen kann. Das erworbene Abwehrsystem befindet sich in einem fortlaufenden Lern- und Anpassungsprozeß. Dringen Fremdlinge in den Körper ein, bildet es spezifisch gegen sie gerichtete Abwehrsubstanzen. Gleichzeitig speichert es das Wissen über charakteristische chemische Eigenschaften der Eindringlinge dauerhaft, so daß es mit seiner Hilfe eine erneute Infektion mit dem gleichen Erreger wirksam bekämpfen kann. Im Vergleich zum angeborenen Immunsystem ist das Wissen des erworbenen spezifischer – es beinhaltet genaue Kenntnisse über den eingedrungenen Fremdling.

Verantwortlich für die erworbene Immunität ist eine Unterart der weißen Blutzellen, die Lymphozyten. Von ihnen gibt es zwei Hauptgruppen, B- und T-Lymphozyten. Ihre Vorläufer, die sogenannten Stammzellen, entstehen im Knochenmark. Während die B-Zellen im Knochenmark bleiben und dort reifen, wachsen die T-Zellen im Thymus heran. Nachdem sie diese Organe verlassen haben, zirkulieren sie im Blut, bis sie eines der zahlreichen Lymphorgane wie Lymphknoten, Milz und Mandeln erreichen.

Die Fähigkeit, zwischen Körpereigenem und Körperfremdem zu unterscheiden, wird vermutlich bereits während der embryonalen Entwicklung im Mutterleib erlernt. In dieser Zeit wandern lebende Zellen in immunologisch entscheidende Organe wie Thymus und Knochenmark und vermehren sich dort. Auf den Zellen finden sich körpereigene antigene Strukturen, Strukturen, die das Wissen über das, was körpereigen ist, speichern. Diese Information beeinflußt die nach und nach entstehenden Lymphozyten. Reagieren Lymphozyten auf körpereigene Antigene, werden diese systematisch ausgesondert und zerstört. So gehen die Vorläufer der B-Zellen nur dann nicht zugrunde, wenn sich ein von Nachbarzellen abgegebenes Molekül an einen bestimmten ihrer Oberflächenrezeptoren lagert.

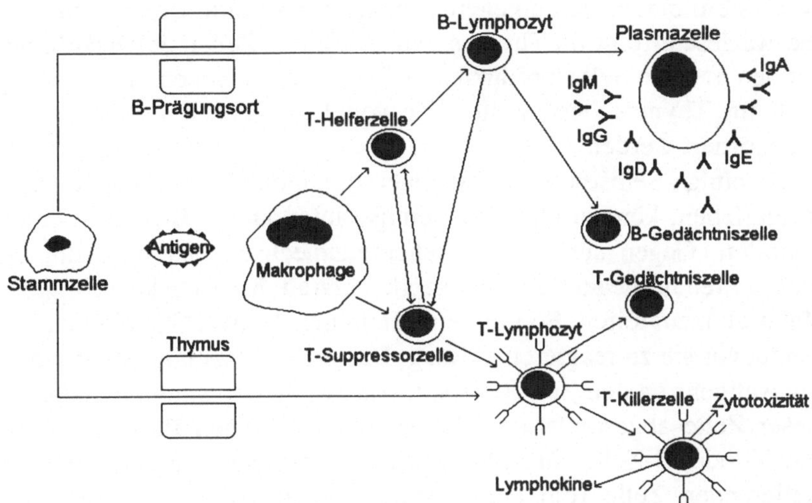

Bild 3.11 Prägung der Lymphozyten sowie Aktivierung der humoralen (oben) und der zellulären Abwehr (unten) bei Antigenkontakt. Wird ein Antigen durch einen Makrophagen präsentiert, so löst dies einerseits die Proliferation von B-Zellen und deren Umwandlung zu Plasmazellen aus. Andererseits bewirkt die Antigenpräsentation eine Proliferation verschiedener T-Lymphozyten.

Tragen B-Zellen dagegen Rezeptoren, die mit körpereigenen Stoffen reagieren, also dem eigenen Organismus – dem Selbst – gefährlich werden würden, so müssen diese B-Zellen frühzeitig eliminiert werden. Junge, selbstreaktive B-Zellen werden blitzschnell mit großen Mengen von Antigenen konfrontiert – Molekülen auf der Oberfläche von Zellen, auf die sie treffen. Bei starker Antigen-Antikörper-Bindung löst das vom Antikörper-Rezeptor ins Zellinnere geleitete Signal einen programmierten Zelltod aus, indem es Enzyme aktiviert, die die DNA im Zellkern zerstören. So wird verhindert, daß autoaggressive B-Zellen die nötige Reife erreichen. Dagegen überleben unreife B-Zellen, die Moleküle aus ihrer Umgebung nur schwach binden. Sie reifen aus und werden später auf Fremd-Antigene ansprechen.

Wie die B-Zellen werden auch T-Zellen, die zu heftig auf körpereigene Zellen reagieren, bereits bei ihrer Entwicklung im Thymus eliminiert. Der Tod unreifer selbstreaktiver T-Zellen hindert das Immunsystem daran, den eigenen Organismus zu attackieren. Eine solche Auslese erfolgt im Thymus, wo sich die T-Zellen entwickeln und mit den meisten Selbstprodukten in Berührung kommen, die entweder auch im Thymus hergestellt oder von beweglichen Zellen dorthin transportiert werden.

Da einige Selbstprodukte niemals immunologisch prägende Organe erreichen, können allerdings einige autoreaktive B- und T-Zellen ausreifen. Gegen sie ist ein Sicherheitsmechanismus wirksam, der auch reife autoreaktive Immunzellen daran hindert, körpereigenes Material anzugreifen. So muß eine Immunzelle zwei Signale empfangen, bevor sie zu reagieren vermag. Das erste entstammt der Bindung des Antigens an den Zell-Rezeptor, das zweite der Bindung eines von dieser Zelle abgesonderten oder membranständigen Proteins. Wenn eine T- oder B-Zelle ein Eigenantigen erkennt, das von einer nichtstimulierenden Zelle (die kein zweites Signal vermittelt) präsentiert wird, stirbt sie oder wird inaktiv.

3.4.4 Die B-Zell-Abwehr

Ein körperfremder Eindringling ist mit der in ihm gespeicherten Information ein Antigen, das die B-Lymphozyten mit Hilfe von Rezeptoren auf ihrer Zelloberfläche als solches erkennen. Diese Rezeptoren speichern das Wissen über spezifische Merkmale des Antigens und ermöglichen seine Bindung. Hierbei ist jeder B-Lymphozyt ein Spezialist: Er trägt auf seiner Zelloberfläche nur einen einzigen Typ von Rezeptor und kann nur eine Antikörperart herstellen. Bindet ein Rezeptor ein zu ihm passendes Antigen, vermehrt sich die zugehörige B-Zelle und produziert ihren Antikörper, der das Antigen bindet und vernichtet. Dieser Antikörper, auch Immunglobulin genannt, ist ein großes, ellipsoid geformtes Eiweißmolekül, das seinem Antigen spezifisch angepaßt ist – es gilt wiederum das uns aus Kapitel 2.1.2 vertraute Schlüssel-Schloß-Prinzip.

Ein einziger B-Lymphozyt, der lediglich die Information über eine einzige antigene Struktur gespeichert hält, vermag nicht viel anzurichten – gemeinsam ist der Wissensvorrat der B-Lymphozyten jedoch unvorstellbar groß. Der Umfang dieses Arsenals hat riesige Dimensionen: 10 Billionen B-Zellen können jederzeit mehr als 100 Millionen verschiedene Antikörper herstellen – und dies in einer unvorstell-

baren Geschwindigkeit: von 2 000 bis zu 10 000 Antikörpern in der
Sekunde.

Durch Antigene aktivierte B-Lymphozyten vermehren sich in
Lymphknoten und Milz. Hierbei entstehen Plasmazellen, die in großen Mengen Antikörper herstellen, die die fremden Eindringlinge vernichten: Eine Plasmazelle ist in der Lage, pro Sekunde etwa 2 000
identische Immunglobulinmoleküle zu synthetisieren.

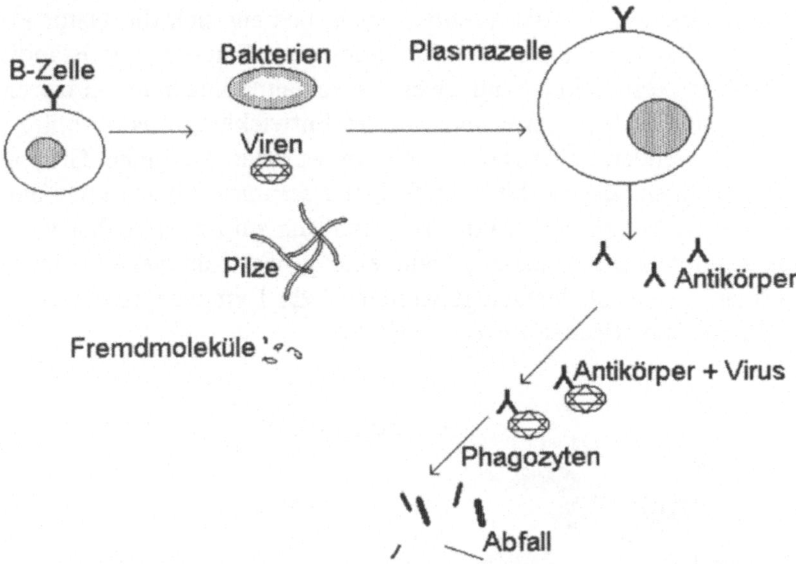

Bild 3.12 Träger der humoralen Immunität sind Antikörper, die von B-Zellen ausge-
schieden werden und mit fremden Antigenen wie Bakterien, Viren, Pilzen
und Proteinen reagieren.

B-Lymphozyten mit ihren Rezeptoren bilden ein Gedächtnis, in
dem antigene Strukturmerkmale dauerhaft gespeichert sind. Wie jedes
Gedächtnis speichert auch dieses seine Information leichter abrufbar,
wenn ihm die Information häufig dargeboten wird. So bildet ein B-
Lymphozyt bei der Erstbegegnung mit „seinem" Antigen neben den
Plasmazellen auch sogenannte Gedächtniszellen, die wie die Plasma-
zellen im Blut kreisen und ein eingedrungenes Antigen noch nach
Jahren wiedererkennen. Sie sind dafür verantwortlich, daß Wieder-

begegnungen mit dem gleichen Antigen anders verlaufen als Erstbegegnungen, da nunmehr eine große Zahl von Plasmazellen gebildet werden, die in kurzer Zeit große Mengen passender Antikörper produzieren.

Die Information zur Bildung eines Antikörpers ist in den Genen festgelegt, und zwar wie bei allen Proteinen (das ein Antikörper ja ist) in der DNA. Ein eigenes Gen für jeden der 100 Millionen verschiedenen Antikörper hätte jedoch im Erbgut keinen Platz. Um mit der begrenzten Speicherkapazität auszukommen, bedient sich die Natur eines Tricks. Sie verteilt die Erbinformation zum Bau eines vollständigen Antikörpermoleküls auf weit auseinanderliegende Gruppen verschiedener Teilgene, die während der Entwicklung einer Antikörper-produzierenden Zelle frei kombiniert werden: Aus jeder Gruppe wird ein Teilgen ausgewählt; alle Teilgene zusammen bestimmen den vollständigen Antikörper. Da die Teilgene sich auf unvorstellbar viele Arten zusammenfügen lassen, kann eine große Zahl verschiedener Antikörper genetisch festgelegt werden: Jede Lymphozytenart stellt einen für sie spezifischen Rezeptor her.

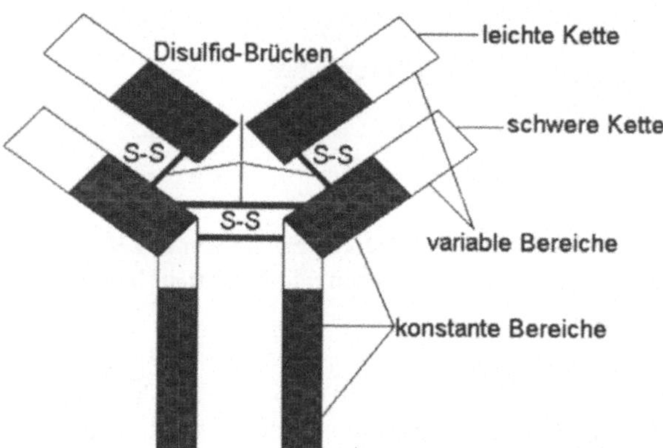

Bild 3.13
Antikörpermolekül. Seine vier Polypeptidketten werden durch Disulfidbrükken zusammengehalten.

In der Struktur des Antikörpermoleküls ist die genetisch bedingte Gliederung erkennbar. Das Antikörpermolekül setzt sich aus vier Ketten von Aminosäuren zusammen: zwei identischen langen und zwei identischen kurzen. Aufgrund ihres unterschiedlichen Molekulargewichts spricht man von der schweren und der leichten Kette. Die beiden schweren Ketten bilden miteinander eine y-Gabel, an deren Zinken sich die leichten Ketten anlegen.

Jeder der beiden Kettenarten besteht aus einem konstanten und einem variablen Bereich. Die variablen Bereiche unterscheiden sich bei verschiedenartigen Antikörpern in 115 (schwere Kette) bzw. 110 Aminosäuren (leichte Kette) am Aminoende. Gemeinsam formen diese variablen Regionen in jedem der beiden Arme des Ypsilons eine Antigen-Erkennungsstelle. Somit hat ein Antikörpermolekül zwei identische Erkennungsstellen.

Die Erbinformation für die variablen Bereiche verteilt sich bei den schweren Ketten auf drei Teilgene, genannt V (von engl. variable), D (engl. diversity: Vielfalt) und J (engl. joining: Verbindung). Es gibt mehr als 100 verschieden V-Gene, 12 D-Gene und 4 J-Gene. Die gleichen Genfamilien finden sich auch bei den leichten Ketten, nur fehlt ihnen die D-Gruppe. Während der Entstehung einer Antikörper-produzierenden Zelle vereinigt sich ein Mitglied jeder Genfamilie zu einem vollständigen V-D-J-Gen. Dies bedeutet, daß 4 800 (100 × 12 × 4) Kombinationen möglich sind. Bei den leichten Ketten sind es 400 und insgesamt 1,92 Millionen (4 800 x 400). Diese riesige Menge an Kombinationsmöglichkeiten läßt die Vielfalt der Antikörper entstehen. Zusätzlich wird die Antikörpervielfalt durch spezielle Enzyme erhöht, die Basenpaare an die Verbindungsstellen zwischen V-, D- oder J- Bereichen einfügen.

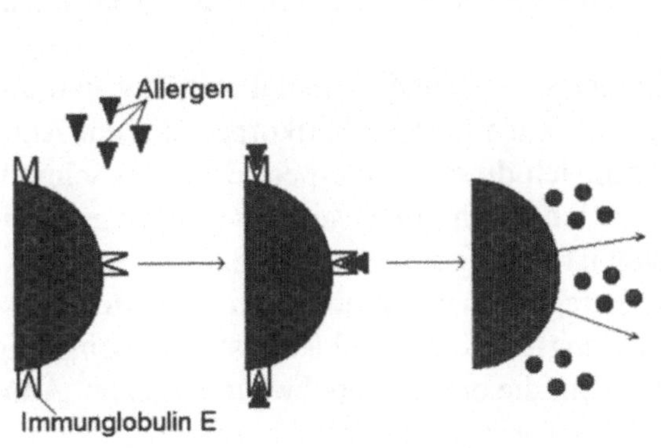

Bild 3.14
Allergische Reaktion. IgE-Antikörper binden sich an Gewebsmastzellen. Werden diese Antikörper mit Antigenen besetzt, setzen die Mastzellen Stoffe frei, die unmittelbar auf benachbarte Zellen einwirken und entzündliche Reaktionen wie z.B. Rötung und Schwellung hervorrufen.

Hinzu kommen C-Gene (constant), die die konstante Region der schweren Kette festlegen. Im Gegensatz zu den leichten Ketten unterscheiden sich bei den schweren Ketten die konstanten Bereiche zwischen den Genfamilien deutlich voneinander.

Man kennt fünf Haupttypen von konstanten Regionen; sie definieren fünf Immunglobulinklassen, genannt IgG, IgM, IgD, IgE und IgA. Im Gegensatz zur variablen Region beeinflussen sie den Aufgabenbereich des Antikörpers, nicht aber die Bindung eines Antigens.

So sind beispielsweise Antikörper der IgG-Klasse darauf spezialisiert, von Bakterien ausgeschiedene Gifte unschädlich zu machen. IgE-Antikörper lösen allergische Reaktionen aus – wie beispielsweise die nach einem Bienenstich auftretende Rötung und Schwellung der Haut. Immunglobuline von IgM-Struktur zirkulieren im Blutkreislauf, wo sie bei Immunreaktionen als erste spezifische Antikörper („Frühantikörper") in Erscheinung treten. IgA-Immunglobuline durchsetzen den Schleim, der die Innenwände von Nase, Hals, Rachen oder Darm überzieht, und überziehen sie so mit einer immunologischen Schutzschicht.

Die durch B-Zellen vermittelte Immunität ist äußerst anpassungsfähig. So können B-Zellen ihre Produktion auf einen anderen Immunglobulintyp umstellen, ohne daß sich die Erkennungsstelle des Antikörpermoleküls ändert. Es bindet weiterhin dasselbe Antigen, nur sein konstanter Bereich ist anders. Diese Umstellung geschieht in engem Kontakt mit der Umgebung. Von T-Zellen ausgeschiedene Botenstoffe – sogenannte Lymphokine – veranlassen die B-Zellen, binnen etwa eines Tages von einem Immunglobulintyp auf einen anderen umzuschalten.

Zusätzlich sind Antikörpergene besonders mutationsfähig und ändern sich häufig spontan. Entstehen hierbei Antikörper, die ein Antigen stark binden, vermehren sich diese Antikörper besonders schnell: Diejenige Information setzt sich durch, die besonders gut der gegnerischen Information angepaßt ist und sie zerstören kann.

Doch auch zahlreiche Erreger verfügen über ähnliche Mechanismen der Informationsanpassung. Auch sie sind äußerst mutationsfähig und lassen Varianten entstehen, die der Immunabwehr entgehen. Ähnlich wie Antikörpermoleküle verfügen zahlreiche Erreger über die

Möglichkeit, eines von vielen Genen auszuwählen und damit ihren Bau der Umgebung anzupassen.

So sind Trypanosomen (Erreger der Schlafkrankheit) parasitische Einzeller mit einem Protein in ihrer dicken Ummantelung, gegen das Antikörper produziert werden. Zahlreiche Trypanosomen gehen davon zugrunde bis auf die, die auf ein anderes der vielen Gene für dieses Protein umgeschaltet und so ihr Äußeres verändert haben. Die veränderten Parasiten entgehen dem Ansturm der ersten Antikörper und vermehren sich weiter. Der Wirt bildet neue Antikörper, doch erneut entstehen andere Varianten, usw. Indem sie sich einander anpassen, entwickeln sich Wirt und Eindringlinge ständig weiter.

3.4.5 Die T-Zell-Abwehr

Die bisher geschilderten Abwehrmaßnahmen der B-Lymphozyten richten sich gegen Krankheitserreger in Blut und Körperflüssigkeiten. Aber eine Reihe von Erregern – manche Bakterien und alle Viren – dringen in Körperzellen ein, wo sie vor den Antikörpern der B-Lymphozyten sicher sind: Als wasserlösliche Proteine können die Antikörper die äußere, hauptsächlich aus Fetten bestehende und damit wasserabstoßende Hülle von Zellen nicht von selbst überwinden.

Gegen solche versteckten Eindringlinge hat sich ein eigener Abwehrmechanismus entwickelt, der im wesentlichen durch T-Lymphozyten bewerkstelligt wird.

Vier Arten von T-Zellen mit unterschiedlichen Funktionen lösen das schwierige Problem der Abwehr der in den Zellen verborgenen Erreger. Wie im B-Zellsystem entstehen im T-Zellsystem nach einem Erstkontakt mit dem Antigen langlebige Gedächtniszellen und führen zu einer schnellen und heftigen Abwehr bei einer Wiederbegegnung mit dem gleichen Antigen. Killerzellen, erkennbar an dem Oberflächenprotein CD8, greifen den Eindringling mit ihren chemischen Waffen direkt an. Da sie Zellwände nicht durchdringen können, zerstören sie infizierte Zellen als ganzes. Sie reißen Löcher in sie hinein und geben Stoffe ab, die die Zellen abtöten.

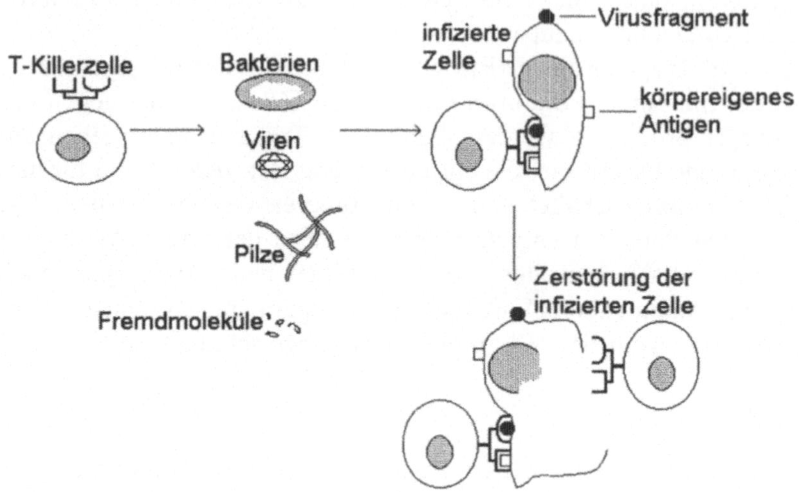

Bild 3.15 Grundlage der zellulären Immunität sind die T-Zellen, die unmittelbar mit Zellen in Wechselwirkung treten, an deren Oberfläche sowohl fremde als auch körpereigene Antigene zu finden sind.

Suppressorzellen unterdrücken die Funktionen anderer T-Lymphozyten und der B-Lymphozyten. Durch diese Hemmung werden überschießende Immunreaktionen des Körpers verhindert.

Helferzellen, erkennbar an dem Oberflächenprotein CD4, unterstützen die B-Lymphozyten bei ihrer Abwehr. Die von den Helferzellen produzierten Lymphokine sind Botenstoffe, die befallene Zellen zur Selbstverteidigung anregen. Andere Botenstoffe der Helferzellen, die Zytokine, veranlassen Antigen-stimulierte B-Zellen, Antikörper herzustellen.

Wie die B- müssen auch die T-Lymphozyten zwischen Körpereigenem und Körperfremdem, zwischen gesunder und von Fremdinformation befallener Zelle unterscheiden können, und sie müssen zusätzlich mit der Schwierigkeit fertig werden, eine im Zellinneren verborgene Fremdinformation zu entdecken. Dabei erhalten sie Hilfe von der infizierten Zelle. Diese produziert Moleküle, die Teile der Eindringlinge an die Zelloberfläche bringen, um sie der T-Lymphozyten-Abwehr zu präsentieren. Die so veränderte Oberflächenstruktur der infizierten Zelle wird von den T-Lymphozyten rasch entdeckt, und sie beginnen ihren Abwehrkampf.

Die Moleküle der infizierten Zelle, eine Gruppe von Glycoproteinen, bilden beim Menschen das sogenannte HLA (human leucocyte antigen)-System; bei Mäusen, an denen viele Aspekte solcher Eigenproteine untersucht wurden, nennt man vergleichbare Moleküle MHC-Proteine (englisch major histocompatibility complex).

Die Gene für die HLA-Proteine zeigen die größte genetische Variabilität in unserem Genom überhaupt – ein Phänomen, das befähigt, mit einer unvorstellbar großen Zahl von Erregern fertig zu werden. Dabei bezieht sich der Variationsreichtum auf die Art und nicht auf das einzelne Individuum. Anders als die Gene für die Antigenrezeptoren, die bei einem Individuum praktisch in jeder Immunzelle unterschiedlich sind, ist der Satz von HLA-Genen nämlich in allen Zellen ein- und derselben Person identisch, dafür aber von Mensch zu Mensch verschieden. Die genetischen Unterschiede beeinflussen die Struktur der Spalte, in der das Erregerpeptid festgehalten wird und bestimmen so, welche der vielen Fragmente von den Molekülen eines Erregers den Abwehrzellen präsentiert werden. Bei dieser hohen genetischen Variabilität gibt es immer Individuen, deren HLA-Moleküle Peptide irgendeines Eindringlings erkennen, selbst wenn diese Peptide sich durch Mutation fortwährend verändern.

Da jeder Mensch über eigene, ihn kennzeichnende HLA-Antigene verfügt, dienen HLA-Antigene nicht nur dem Aufspüren infizierter Zellen, sondern einer viel allgemeineren Unterscheidungsfähigkeit, nämlich der zwischen Körpereigenem und Körperfremdem. Eine Körperzelle mit passenden HLA-Antigenen wird als zugehörig akzeptiert und nicht angegriffen. Stimmen die HLA-Antigene dagegen nicht – wie es z.B. bei einer Transplantation der Fall ist – wird die Körperzelle angegriffen und vernichtet.

B-Zellen spüren Antigene mit Hilfe ihrer Oberflächenantikörper auf. Auch bei den T-Lymphozyten spielt sich ein ähnlicher Vorgang ab, bei dem sie die von den HLA-Molekülen an die Oberfläche gebrachten Antigene erkennen. Jeder T-Lymphozyt trägt einen unverwechselbaren Rezeptor. Er besteht aus zwei Ketten, genannt α und ß. Wie die schweren und leichten Ketten des B-Antikörpers besteht jede Kette des T-Zell-Rezeptors aus einem veränderlichen und einem konstanten Abschnitt. Auch der Mechanismus, der die Vielfalt der variablen Bereiche entstehen läßt, gleicht dem der B-Zellen. So verteilt sich die Information für die veränderlichen Bereiche der T-Rezeptoren auf drei getrennte DNA-Abschnitte, die während der Entwicklung eines T-Zell-Rezeptors zu einem vollständigen Gen zusammengefügt werden. Die Vielfalt der Rezeptoren wird durch Abwandlung an den Verbindungsstellen zwischen den einzelnen Bereichen zusätzlich gesteigert.

Es gibt jedoch einen Unterschied zwischen B- und T-Zell-Rezeptor: Anders als der Rezeptor eines B-Lymphozyten erkennt der Rezeptor eines T-Lymphozyten nicht das Protein-Antigen als ganzes, sondern nur ein kurzes Teilstück, ein Peptid von 8–15 Aminosäuren. Findet sich auf einer Zelle ein solches fremdes Peptid, kommt es erst dann zur Reaktion mit dem Rezeptor des passenden T-Lymphozyten, wenn die Zelle an ihrer Oberfläche ein HLA-Protein präsentiert. In diesem Fall bindet sich der T-Lymphozyt an die Zelle und setzt Substanzen frei, die die infizierte Zelle töten.

3.4.6 Das Zusammenspiel der Abwehrkräfte

Ein Antigen ist ein äußerer Reiz, der innerhalb eines Lymphozyten eine Reaktionskette in Gang setzt, die das Antigen vernichten soll – eine uns aus Kapitel 2.1.4 vertraute Signalkaskade.

Bindet ein Rezeptor ein Antigen, so verändern sich zunächst membranständige Proteine des Lymphozyten wie die bereits erwähnten CD4- und CD8-Proteine der T-Zellen sowie das Protein CD19 der B-Zellen. Diese Veränderung aktiviert zellständige Enzyme der zweiten Stufe (s. 2.1.4), Kinasen, Proteine zu phosphorylieren. Die Phosphorylierung stellt für den Zellkern das erste Signal dar, die Zelle wachsen und sich differenzieren zu lassen.

Im Gegensatz zu anderen Körperzellen reagiert der Zellkern einer immunkompetenten Zelle erst dann, wenn er ein zweites Signal empfängt. Dieses zweite Signal stammt von einer anderen Körperzelle und ist ein von ihr abgesondertes oder membranständiges Protein. Lagert sich dieses Protein an den zu ihm passenden Rezeptor der lymphozytären Membran, so setzt diese Bindung eine zweite Signalkaskade ins Lymphozyteninnere in Gang.

Bei der Ausprägung des zweiten Signals wird deutlich, daß angeborenes und erworbenes Immunsystem und innerhalb des erworbenen Immunsystems beide Lymphozytenklassen zusammenarbeiten. So benötigen beispielsweise T-Zellen das sogenannte B7-Protein als costimulatorisches Signal. B7 wird von infizierten Makrophagen produziert. Es bindet sich an das Oberflächenprotein CD28 der T-Zelle. Nur wenn Antigen- und CD28-Bindung stattgefunden haben, spricht die T-Zelle an und beginnt sich zu vermehren. B7 wird ausgeprägt, sobald das angeborene Immunsystem Erreger entdeckt, also bald nach der Ansteckung. Somit startet das angeborene das erworbene Immunsystem.

Aber auch das erworbene Immunsystem kann das angeborene anregen, es in seinem Kampf zu unterstützen. So aktivieren an Bakterien geheftete Antikörper die Enzyme des Komplementsystems, die die äußeren Membranen der Bakterien zerstören und sie dadurch töten. Manche Lymphozyten locken mit ihrem chemischen Signal Makrophagen an, Keime und abgestorbene Zellen zu verschlingen.

Andererseits arbeiten beide Lymphozytenarten zusammen. T-Helferzellen beispielsweise produzieren ein spezifischen Protein, das sich an den B-Zell-Rezeptor CD40 bindet. Erst nach dieser Bindung ist die B-Zelle in der Lage, Antikörper zu produzieren.

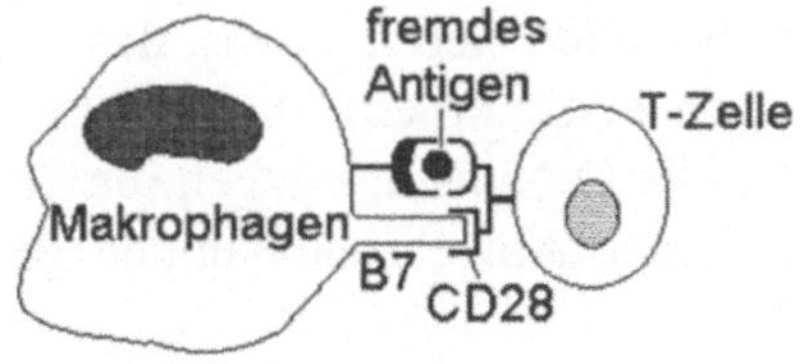

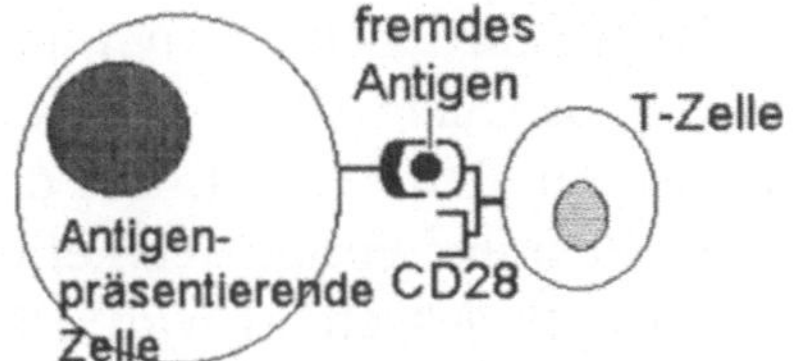

Bild 3.16
Bevor eine T-Zelle reagiert, muß sie zwei chemische Signale erhalten. Das erste entstammt der Bindung des Antigens an den T-Zell-Rezeptor, das zweite der Bindung eines membranständigen Proteins, hier B7. So wird verhindert, daß autoreaktive T-Zellen körpereigenes Gewebe angreifen. Während die T-Zelle im Bild oben den Kampf aufnimmt, stirbt die T-Zelle im Bild unten ab oder wird inaktiviert.

Neben der Erzeugung des zweiten Signals verfügen B- und T-Zellen über zahlreiche andere Möglichkeiten, sich gegenseitig zu stimulieren oder auch zu hemmen. Intensiv regulierte positive und negative Rückkopplungsschleifen sind für die Organisation des Immunsystems charakteristisch.

So geben T-Zellen Lymphokine ab, die die Bildung von Antikörpern fördern. Andere von ihnen abgegebene Stoffe können hingegen die Bildung von Antikörpern wieder unterdrücken.

B-Zellen hingegen zerlegen Antigene in jene Peptide, auf die T-Zellen am bereitwilligsten ansprechen, und präsentieren sie gebunden an HLA-Moleküle auf der Zelloberfläche. Auf diese Art helfen die B-Zellen, T-Zellen zu aktivieren.

3.5 Computer und Infektion

Wie es Millionen von Viren, Bakterien, Würmern und anderen Krankheitserregern gibt, so gibt es unzählige Formen computerschädlicher Information – zusammengefaßt unter dem Namen Softwareanomalien. In Analogie zu lebenden Infektionserregern spricht man auch bei Softwareanomalien von Würmern und Viren.

Natürliche Schädlinge dringen in einen lebenden Wirt ein, bleiben in ihm haften und durchdringen ihn mit ihrer fremden, schädigenden Information. Auch Softwareanomalien befinden sich in etwas, das auf einem Computer „lebt" – sie nisten sich in Daten ein, die von Programmen benutzt werden. Wie ein lebender Organismus gegen die ihn befallenen Erreger kämpft, gehen zahlreiche Abwehrmaßnahmen gegen Softwareanomlien vor.

Lebende Mikroorganismen rufen Symptome, d.h. wahrnehmbare Veränderungen ihres Wirtes, hervor. Demgegenüber bedeuten Softwareanomalien eine Abweichung des Programmverhaltens vom normalen Verhalten, die nicht durch programmiertechnische Fehler verursacht ist. Besonders schwerwiegend ist der Befall von Code, der sich im sogenannten Bootsektor von Disketten und Festplatten befindet und beim Start des Computers automatisch ausgeführt wird. Das im Bootblock enthaltene Urladeprogramm lädt das Betriebssystem in den Computer.

Das Betriebssystem enthält sämtliche Programme, die die Hardware-Komponenten des Rechners kontrollieren und dem Benutzer verfügbar machen. Es plant die Reihenfolge der Auftragsbearbeitung für verschiedene Benutzer. Es lädt die Programme in den Arbeitsspeicher und startet sie. Es stellt Standarddienste bereit, insbesondere für den Transport zwischen Programmen und Geräten. Da das Betriebssystem wichtige Funktionen zur Verfügung stellt, die Hardware und Anwenderprogramme miteinander verbinden, ist bei infiziertem Bootsektor die Kommunikation zwischen Computer und Benutzer ganz oder teilweise unterbrochen.

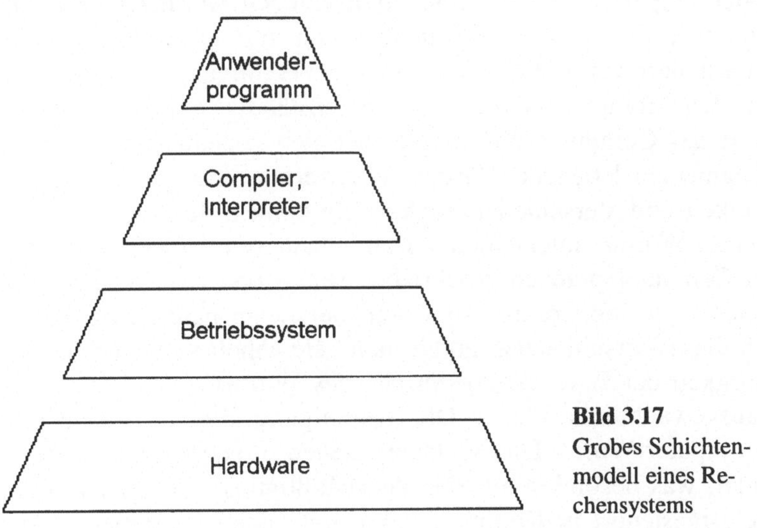

Bild 3.17
Grobes Schichtenmodell eines Rechensystems

3.5.1 Computer-Würmer

Lebende Würmer verfügen über einen eigenen Stoffwechsel, der sie außerhalb eines Wirtsorganismus überlebensfähig macht. Auch ein Computer-Wurm ist sehr eigenständig. Er ist ein vollständiges Programm mit allen Vereinbarungen und Anweisungen zur Erfüllung seiner schädlichen Aufgabe. Einmal zur Ausführung gebracht, erzeugt dieses Programm ohne weiteres menschliches Dazutun Kopien seiner selbst und startet sie.

Sehr häufig „lebt" das Wurmprogramm in einem Rechnernetz, bei dem die einzelnen Rechner räumlich getrennt sind. Es wurde von seinem Erzeuger an einer beliebigen Stelle ins Netz gebracht und gestartet und verbreitet sich automatisch in neu angeschlossene Rechner.

Bei dieser Verbreitung nutzen Wurmprogramme oft Fehler im System, über die sie in andere Rechner eindringen – ein Phänomen, das auch bei lebenden Würmern zu beobachten ist. So dringt der Hakenwurm beispielsweise aktiv über die Haut in den Körper ein und nutzt hierzu gerne kleine Hautwunden.

Wie bei lebenden Würmern können bei Computer-Würmern voneinander abgrenzbare Segmente unterschieden werden – lauffähige Programme, die sich in Kommunikation mit anderen Segmenten selbstgesteuert vervielfältigen. Erst die Vereinigung aller Segmente bildet den Computer-Wurm. Die eigenständig existierenden Programme des Computer-Wurms gleichen den voneinander abgrenzbaren Segmenten lebender Würmer, übertreffen diese jedoch an Selbständigkeit und Verschiedenartigkeit. So können die Segmente eines Computer-Wurms unterschiedlich aufgebaut sein, sogar in verschiedenen Computersprachen geschrieben sein – wie z.B. in Maschinensprachen oder Job-Control-Sprachen. Segmente natürlicher Würmer zeigen diese Verschiedenartigkeit nicht, sie ähnelt vielmehr der Vielgestaltigkeit der Entwicklungsformen des Wurms – Ei, Larve, Finne und ausgewachsener Wurm. Die Vereinigung aller Segmente bildet den Computer-Wurm. Die Segmente stehen in enger Verbindung zueinander, was besonders für die Vervielfältigung von Bedeutung ist, die selbstgesteuert in Kommunikation mit anderen Segmenten stattfindet.

Ein bekanntes Beispiel eines Computer-Wurms ist der sogenannte Internet-Wurm, der sich im Internet einnistete, dem größten Computernetz der Welt, in dem Tausende von Sub-Netzen miteinander verbunden sind. Einige hunderttausend Rechner und etwa 50 Millionen Teilnehmer können so einander erreichen.

Das Wurmprogramm attackierte das Netz auf drei verschiedene Weisen. Sendmail-Attacke: Das sendmail-Programm ist dafür verantwortlich, daß die elektronische Post innerhalb des Netzes auf den richtigen Wegen transportiert wird. Eine Hintertür (eine Funktion, die Zugriff auf geschützte Dienste verschaffen kann) im sendmail-

Programm der angegriffenen Unix-Rechner ermöglichte es dem
Wurm, sein Programm nicht nur zu verschicken, sondern auf dem
Zielrechner auch ausführen zu lassen.

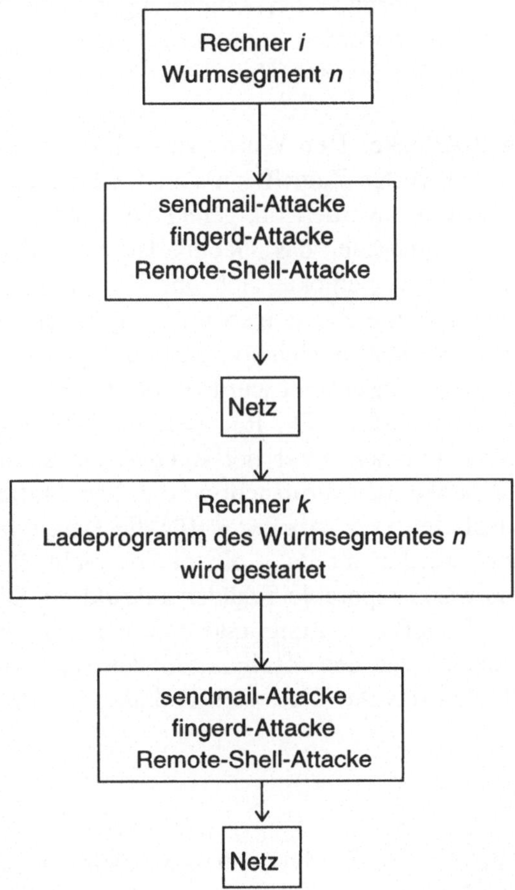

Bild 3.18 Wurm-Ausbreitung: Ein Wurmsegment *n* im Rechner *i* eröffnet eine Ver-
bindung zu einem sendmail-Programm in einem anderen Rechner. Der
Speicher des fingerd-Programms wird so weit geladen, daß er überläuft.
Dadurch kann ein Befehl geladen werden, der von fingerd ausgeführt wird.
Mittels Remote-Shell-Attacke werden zunächst Paßwörter gesucht. Ist die
Suche erfolgreich, wird in einem nun zugänglichen Rechner ein neues
Wurmsegment geladen.

Fingerd-Attacke: Der Wurm nutzte einen Bug (d.h. einen Fehler) im Systemprogramm fingerd. Durch diesen Fehler konnten die hinter einem Speicherbereich liegenden Speicherzellen überschrieben werden, so daß interne, normalerweise nicht zugängliche Teile des Programmcodes verändert werden konnten. So standen dem Wurmprogramm alle Funktionen des Betriebssystems uneingeschränkt zur Verfügung.

Remote-Shell-Attacke: Der Wurm versuchte, mittels einer Liste gebräuchlicher Paßwörter Zugriff auf den Rechner zu erhalten. Gebräuchliche Paßwörter wurden oft genug verwendet – wie z.B. der eigene Name, Automarken, das Geburtsdatum... Glückte der Einbruchsversuch, dann verschickte sich das Programm erneut an den nächsten Rechner und breitete sich so auf das gesamte Netzwerk aus.

Das Programm vermehrte sich so rasant, daß es zunächst nicht gestoppt werden konnte. Insgesamt wurden über 6 000 Rechner befallen – davon zahlreiche mehrfach. Die Rechner, die Opfer einer vielfachen Infektion wurden, brachen unter der Rechnerlast zusammen. Insgesamt war der Schaden, der verursacht wurde, beträchtlich, da zahlreiche Rechner ausfielen und Arbeitszeit für die Beseitigung des Wurmes aufgebracht werden mußte – obwohl es nicht die Absicht des Programmierers war, irreparable Schäden auszulösen. Die Absicht der unberechtigten Weiterverbreitung und Manipulation war vielmehr, sich Informationen über den Rechner, in dem sich das Wurmprogramm befand, über das Sub-Netzwerk und über die Benutzer zu verschaffen.

3.5.2 Trojaner

Im Laufe der natürlichen Evolution haben zahlreiche Infektionserreger ihre eigenen Proteinmoleküle immer stärker den Strukturen ihres Wirtes angepaßt. Die Nachahmung körpereigener Molekülteile ermöglicht es Bakterien und Viren, unentdeckt zu bleiben, weil sie für körpereigene Zellen gehalten werden.

Trojanische Täuschungsmanöver sind auch unter Softwareanomalien bekannt. Trojaner sind Programme, die in ihrer Eigenständigkeit Bakterien ähneln, die über einen eigenen Stoffwechsel verfügen.

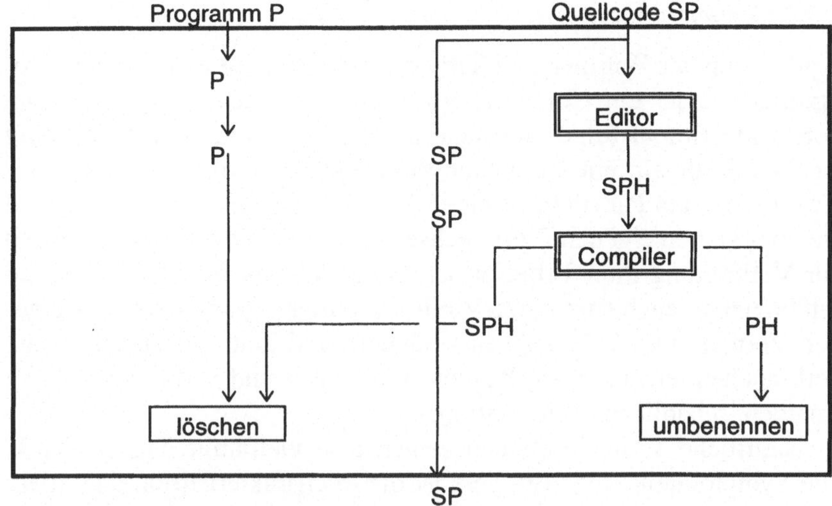

Bild 3.19 Erzeugung eines trojanischen Pferdes. Zunächst wird ein geeignetes Programm gewählt, dessen Quellcode SP zur Verfügung steht. Das trojanische Pferd wird hinzugefügt, d.h. editiert (SP+H=SPH). SPH wird compiliert (übersetzt), (SPH (compiliert) = PH). SPH und das alte Programm P werden gelöscht und das Programm PH in P umbenannt.

Einerseits führen trojanische Programme die gewünschten Funktionen aus, andererseits haben sie jedoch unzulässige und von ihrem Erfinder beabsichtigte Nebenwirkungen. Wie ihr antikes Vorbild tarnen sich diese Programme als harmlose oder interessante Programme und führen die gewünschten Informationen scheinbar zu. Darüber hinaus weisen sie aber noch eine erweiterte Funktionalität auf, die demjenigen, der das Trojanische Pferd installiert hat, die Möglichkeit zu unbemerktem Handeln eröffnet. Sofort, nachdem die Trojaner geladen und gestartet worden sind, beginnen sie ihr zerstörerisches Werk, wobei sie meistens entweder einzelne Dateien oder ganze Festplatten löschen.

Der sogenannte AIDS-Trojaner wurde im Dezember '89 auf Disketten verschickt. Zum einen enthielt er ein Informationsprogramm über AIDS, zum anderen etwas, mit dem die Benutzer nicht gerechnet hatten. Nach einer bestimmten Anzahl von Systemstarts wurde eine Funktion aktiv, die den Inhalt der Festplatte verschlüsselte.

3.5.3 Computer-Viren

Sind Computer-Würmer und Trojaner eigenständig existierende Programme, so ist ein Computer-Virus eine in einem Wirtsprogramm versteckte Befehlsfolge, die ohne dessen Funktionen nicht lauffähig ist. Damit ähneln ein Computer-Viren natürlich vorkommenden Viren, die nur als Parasiten in einer Wirtszelle überleben können, weil sie über keinen eigenen Stoffwechsel verfügen. Nutzen lebende Viren zur Verbreitung ihrer Erbinformation das Wissen fremder Zellen, so mißbrauchen auch Computer-Viren ihr Wirtsprogramm zu ihrer eigenen Vermehrung. Indem sie es verändern und Zeit und Speicherplatz verbrauchen, erzeugen sie Kopien ihrer selbst und verbreiten so ihre fremden, schädlichen Informationen.

Natürliche Virusinfektionen zeigen eine vielfältige Symptomatik. Die Symptomatik eines Erregers ist oft so charakteristisch, daß allein anhand des Krankheitsbildes die Virusart erkannt werden kann. Auch Computer-Viren zeigen recht unterschiedliche Erscheinungsformen – diese sind abhängig vom angestrebten Ziel. So begnügen sich Spaß- und Lernviren oft mit Eingriffen in den Bildschirmaufbau: Da springen Figuren, laufen Spinnen, fressen Krabben an Fenstern, wackeln Zeilen und Fenster, fallen Buchstaben, Punkte oder Flächen nach unten, und die Tonquellen piepsen dazu. Eines der frühesten Virus-Programme, ein sogenanntes Spaß- und Demo-Virus, erzeugte ein lachendes Gesicht („Smiley"), das über den Bildschrim lief, eine Null suchte und sie dann unter Klickgeräuschen auffraß, wobei ein weiteres Gesicht produziert wurde. So schockierend dies alles oft wirkt, bleiben meist Programme und Daten mit der in ihnen gespeicherten Information unversehrt, denn hierbei wird „nur" der Bildschirm-Zwischenspeicher manipuliert.

Destruktiv-Viren dagegen zerstören Sektoren von Disketten und Festplatten durch regelwidrige Schreibzugriffe oder formatieren die Datenträger und löschen sämtliche Daten. Ihre Zerstörungswut gleicht derjenigen natürlicher Viren, die zumeist die infizierte Zelle sofort vernichten. Besonders gefährlich sind System-Viren, die sich im Betriebssystem einnisten. Sie werden beim Starten des Computers als erstes in den Speicher geladen, und zwar sogar „resetfest", also gegen Überschreiben geschützt. Indem sie Teile des Betriebssystems verändern, mit denen die Tastatur kontrolliert oder Plattenzugriffe veranlaßt werden, sind beliebige Manipulationen der Eingabe sowie an Programmen und Daten möglich – die Ausbreitung der fremden Information ist ein leichtes.

Natürlich vorkommende Viren verbreiten sich, indem sie die Oberflächenstrukturen gesunder Zellen als Eintrittspforte nutzen. Sie heften sich an bestimmte Oberflächenmoleküle einer Zelle und durchbrechen anschließend deren Membran. Hierbei ermöglichen verschiedene Hüllenproteine das Eindringen. So besitzt beispielsweise das HIV-Virus das Hüllprotein gp 120. Dieses Protein heftet sich an das Protein CD4 der T-Helferzellen. Wenn sich das gp 120 an ein CD4-Protein gebunden hat, verschmelzen die Membranen von Virus und Zelle, und die Virushülle gelangt samt ihrem Inhalt in das Zellinnere.

Wie natürliche Viren, die über normale Zellstrukturen eindringen, gelangen auch Computer-Viren zumeist auf legalen Wegen in ein System hinein – im Gegensatz zu Würmern. Der Virusprogrammierer wählt ein häufig benutztes Programm aus und fügt ihm den Viruscode hinzu. Wird das mit dem Urvirus infizierte Programm ausgeführt, so sucht sich das Virus ein anderes, noch nicht infiziertes Programm, kopiert den eigenen Viruscode in dieses Programm und ruft dann das eigene Programm auf.

Zeigen lebende Viren eine große Vielfalt in Form und Funktion, sind Computer-Viren relativ einfach und gleichförmig aufgebaut. Biologische Viren sind das Ergebnis einer langer Evolution, anpassungsfähig an wechselnde Umgebungen sowie an einen neuen Wirt, fein abgestimmt auf Funktionen und Entgleisungen eines Immunsystems, von hohem Informationsgehalt (mehrere Millionen Bit) und lassen sich folglich schwer analysieren. Computer-Viren hingegen sind von Menschen erdacht und allerjüngster Herkunft, nur begrenzt mutationsfähig und auf ein System ohne Immuneigenschaften begrenzt. Von wesentlich geringerem Informationsgehalt (einige Zehntausend Bit) lassen sie sich verhältnismäßig einfach herstellen und leicht untersuchen.

Ihr Erkennungsteil (z.B. eine bestimmte Zahlenfolge) zeigt den von ihnen befallenen Speicherbereich als infiziert an. So wird verhindert, daß ein infiziertes Programm nochmals angesteckt wird.

Die Kennzeichnung verseuchter Strukturen durch die Infektionserreger ist dagegen in der Natur unbekannt – im Gegenteil: Natürlich vorkommende Viren versuchen, sich möglichst innerhalb der Körperzellen zu verbergen, um nicht von einem wirkungsvollen Immunsystem entdeckt zu werden. Erst HLA-Moleküle, die Proteinbruchstücke an die Zelloberfläche bringen, kennzeichnen die befallene Zelle als infiziert.

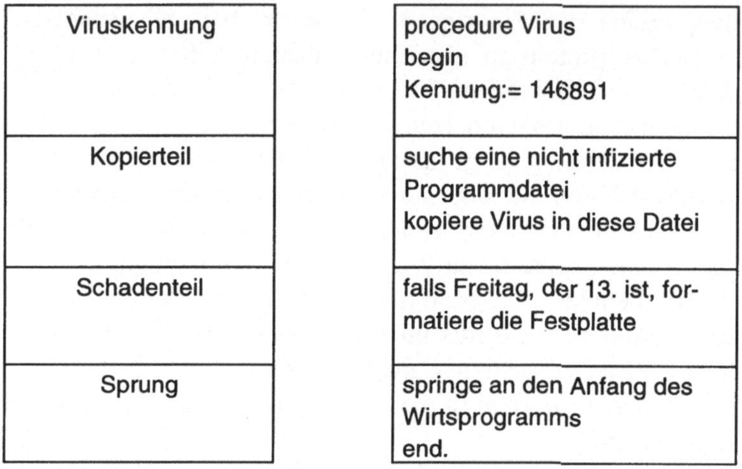

Viruskennung	procedure Virus begin Kennung:= 146891
Kopierteil	suche eine nicht infizierte Programmdatei kopiere Virus in diese Datei
Schadenteil	falls Freitag, der 13. ist, formatiere die Festplatte
Sprung	springe an den Anfang des Wirtsprogramms end.

Bild 3.20 Modell eines einfachen Computervirus

Wie bei natürlichen Viren die Möglichkeit besteht, infizierte Zellen zu erkennen, können auch bei Computer-Viren befallene Dateien ausfindig gemacht werden. Um dies zu erschweren, wurden mutationsfähige Computer-Viren entwickelt, die ihr Aussehen verändern. So können beispielsweise Viren anstelle einer festen Kennung (z.B. eine Zahlenfolge wie 246379) auch eine variable Kennung besitzen – beispielsweise kann bei jeder Infektion ein fester Wert wie 5 hinzuaddiert werden. Damit wird auf primitiver Ebene das Erscheinungsbild des Virus verändert.

Es sind auch Viren denkbar, die als Kennung ein komplexeres Muster benutzen, wie zum Beispiel die Adressen ihrer aufgerufenen Unterprogramme, und dieses Muster dann permutieren. Eine andere

Virusart könnte sogar gänzlich auf eine Kennung verzichten, wenn bei der Erzeugung einer Kopie dem entstandenen Virus mitgeteilt wird, daß es nur Programme, deren Erstellungsdatum in einen bestimmten Zeitraum fällt, infiziert.

Im Vergleich zu lebenden Viren erscheinen auch diese „Mutationsformen" äußerst primitiv. Es ist ausgeschlossen, mit ihnen die bei natürlich vorkommenden Viren zu beobachtende Anpassungsfähigkeit an verschiedene Umgebungen und Wirte zu erreichen.

Neben dem Erkennungsteil besteht ein Computer-Virus aus weiteren klar voneinander abgrenzbaren Bereichen. Sein Kopierteil sucht ein noch nicht infiziertes Programm und pflanzt eine Kopie seiner selbst in dieses Programm ein, so daß auch dieses Programm die Virusinfektion weiterverbreiten kann. Der Schadenteil richtet in irgendeiner Form Schaden an, wenn eine bestimmte Randbedingung erfüllt ist (z.B. falls Freitag der 13. ist, formatiere Festplatte).

Bei natürlichen Viren wird nicht zwischen einem Kopier- und einem Schadenteil unterschieden. Nachdem ihre in Form von Nukleinsäure gespeicherte Information in eine fremde Zelle geschleust wurde, zerstört sie große Teile der wirtseigenen Information – die Nukleinsäure stellt somit Kopier- und Schadenteil in einem dar.

Kommt es bei natürlichen Viren häufig zu einer sofortigen Zerstörung der infizierten Zelle, mit der ein Verlust der in der Zelle gespeicherten Information verbunden ist, enthalten Computer-Viren einen sogenannten Sprungteil, der das Wirtsprogramm veranlaßt, nach Abarbeiten der Befehlsfolge des Virus seine Arbeit aufzunehmen. Dabei springt das Virus an den Anfang des Wirtsprogramms. Damit ähneln Computer-Virus-Infektionen sogenannten Slow-Virus-Infektionen, die über lange Zeiträume (Monate bis Jahre) unentdeckt bleiben, um dann chronische Erkrankungen mit oft tödlichem Ausgang zu verursachen.

3.6 Die Informationsaufnahme: Das Eindringen der Softwareanomalien

In Lebewesen ist die Übertragung eines Krankheitserregers auf vielfältige Weise möglich – über die Luft, über die Nahrung, über die Haut oder durch erkrankte Gliederfüßler wie Krabben, Krebse Skorpione oder Mücken. Oft entstehen komplizierte Infektketten, wie z.B. bei der Malaria. Malariaerreger leben in Mücken und in Menschen. Beim Mückenstich erfolgt der Wirtswechsel, und zwar in beide Richtungen: Ein Teil der Entwicklung erfolgt im Menschen, der andere im Insekt.

Wie kommt demgegenüber eine Softwareanomalie ins System? Im Vergleich zum wirklichen Leben erscheint es relativ einfach, einen Computer mit schädlicher Information zu infizieren. Ausgangspunkt der Verbreitung ist immer der Mensch.

Die erste und einfachste Möglichkeit, einen Computer zu infizieren, ist die Eingabe verseuchten Programmcodes über die Tastatur. Diese Infektionsmöglichkeit läßt sich – wenn überhaupt – am schwersten verhindern. Im Gegensatz zum natürlichen Leben, in dem Eindringlinge sofort an ihren körperfremden Zellhüllen erkannt werden können, gibt es keine äußeren Merkmale eines Programms, die es als schädlich oder nützlich ausweisen.

Die einzig wirksame Abwehrmöglichkeit wäre es, den computereigenen Übersetzer des eingegebenen Quelltextes, den Compiler, in die Lage zu versetzen, den Zweck des von ihm bearbeiteten Textes zu erkennen und bei Infektionsverdacht Abwehrmaßnahmen zu ergreifen. Wie Cohen bewies, ist es jedoch unmöglich, eine Softwareanomalie, die ja auch nichts anderes als ein Programm ist, allgemein an ihrem Verhalten zu erkennen.

Werden in lebenden Organismen Krankheitserreger häufig durch blutsaugende Insekten übertragen, sind es bei Computern Disketten und – seltener – Wechselplatten, über die Softwareanomalien verbreitet werden. Besonders gefährlich sind Disketten. Oft werden sie bei einer Säuberung des Systems übersehen und führen in kurzer Zeit zu einer Reinfektion. Ist die Festplatte fest installiert, kann sie lediglich als Reservoir für infizierte Software dienen und ist nur indirekt an der Verbreitung beteiligt.

Der Verbreitung lebender Krankheitserreger über die Luft ähnelt die Übertragung von Softwareanomalien per Datenfernübertragung. Die Transportwege sind meist leitungsgebunden (Draht oder optische Speicher) oder Richtfunkstrecken. Wie im natürlichen Leben, bei der zum gleichen Zeitpunkt zahlreiche Lebewesen infiziert werden können, ist die Ansteckungsgefahr sehr hoch. Oft ist es jedem erlaubt, teilzunehmen und Programme ein- bzw. auszuladen.

3.6.1 Schutzwälle

Bilden in der Natur Haut und Membranen Barrieren zur Umgebung, die es den Infektionserregern erschweren, in Körper, Organe und Zellen einzudringen, lassen sich auch in Computersysteme Hindernisse einbauen, die das Einbringen schädlicher Informationen erschweren. Wertvolle Programme werden mit einer Art Schutzanzug überzogen, der vor Einwirkungen von außen schützt – ähnlich wie dies die Haut beim Menschen tut. So wird verhindert, daß gefährliche Softwareanomalien in den Computer hineingelangen können.

In der Natur ist es der Krankheitserreger selbst, der seine fremden, gefährlichen Informationen verbreitet. Bei Computersystemen geschieht die Verbreitung durch den Menschen. Indem der Zugriff des Menschen auf wichtige Daten und Programme eingeschränkt wird, werden sie vor zerstörerischen Manipulationen geschützt.

Dateien können beispielsweise so aufbewahrt werden, daß ein sie verändernder Zugriff nicht möglich ist. Man bewahrt die Datenträger in einem Panzerschrank auf oder speichert sie auf einem nicht veränderbaren Medium wie einem Festwertspeicher oder einer optischen Platte.

Eine ebenso radikale Form der Beschränkung ist die Zugangskontrolle. Nur Befugte dürfen den Computer benutzen. Dies bedeutet, daß eine klare Unterscheidung zwischen Befugt und Unbefugt möglich sein muß. Sind es in der Natur Rezeptoren, die Erkennungsmerkmale speichern, tun dies in Computersystemen Bitmuster. Die Bitmuster können ein Paßwort verschlüsseln, das ein Benutzer dem Betriebssystem nennen muß, bevor er den Rechner beanspruchen darf. Auch unveränderliche Kennzeichen wie Fingerabdruck, Handgeometrie, Sprache und Schrift können als Authentifikatoren dienen. Diese unveränderlichen Merkmale haben den Vorteil, nur schwer verfälschbar zu sein. So ist es weitaus schwieriger, einen Fingerabdruck nachzubilden als ein Paßwort zu erraten, das nur aus vier Zeichen besteht.

Ein weniger hoch aufgebauter Schutzwall ist die Zugriffskontrolle. Dateien werden mit Attributen versehen, die sie als geheim oder weniger geheim einstufen und nach denen ihre Benutzung gestattet, teilweise oder gänzlich verboten wird. Einzelne Rechte wie Lese-, Schreib- oder Ausführungsberechtigung für Dateien werden an bestimmte Benutzer vergeben und andere davon ausgeschlossen. Auf diese Weise verhindert die Zugriffskontrolle Manipulationen durch nicht berechtigte Personen.

Eine andere Möglichkeit besteht darin, einem Benutzer nur diejenigen Funktionen des Betriebssystems zur Verfügung zu stellen, die er zur Ausführung seiner Aufgaben benötigt – der Wirkungsspielraum eines Benutzers wird auf ein Minimum reduziert.

So verfügen für Großrechner konzipierte Betriebssysteme wie UNIX (AT & T), VMS (DEC) und MVS (IBM) über Zugriffskontrollsysteme auf Datei- und Verzeichnisebene. Durch die Kontrollsysteme wird festgelegt, welcher Benutzer welche Operationen mit welchen Objekten durchführen darf. Operation-Objekt-Kombinationen sind z.B. das Lesen einer Datei, das Verändern des Datums, das Formatieren eines Datenträgers oder das Umbenennen eines Programms.

3.7 Die Informationsverarbeitung: Der Kampf gegen die Softwareanomalien

In der Natur wehrt sich jeder höher entwickelte Organismus heftig gegen Fremdlinge in seinem Inneren. Dies ist dadurch möglich, daß sein Immunsystem ein umfangreiches Wissen über körpereigene und körperfremde Strukturen speichert. Lebende Zellen erkennen einander an typischen Mustern in ihren Hüllen. So sind es u.a. die Aminosäureketten der Zellmembranen, die die Unterscheidung zwischen Körpereigenem und Körperfremdem ermöglichen. Antikörper spüren

Fremdlinge oder von ihnen befallene Zellen auf und vernichten die gefährlichen Eindringlinge.

Ähnlich den biologischen Antikörpern wurden Programme gegen Softwareanomalien entwickelt, die Eindringlinge aufspüren und vernichten – möglichst, bevor diese Schaden angerichtet haben.

Im Vergleich zur Natur ist die Fähigkeit dieser Programme, Eigenes von Fremdem zu unterscheiden, jedoch gering. Wie Cohen bewies, wird es niemals gelingen, einem Computer eine universelle Unterscheidungsfähigkeit zwischen Eigenem und Fremdem beizubringen. Computerprogramme verfügen nicht über unveränderliche Eigenschaften, die sofort oder während einer „Embryonalentwicklung“ (d.h. während der Herstellung des Computers) erlernt werden könnten. Jegliche Information ist als Bitmuster, d.h. als Folge von Nullen und Einsen, gespeichert. Bitmuster können nur mit sehr wenigen Merkmalen ausgestattet werden, die sie als computereigen kennzeichnen, und sind einfach nachahmbar.

Das erworbene Immunsystem lebender Organismen befindet sich in einem ständigen Lern- und Anpassungsprozeß. Die Herstellung eines Antikörpers wird durch frei kombinierbare Teilgene gesteuert, die eine unvorstellbare große Vielfalt ermöglichen. Im Unterschied zu lebenden Zellen gibt es bei Computern weder Lern- noch Anpassungsprozesse. Es lassen sich keine frei kombinierbaren Programmbefehle erfinden, die ein spezifisch gegen eine Softwareanomalie gerichtetes Programm entstehen lassen.

Den zusätzlichen Mechanismus der Selbsttoleranz, über den lebende Zellen verfügen, gibt es in Computersystemen nicht. Reagiert der Zellkern einer immunkompetenten Zelle erst dann, wenn er ein zweites Signal empfängt, warten zur Abwehr von Softwareanomalien entwickelte Programme nicht auf ein zweites Signal, das ihnen bestätigen würde, daß wirklich ein Schädling am Werke war. Sie handeln sofort und zerstören ihnen verdächtig vorkommende Software.

Das Aufspüren einer Softwareanomalie „im voraus“ ist somit unmöglich. Möglich ist dagegen das Aufspüren bekannter Softwareanomalien (Scanning), infektionstypischer, sicherheitsgefährdender Operationen (Watching) oder von Veränderungen, die Konsequenz ihrer Funktionsweise sind (Checking). Diese Maßnahmen können

Softwareanomalien finden und eliminieren, nicht jedoch eine Infektion verhindern.

Beim Virenscanning durchsucht ein Prüfprogramm den Datenbestand auf bekannte Arten von Computer-Viren und befreit ihn davon – falls dies möglich ist. Gute Scanprogramme sind in der Lage, bekannte Viren sicher und praktikabel ohne Fehlalarme zu identifizieren und meistens auch zu beseitigen. Eine Überprüfung des Dateibestandes mit einem Scanner garantiert jedoch bestenfalls die Abwesenheit bekannter Softwareanomalien.

Softwareanomalien können sich durch verdächtige Aktivitäten bemerkbar machen. Ein wiederholter modifizierender Zugriff auf ausführbare Dateien kann auf eine Softwareanomalie hinweisen. Die Programmaktivitätskontrolle überwacht die Zugriffe eines Programms während der Ausführung und meldet zweifelhafte Aktivitäten. Sie kann durch das Betriebssystem oder durch ein Hintergrundprogramm ausgeführt werden.

Angesichts der Fülle von Softwareanomalien und ihrer Funktionsweisen ist es unmöglich, jede Softwareanomalie zu entdecken. Viele Softwareanomalien sind von vornherein gegenüber den gegen sie entwickelten Abwehrmaßnahmen resistent. Zwar besitzen Dateien Attribute wie Name, Länge, Erstellungsdatum und -zeit, doch diese Merkmale sind einfach strukturiert und leicht verfälschbar.

3.7.1 Vorbeugende Abwehrmaßnahmen

Um eine bessere Unterscheidungsfähigkeit zwischen Eigenem und Fremdem zu erreichen, fügen vorbeugende Abwehrmaßnahmen den Dateien zusätzliche Merkmale hinzu, die sie als computereigen kennzeichnen, Kennzeichen, die nicht allzu leicht nachahmbar sein dürfen. Bei der Signaturbildung werden wesentliche Merkmale einer Datei wie Länge, Datum, Namen und Inhalt mittels einer Funktion auf Zahlen abgebildet. Dieser Zahlenwert wird der Datei hinzugefügt. Jede Änderung der Daten ergibt einen anderen Zahlenwert, und ein falscher Wert weist auf eine Infektion hin. Um unbemerkte Veränderungen zu verhindern, wird eine digitale Unterschrift darüber gebildet.

Bei einer Verschlüsselung wird eine Informationsdarstellung in eine zweite überführt, die keine Rückschlüsse auf die ursprüngliche erlaubt. Ein verschlüsseltes Programm, an dem eine Softwareanomalie Manipulationen vorgenommen hat, wird bei der Entschlüsselung entweder als fehlerhaft erkannt oder zerstört. Ist weder das Verschlüsselungsverfahren noch der verwendete Schlüssel bekannt, ist eine Infektion fast ausgeschlossen.

Verschlüsselungsverfahren, bei denen Ver- und Entschlüsselung mit dem gleichen Schlüssel vorgenommen werden, heißen symmetrisch. Sender und Empfänger muß der geheime Schlüssel bekannt sein, was ein wesentlicher Nachteil des Systems ist.

Ein häufig durchgeführtes symmetrisches Verfahren ist der 1974 von IBM entwickelte DES (Data Encryption Standard)-Algorithmus, der mit einem 64 Bit[10] breiten Schlüssel arbeitet. Das Verfahren gilt als sicher und schnell. Hardwareimplementationen wie die der belgischen Firma Cryptech ermöglichen es, 22 Millionen Bits pro Sekunde zu verschlüsseln.

Wegen der Probleme mit der sicheren und einfachen Schlüsselverteilung wird DES meistens nur zur Berechnung eines sogenannten MAC (Message Authentification Code) eingesetzt, einer kryptographischen Prüfsumme. Mit Hilfe des mit einer Nachricht verschlüsselt übertragenen MAC kann bemerkt werden, ob die Nachricht während der Übertragung verändert wurde. Der Empfänger berechnet ebenfalls den MAC und vergleicht ihn mit dem entschlüsselten MAC. Sind beide identisch, wurde die Nachricht nicht manipuliert und die Integrität gewahrt.

Bei asymmetrischen Verfahren arbeiten Ver- und Entschlüsselung mit unterschiedlichen Schlüsseln. Ein Schlüssel, der sogenannte Public Key, darf und kann jedermann bekannt sein und wird z.B. in einer Art Telefonbuch veröffentlicht. Der andere Schlüssel, der Private Key, wird beim asymmetrischen Verfahren geheimgehalten. Dadurch kann entweder genau eine Person die Nachricht verschlüsseln und alle anderen sie lesen, oder jeder kann sie verschlüsseln, aber nur einer wieder entschlüsseln.

Eine der bekanntesten Methoden zur asymmetrischen Verschlüsselung ist das von Rivest, Shamir und Adleman entwickelte RSA-Verfahren. Es beruht auf der Multiplikation zweier großer Primzahlen, deren Produkt nur mit sehr großem Rechenaufwand wieder in seine Primfaktoren zerlegbar ist. Allerdings wurden in letzter Zeit bedeutende Fortschritte bei der Faktorenzerlegung erzielt, so daß die Sicherheit des RSA-Verfahrens von manchen Experten in Frage gestellt wird. Bislang gelingt es jedoch nur Superrechnern, einen solchen Code zu berechnen; Personalcomputer sind von dieser Leistung noch sehr weit entfernt.

Generell ist die Wirksamkeit einer Verschlüsselung an drei Voraussetzungen gebunden: Zum einen muß die Verschlüsselung wirklich immer erfolgen, das Verschlüsselungsverfahren darf nicht veränderbar sein, und der Schlüssel muß geheim bleiben. Doch selbst wenn alle diese Voraussetzungen erfüllt sind, kann die Verschlüsselung nur die Manipulation an „gesunder" Software verhindern, nicht jedoch das Einbringen von bereits infizierten Programmen in ein System.

Menschen können vor Infektionen geschützt werden, indem man sie impft, d.h. ihnen abgeschwächte Krankheitserreger zuführt und so ihr Immunsystem aktiviert. Das so aktivierte Immunsystem ist in der Lage, mit den echten Krankheitserregern fertig zu werden.

Auch bei Computerprogammen gibt es eine „Impfung": Die meisten Softwareanomalien versuchen aus Gründen der Unauffälligkeit, ein Programm nicht mehrfach zu infizieren, da dieses immer größer würde und jeder Infektionsprozeß Zeit benötigt. Deshalb untersucht die Softwareanomalie das potentielle Opfer auf ein bestimmtes Merkmal, das es bei der Infektion installiert hat. Bei der Immunisierung von Programmen wird ihnen dieses Infektionsmerkmal einer Softwareanomalie zugefügt, so daß „gesunde" Programme infiziert erscheinen und mit einer Ansteckung verschont bleiben.

Angesichts der Fülle von Softwareanomalien und ihrer Funktionsweisen ist es jedoch unmöglich, jedes Infektionsmerkmal anzubringen. Zudem gibt es Softwareanomalien (wie der Internet-Wurm), die solche Maßnahmen umgehen, indem sie das Infektionsmerkmal nach einem bestimmten Verfahren ignorieren.

3.7.2 Überprüfung und Beeinflussung des Menschen

Quelle allen durch Computerinfektionen hervorgerufenen Unheils ist der Mensch. Daher gibt es eine Abwehrmaßnahme, die bei natürlichen Infektionen nicht möglich ist – die Überprüfung und Beeinflussung des Menschen. Hierbei gibt es zahlreiche Möglichkeiten.

Bei der Erzeugerkennung werden Dateien so gekennzeichnet, daß eine Identifikation ihres Erzeugers möglich ist. So ergibt sich die Chance, den Verursacher einer Infektion zu finden und ihn zur Rechenschaft zu ziehen. Zusätzlich abschreckend wirken könnte eine verschärfte Rechtslage mit höheren Strafen.

Beim Softwareentwurf sollte sorgfältig nachgewiesen werden, daß ein Programm alle Anforderungen erfüllt, die in seiner Spezifikation definiert wurden. Kann man exakt ausdrücken, was ein Programm leisten soll, läßt sich ein mathematischer Beweis erbringen, daß es alle Anforderungen erfüllt. Damit wird ein „gesunder" Anfangszustand eines Softwaresystems erreicht und insbesondere die Verbreitung von Computer-Würmern erschwert.

Die Protokollierung zeichnet alle wichtigen Vorgänge im Rechnersystem auf – auch die durch Softwareanomalien verursachten. Eine noch radikalere Form der Überprüfung ist es, von jedem Anwendungsprogramm, das in ein Rechnersystem eingebracht wird, den Quellcode durch eine zuverlässige Instanz auf Softwareanomalien durchzusehen.

Hierzu sind genaue Kenntnisse erforderlich. Allgemein sollte der Wissensstand Betroffener soweit erweitert werden, daß sie gewisse Manipulationen erkennen und verhindern können. Hierbei ist es von Vorteil, wenn Programme so geschrieben sind, daß sie fehlerfrei, gut strukturiert und leicht wartbar sind.

3.8 Abschließende Betrachtungen

Zerstörung von Information – dies ist das Gemeinsame im Infektionsgeschehen lebender Systeme und Computersysteme. Ansonsten werden dieselben Unterschiede deutlich, die in den vorausgegangenen Kapiteln beschrieben wurden. In lebenden Zellen ist jegliche Information als biochemisches oder strukturelles Merkmal gespeichert; Zellsysteme speichern Wissen als Verknüpfungsmuster. Indem es ein Mehr oder Weniger an Veränderung gibt, ist die Speicherung quantitativ. Die Informationsspeicherung ist hochgradig verteilt – viele Zellsysteme sind von ihr betroffen.

Alle diese Prinzipien gelten auch für Infektionen und ihre Abwehr. Zumeist sind von einer Infektion – gleichgültig, ob es sich um Würmer, Viren, Bakterien oder andere Erreger handelt, mehrere Organsysteme betroffen, und die einen sind stark beschädigt, andere weniger. Auch die Abwehr zeigt die charakteristischen Merkmale lebender Zellsysteme: Sie ist auf zahlreiche Systeme verteilt – wie die Haut, das angeborene und das erworbene Immunsystem – und ist äußerst wandlungs- und anpassungsfähig. Ein lebenslanger Lernprozeß befähigt das erworbene Immunsystem zur Abwehr neuer, bis dahin noch unbekannter Fremdlinge.

Demgegenüber beschränken sich Softwareanomalien auf wenige, klar abgegrenzte Bereiche. Sie richten sich nach klaren Regeln, so wie es der Computer, auf dem sie funktionieren sollen, erfordert. Der Computer ist nichts anderes als eine physikalische Maschine, die feste Regeln in vorgegebener Weise manipuliert – dieses Prinzip gilt auch für Softwareanomalien.

Kapitel 4
Der genetische Code

4.1 Vom Nichtwissen zur Information: Die Entstehung genetischer Informationen

Aus den vorherigen Kapitel geht hervor, daß in Lebewesen eine ungeheure Informationsmenge gespeichert ist. Die Selbstentwicklung des Lebens, die Evolution, ist die Geschichte der Entstehung dieser Information. In ihrem Verlauf bildeten sich Systeme, die immer mehr Wissen speicherten und es durch Fortpflanzung weitergeben konnten. Die Stabilität dieser Systeme reichte aus, sie gegen Umwelteinflüsse zu schützen und ihre informationstragende Struktur zu erhalten. Gleichzeitig ermöglichte es ihnen ihre Wandlungsfähigkeit, neue Informationen zu erwerben.

Hierbei war die Umwelt von größter Bedeutung – Evolution war und ist das Ergebnis der Wechselwirkungen zwischen Organismen und Umwelt. Organismen passen sich als offene Systeme mit Fließgleichgewicht den Gegebenheiten ihrer äußeren Umwelt an. In ihren Erbanlagen ist festgelegt, unter welchen Umweltbedingungen ein Organismus zu existieren vermag. Verändert sich die Umwelt dauerhaft, so werden tiefgreifende Änderungen hervorgerufen und schließlich genotypisch verfestigt. Dabei bedeutet die Anpassung an Umgebungsbedingungen auch deren Abbildung. Abzubildende Information gelangt so über die Gegebenheiten der Umwelt in das organische System hinein. Der Genotyp erweist sich als eine Art Langzeitspeicher typischer Umweltbedingungen, d.h. als Gedächtnis.

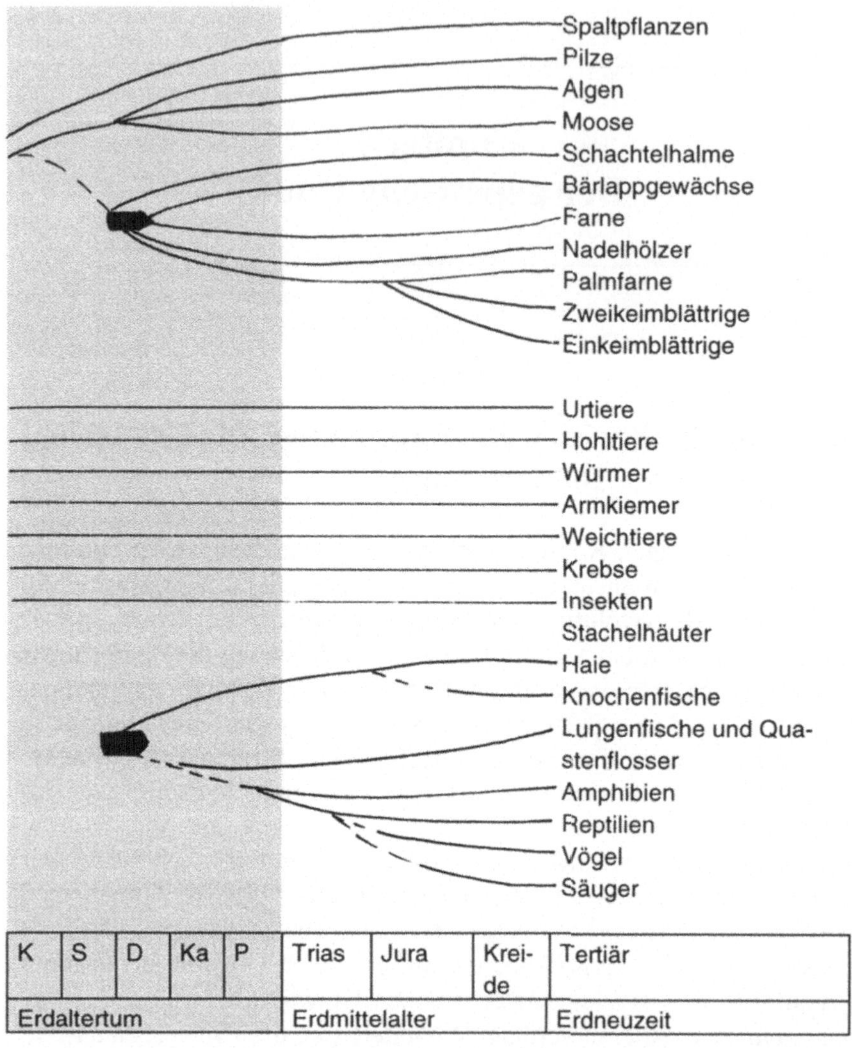

Bild 4.1 Auftreten und Weiterbestehen der Hauptgruppen des Pflanzen- und Tierreichs im Laufe der Erdgeschichte (K: Kambrium, S: Silur, D: Devon, Ka: Karbon, P: Perm)

Das neue Wissen gerät nicht in Vergessenheit: Mit der vorteilhaften Erbänderung ausgerüstete Lebewesen verfügen über bessere Überlebens- und Vermehrungsaussichten. Führt eine genetische Information zu einer Form, die der Umwelt besser angepaßt ist, so entspricht dies dem Gewinn neuer Information, und die mit einem Mehr an Information ausgestatteten Lebewesen verbreiten das genetische Wissen durch Fortpflanzung. Dagegen pflanzen sich Organismen mit herabgesetzter Lebenseignung nicht weiter fort und werden ausselektiert.

Die Evolution vollzog sich in mehreren Stufen, wobei zunächst der Wandel vom Unbelebten zum Belebten geschah. Vor etwa 4 bis 4,5 Milliarden Jahren war die Erde ein glühend heißer Planet ohne Atmosphäre. Im Laufe der Zeit kühlte sie sich ab und erhielt durch die Gasemissionen des Gesteins eine Lufthülle. Die Landmassen formten sich zu Kontinentalschollen und gaben Teile der Erdoberfläche für die Ozeanbecken frei. Das Klima war unwirtlich. Ständige Regengüsse wuschen Mineralien aus den Gesteinen heraus und füllten die Meeresbecken auf. So entstanden eine Urluft und ein Urmeer mit Wasserstoff, Stickstoff, Methan, Zyanwasserstoff, Azetylen und Ammoniak. Diese Urgase verbanden sich mit Kohlenwasserstoff zu Zuckern, Lipiden, Porphyrinen, Nukleotiden und Aminosäuren und formten zur Selbstorganisation fähige, lebensähnliche Strukturen.

Diese entwickelten sich zunächst im Meer weiter – die natürliche Atmosphäre schützte noch nicht vor der zerstörerischen Kraft des Sonnenlichts. Sie organisierten sich zu Polyzuckern, Nukleinsäuren und Proteinen und diese wiederum zu höheren Strukturen bis hin zu den Vorstufen der Zelle, den sogenannten Präzyten.

So entwickelte sich aus Einfachheit Komplexität – ein evolutionäres Prinzip, das bis zum heutigen Tag gilt und das auch den von Menschen erzeugten evolutionären Algorithmen (s. 4.3) innewohnt.

Die Größe der Präzyten entsprach der Größe heutiger Zellen, und wie diese umgab sie bereits eine Doppelmembran aus Proteinen und Lipiden. Diese Membran war für einige Substanzen durchlässig, so daß die Präzyten mit ihrer Umgebung, dem Urmeer, durch einen ständigen Materie- und Informationsaustausch verbunden waren. Hierbei konnten zwei Präzytenformen unterschieden werden: Wäh-

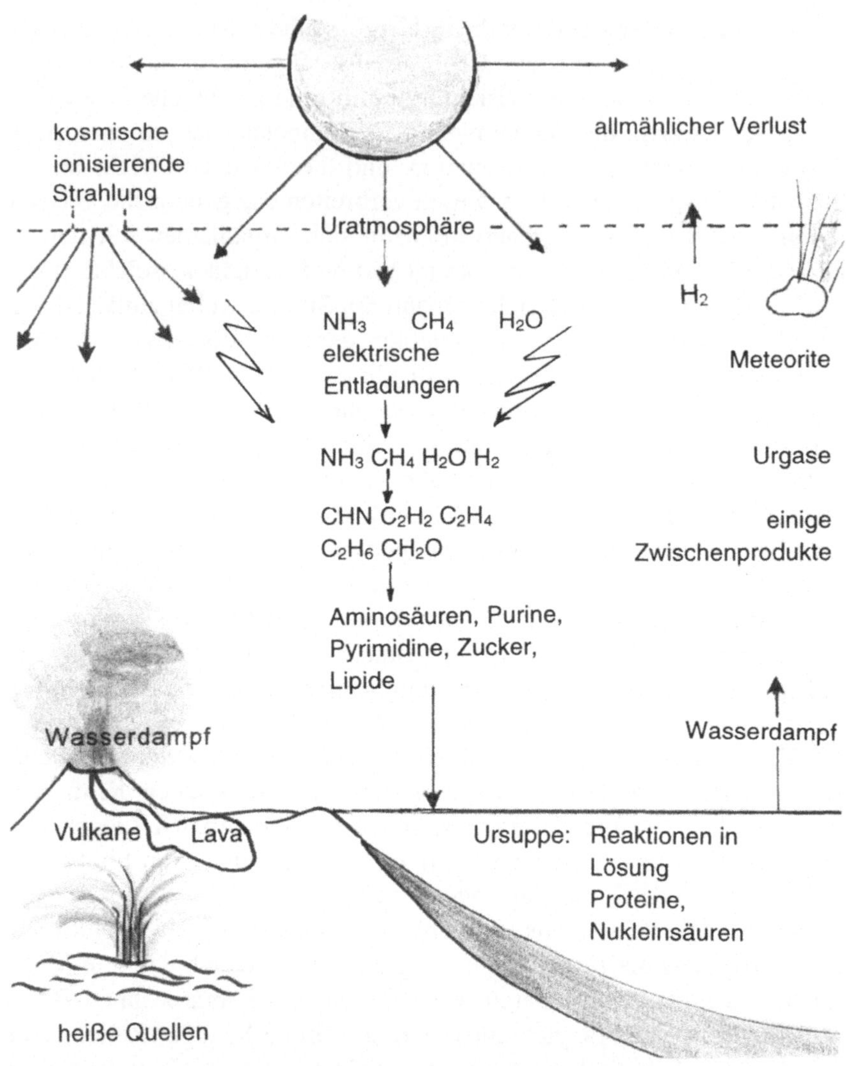

Bild 4.2 Das Leben begann mit einfachen organischen Molekülen, für deren Weiterentwicklung das Urmeer sowie die Bildung von Oberflächenstrukturen entscheidend waren. Als Energiequellen der chemischen Synthesen dienten die Strahlen der Sonne, elektrische Entladungen, kosmische ionisierende Strahlungen sowie die radioaktive Strahlung der Erde.

rend die Plasmapräzyten hauptsächlich Natrium und Kalium in ihrem Inneren anreicherten, zogen die Nukleopräzyten Kalium und Magnesium an.

In den Plasmapräzyten entstand ein Gärungsstoffwechsel, in dem Enzyme Zucker spalteten und Energie gewonnen wurde. Die Nukleopräzyten dagegen synthetisierten unter Energieverbrach Nukleinsäuren und Proteine.

Präzyten verfügten bereits über wichtige Eigenschaften des Lebens wie Bewegung, Wachstum, Vermehrung, Selbstorganisation und Informationsspeicherung. Sie bildeten Systeme, die Informationen enthielten und stabil genug waren, sie vor der Zerstörung durch Umwelteinflüsse zu schützen. Doch waren Präzyten noch keine „richtigen" Lebewesen. Ein echtes Individuum, das alle Lebensfunktionen in sich vereinigte, entstand erst, als sich Plasma- und Nukleopräzyt zum sogenannten Prokaryonten, der ersten Lebensform unserer Erde, vereinigten.

Bis in unsere Zeit haben Prokaryonten in Form von einzelligen Bakterien überlebt (vgl. 3.2.2). Diese Zellen besitzen keinen Kern, ihr genetisches Material, die Desoxyribonukleinsäure, liegt der sie umhüllenden Membran an. Sämtliche Strukturen, die für den Zellstoffwechsel von Bedeutung sind, befinden sich im Zytoplasma. Damit sich verschiedene Stoffwechselvorgänge wie Gärung, Atmung oder Photoassimilation nicht gegenseitig behindern, können sie nur in einem Nacheinander aktiv sein. Auf diese Weise ist eine schnelle Anpassung an sich ständig wechselnde Umweltverhältnisse wie Wasser und Land bzw. Luft, Nacht und Tag, Kälte und Wärme, Anaerobie und Aerobie nicht möglich. Diese Anpassungsfähigkeit entwickelte sich erst, als innerhalb der Zelle Membranen wuchsen, die einzelne Reaktionsräume voneinander abtrennten und die sogenannten Eukaryonten entstehen ließen. Ihr Steuerzentrum und Erbmaterial ist in einem Kern gelagert, der sich vom Zytoplasma durch eine Kernmembran absetzt. Im Zellplasma befinden sich Organellen, die für die Zelle wichtige Arbeiten wie Atmung oder Nährstoffabbau durchführen.

Eukaryonten waren der Ausgangspunkt der gesamten weiteren Evolution. Sie organisierten sich zu mehrzelligen Lebewesen, zu Pflanzen, Tieren und schließlich zu Menschen.

Diese Entwicklung war an die Entstehung und Weitergabe genetischer Information gebunden. Weitergegeben wird diese Information durch Fortpflanzung. Die Urform der Fortpflanzung ist die Zellteilung und damit die ungeschlechtliche Vermehrung. Hierbei verändert sich die genetische Information im Laufe der Generationen nur langsam, zum Teil gar nicht. Oft entstehen Zellen, die ihrer Vorgängerin vollkommen gleichen – die einzelne Zelle ist potentiell unsterblich.

Weitaus schneller verändert sich die genetische Information in mehrzelligen Organismen. Sie vermehren sich geschlechtlich, d.h. daß sie in männlicher und weiblicher Differenzierung Keime bilden. Bei der Entstehung dieser Keimzellen können sich mütterliche und väterliche Genträger überkreuzen (Crossing-over) und viele Tausende Gene austauschen, so daß zahlreiche Genkombinationen (sogenannte Rekombinanten) entstehen, die sich bei jeder Befruchtung zum vollständigen Erbgut eines neuen Lebewesens zusammenfügen. Auf diese Weise werden Erbanlagen fortlaufend neu kombiniert und Erbinformationen gewonnen, die dem Evolutionsgeschehen beigefügt werden. Andere Möglichkeiten, genetische Informationen neu zu kombinieren, sind uns bereits aus Abschnitt 3.2.3 bekannt. So übertragen bestimmte Viren, Phagen genannt, genetisches Material zwischen Bakterien (Transduktion). Bei der Konjugation bilden zwei Zellen eine Plasmabrücke zwischen sich aus, über die sie ihre genetischen Informationen austauschen. Eine andere Möglichkeit, genetische Information zu gewinnen, ist die Aufnahme freigesetzter DNA (Transformation).

Zusätzliche Information kann auch durch kleine Fehler bei der Reduplikation – Mutationen – erzeugt werden. Diese Fehler führen zumeist zum Tode, in vielen Fällen auch zu Erbkrankheiten und Mißbildungen: Verläuft die gengesteuerte Biosynthese von Enzymen fehlerhaft, können Enzyme ausfallen und Krankheiten entstehen. Ein Beispiel ist die Hämophilie, bei der Gerinnungsfaktoren fehlen, die für die Steuerung der Blutgerinnung unentbehrlich sind.

Nur in wenigen Fällen ($1:10^8$) führen Mutationen zu einem Informationsgewinn, d.h. einer Veränderung der Form und Funktion des Organismus, die seiner Umwelt besser angepaßt ist. Für die Menschwerdung wird z.B. angenommen, daß die Hirnvergrößerung durch rein quantitativ wirkende Mutationen für jede stammesgeschichtliche Stufe bedingt wurde.

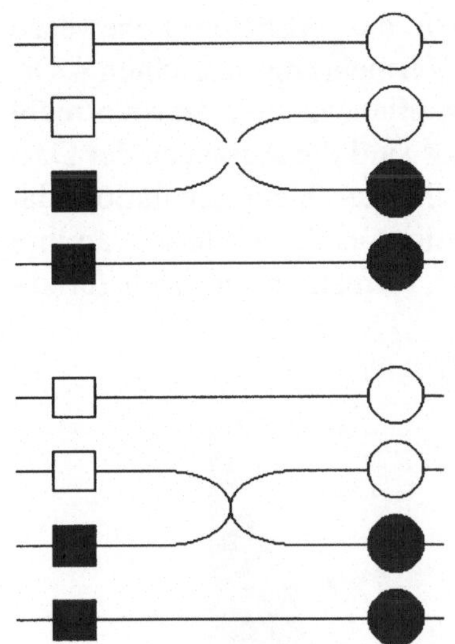

Bild 4.3
Crossing-over: Brüche verheilen über Kreuz

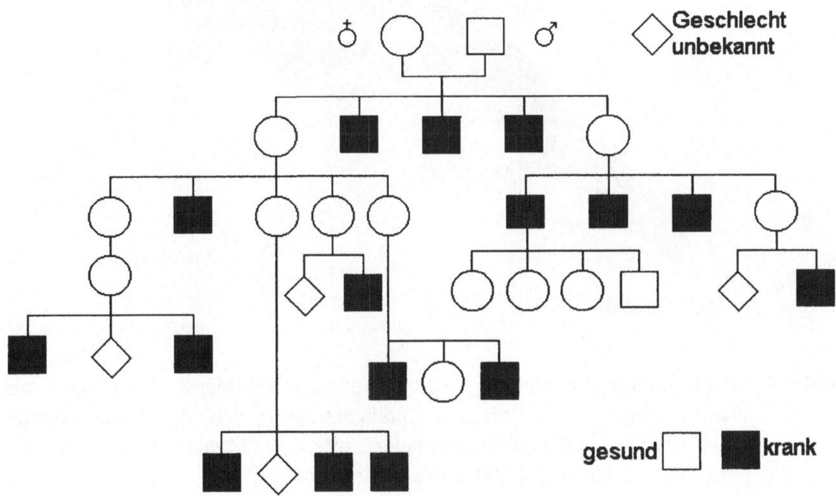

Bild 4.4 Hämophilie im Stammbaum der Familie Mempel

Die mit vorteilhaften Erbänderungen ausgerüsteten Lebewesen
verfügen über bessere Überlebens- und Vermehrungsaussichten – Organismen mit nachteilhaften Erbanlagen pflanzen sich dagegen nicht
weiter fort und werden ausselektiert. Dies sind die Aussagen der Dar-
winistischen Evolutionstheorie. Nach ihr geschieht Evolution dadurch, daß die natürliche Auslese (Selektion) es der am besten an ihre
Umwelt angepaßten Art erlaubt, sich zu vermehren und sich fortzu-
pflanzen (survival of the fittest).

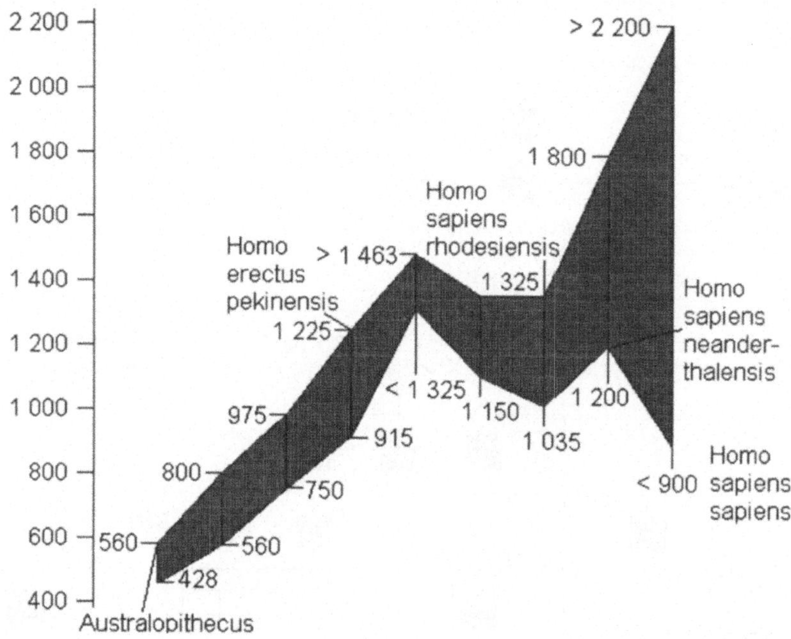

Bild 4.5 Evolutionäre Entwicklung des Hirnschädelvolumens. Zunahme von
Australopithecus (430 bis 560 Kubikzentimeter) über den Homo erectus
(bis über 1 400 Kubukzentimeter) bis zum Menschen der Neuzeit
(zwischen 1 100 und 2 200 Kubikzentimeter)

Der Neodarwinismus integrierte spätere Entdeckungen, insbesondere die der Mendelschen Vererbungslehre (s. 4.2) und die der Popu-
lationsgenetik, der Wissenschaft vom genetischen Aufbau einer Be-

völkerung und den evolutionären Einflüssen, die ihn verändern. Nach neodarwinistischer Auffassung beruht Evolution darauf, daß sich die Häufigkeit von Genen innerhalb einer Population, der sogenannte Genpool, ändert. Die natürliche Selektion wählt aus – vorteilhafte Gene treten vermehrt auf.

Nicht immer ist die Evolution erfolgreich: Gelegentlich führen einige ihrer Entwicklungszweige in Sackgassen. Dies ist verständlich, wenn man bedenkt, daß die Evolution eine rein induktive Methode ist, die über keinerlei vorausschauendes Wissen verfügt. Lernen kann sie nur am Erfolg, nicht aber am Mißerfolg. Daß es keinen Sinn hat, eine bestimmte Mutation, etwa die eines Albinismus, hervorzubringen, lernt sie nie und fährt unbeirrt darin fort.

4.2 Die Weitergabe genetischer Informationen

Die Entstehung von Lebewesen ist mit der Entstehung und Ansammlung übertragbarer Information verbunden, die in ununterbrochener Folge Eltern und Nachkommen, Zelle mit Zelle und Kern mit Kern verbindet. Erste Hinweise, wie die genetische Information in Lebewesen gespeichert ist, lieferten Versuche des Augustinermönches Mendel (1822-1844).

Den Pflanzenzüchtern des neunzehnten Jahrhunderts war es unverständlich, daß Erbsenpflanzen mit grünen Erbsen nicht immer in der nächsten Generation ebenfalls grüne Erbsen hervorbrachten. Manchmal trugen die Pflanzen der Folgegeneration gelbe Erbsen, und das Verhältnis gelb zu grün war nicht immer dasselbe. Was steckte dahinter?

Mendel kreuzte Pflanzen und verglich die Merkmale der Nachkommen mit denen der Eltern. Nach Jahrzehnten des Forschens erkannte er aus seinen Versuchen, daß das Erbgut aus einzelnen voneinander unabhängig vererbbaren, frei kombinierbaren Teilinformationen besteht. Jede Teilinformation ist für die Ausbildung eines Merkmals verantwortlich. Diese Erbfaktoren bezeichnet man als Gene. Jedes Mitglied der Tochtergeneration erhält zur Ausbildung eines Merkmals jeweils ein Gen von jedem Elternteil. Diese Gene können dominant (Merkmal bestimmend) oder rezessiv (gegenüber dem entsprechenden

Gen des Elternteils nicht in Erscheinung tretend) sein. Bei den Erbsen beispielsweise sind die Gene für grüne Erbsen dominant über die für gelbe. Jeder Nachkomme hat die gleiche Chance, von jedem Elternteil jeweils ein Gen für die Ausbildung eines Merkmals zu bekommen.

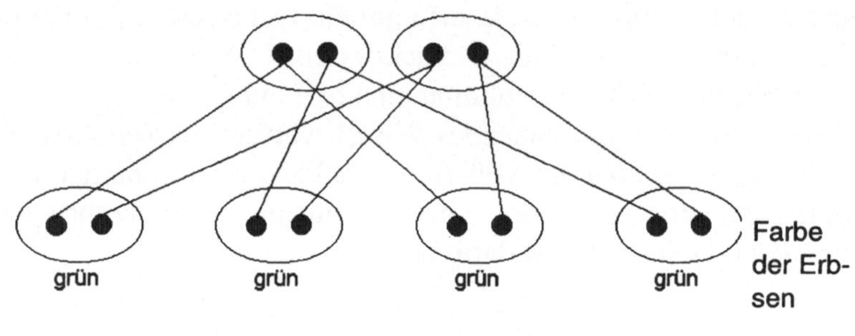

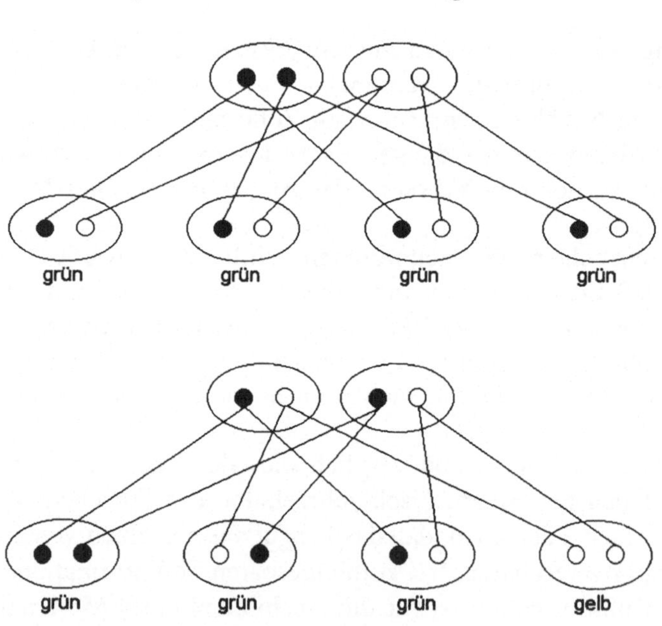

Bild 4.6 Die Kombinierbarkeit von Merkmalen

Hat bei der Erbsenzucht jedes Elternteil zwei Gene für grüne Erbsen, tragen auch alle Nachkommen grüne Erbsen. Hat dagegen ein Elternteil zwei Gene für grüne Erbsen, das andere zwei für gelbe, so tragen alle Nachkommen dann je ein Gen für grüne und eines für gelbe Erbsen (sie werden als Hybriden oder Bastarde bezeichnet), aber ihre Erbsen sind grün.

Die Nachkommen dieser Generation tragen zu 3/4 grüne Erbsen und zu 1/4 gelbe. In der folgenden Generation hängt der Anteil an Pflanzen mit grünen bzw. gelben Erbsen davon ab, mit welchen Pflanzen aus der zweiten Generation man weiterzüchtet.

Das Beispiel zeigt, daß jedes einzelne Erbmerkmal eines Organismus von einem Paar von Genen bestimmt wird: Ein Gen stammt vom Vater und eines von der Mutter. Diese beiden Gene eines Paares nennt man Allele. Ein Gen ähnelt einem Schalter, so daß das Erbgut eines Individuums mit einer großen Anzahl von Schaltern verglichen werden kann, die jeweils in ihrer augenblicklichen Stellung, d.h. als Allel, an die Nachkommenschaft weitergegeben werden. Die Gesamtheit der Gene eines Organismus nennt man Genotyp, das Erscheinungsbild ist der Phänotyp.

Die Gene sind nicht nur Träger der Erbinformation, sondern außerdem auch die chemischen Regulatoren des gesamten Zellstoffwechsels. Die in ihnen gespeicherten Informationen werden exprimiert, d.h. in bestimmte Eigenschaften einer Zelle oder eines Organismus umgesetzt.

Es gibt jedoch zahlreiche Fälle, bei denen die Ausbildung eines Merkmals undurchsichtig erscheint: Genetisch gleiche Individuen können auch bei gleicher Umwelt unterschiedlich reagieren.

So findet man beispielsweise eine zweikeimblättrige Pflanzenart, *Dipsacus silvestris*, in zwei Wuchsformen, nämlich in normalem Blatt- und Blütenstand (gestreckt) oder mit verdickten und spiralig gedrehten Stengeln. Die Vererbung dieses Merkmals geschieht unabhängig von den Mendelschen Vererbungsgesetzen. Die Aussaat des gleichen Samens führt auf kargem Boden zu ausschließlich normalem Blattstand, auf üppigem Boden dagegen zu etwa 30–40% Spiralwuchs. Beide Symmetrieformen (Rechts- und Linksschrauben) kommen dabei vor. Es gelingt nicht, durch Selektion und Selbstbefruchtung den spiraligen Anteil zu vergrößern.

Bild 4.7
Wuchsformen von
Dipsacus silvestris

In welchen Zellstrukturen sind die Gene lokalisiert? Auf der Suche nach einer Antwort entdeckten Forscher bereits im vorigen Jahrhundert die Erbträger und zentralen Steuerorgane lebender Zellen – stäbchenförmige Gebilde im Zellkern, die sich bei jeder Befruchtung in neuer Kombination zum kompletten Erbgut wieder zusammenfügen. Man nennt sie Chromosomen – farbige Körper. Auf ihnen sind die Gene gradlinig, d.h. linear, angeordnet.

Während der mitotischen Zellteilung, durch die sich die Zellen vermehren, verdoppeln sich die Chromosomen zunächst und werden dann während des Teilungsvorgangs der Mutterzelle auseinandergezogen, so daß jede Tochterzelle wiederum einen kompletten Chromosomensatz erhält. Eine Ausnahme bildet die Teilung der männlichen und weiblichen Keimzellen (Gameten). Ziel dieser Teilung ist es, eine Zelle zu erzeugen, die nur den halben Chromosomensatz enthält. Dieser Vorgang, die Meiose, wird dadurch erreicht, daß sich die Chromosomen zweimal teilen. Zunächst trennen sich die verdoppelten Chromosomen auf einzelne Zellen, und dann werden die Chromosomen bei der Bildung der Tochterzellen geteilt.

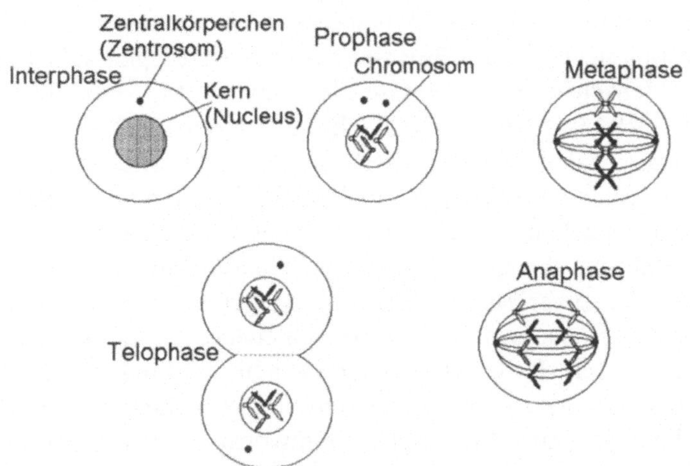

Bild 4.8 Mitose. Zwischen zwei Zellteilungen, d.h. in der Interphase, erscheint der Zellkern relativ homogen. Biochemisch ist dies jedoch die Phase größter Aktivität: Die DNA wird kopiert. In der Prophase verdichtet sich die DNA zu Chromosomen. Die Zellkörperchen wandern zu den Zellpolen, wobei zwischen ihnen eine aus feinen Fasern bestehende Kernteilungsspindel entsteht. Die Kernhülle verschwindet. In der Metaphase ordnen sich die Chromosomen in der Zellmitte an. Sie spalten sich in der Anaphase zu Chromatiden. Die Spindelfasern legen sich an eine vorgebildete Struktur der Chromatiden an. Die Chromatiden trennen sich und wandern voneinander fort zu den entgegengesetzten Polen der Spindel. Schließlich schnürt sich die Zelle in der Telophase in der Mitte ein. Der Spindelapparat verschwindet, und es bilden sich die Hüllen der beiden neuen Kerne.

Die Übertragung genetischer Informationen von den Eltern auf die Nachkommenschaft findet bei der Empfängnis statt, wenn das Spermium und die Eizelle, von denen jedes nur die Hälfte der benötigten Chromosomen enthält, miteinander zur Zygote verschmelzen, die wiederum den kompletten Chromosomensatz trägt. So besitzt jeder Mensch zwei Chromosomen, die sich in Größe und Gestalt ähneln, d.h. die homolog sind, und zwar eines von der Mutter und eines vom Vater.

Mit Ausnahme der Keimzellen, die nur die Hälfte der Chromosomen besitzen, weist somit in einem vielzelligen Organismus jede Zelle den gleichen Chromosomensatz und damit die gleiche genetische Information auf. Die Chromosomenzahl ist charakteristisch für eine bestimmte Art. Zum Beispiel besitzen Taufliegen acht Chromosomen, Menschen und Breitnasenfledermäuse 46, Mais 20 und das Rhinozeros 84 Chromosomen. Da ihre Eukaryontenzellen sich sexuell fortpflanzen, haben sie von väterlicher und mütterlicher Seite je ein Exemplar eines Chromosoms erhalten. Prokaryonten dagegen – wie z.B. Bakterienzellen – besitzen nur einzelne Chromosomen.

Die Stabilität der Chromosomen ist eine unabdingbare Voraussetzung für die zuverlässige Übermittlung genetischer Informationen. Auf den Chromosomen sind die verschiedenen Erbmerkmale in den Genen lokalisiert. In der klassischen Genetik wird das Gen als grundlegende unteilbare Einheit der Vererbung aufgefaßt. Sie ist für die Ausbildung je eines Merkmals verantwortlich, von Generation zu Generation austauschbar, d.h. rekombinierbar, und durch Mutationen veränderbar. Molekulargenetisch dagegen wird der Abschnitt des DNA-Moleküls, der ein Protein (z.B. ein Enzym) codiert, als Gen bezeichnet.

Jedes Gen eines Allelpaares kann einem Chromosomen eines Chromosomenpaares zugeordnet werden, und Allele sind bei der Übertragung der Erbinformation auf die Nachkommen nur dann frei kombinierbar, wenn sie auf verschiedenen Chromosomen lokalisiert sind. Allele, die sich auf verschiedenen Chromosomen befinden, können bei den Nachkommen unabhängig voneinander kombiniert werden, während solche, die auf demselben Chromosom liegen, auch bei den Nachkommen in der Regel zusammenbleiben, d.h. gekoppelt vererbt werden.

Gene sind hintereinander auf den Chromosomen angeordnet, wobei die Allele eines Paares einander entsprechende Positionen auf den homologen Chromosomen einnehmen. Anlagen, die auf einem Chromosom lokalisiert sind, werden gekoppelt vererbt. Es zeigt sich aber, daß in der Nachfolgegeneration immer auch neue Merkmalskombinationen auftreten können, die auf eine Trennung gekoppelter Allele zurückzuführen sind. Homologe Chromosomen können sich während der Meiose überkreuzen (Chiasma, Crossing-over) und gegenseitig Teile austauschen. So entstehen neue Kombinationen von Allelen. Solche Rekombinationen erfolgen nur innerhalb der gleichen Kopplungsgruppe, d.h. zwischen homologen Chromosomen. Die Häufigkeit, mit der zwei verschiedene gekoppelte Allele zusammen – als Paket sozusagen – ausgetauscht werden, ist abhängig davon, wie weit sie auf dem Chromosom voneinander entfernt sind: Je näher sie beieinander liegen, desto häufiger werden sie gemeinsam übertragen.

Rekombinationen wurden beispielsweise bei Bakterien nachgewiesen. So kann man einen *Escherichia*-Stamm mit den beiden Merkmalen „Resistenz gegen Streptomycin und Unfähigkeit zur Lactose-Vergärung" mit einem normalen Wildstamm kreuzen, der gegen Streptomycin empfindlich ist und Lactose vergären kann. Überträgt man anschließend die Bakterien auf einen Nährboden, der Streptomycin und Lactose enthält, so gedeihen überraschenderweise trotzdem einige Kolonien darauf, es muß deshalb die Neukombination „Resistenz gegen Streptomycin und Fähigkeit zur Lactosevermehrung" durch Austausch der Erbfaktoren entstanden sein.

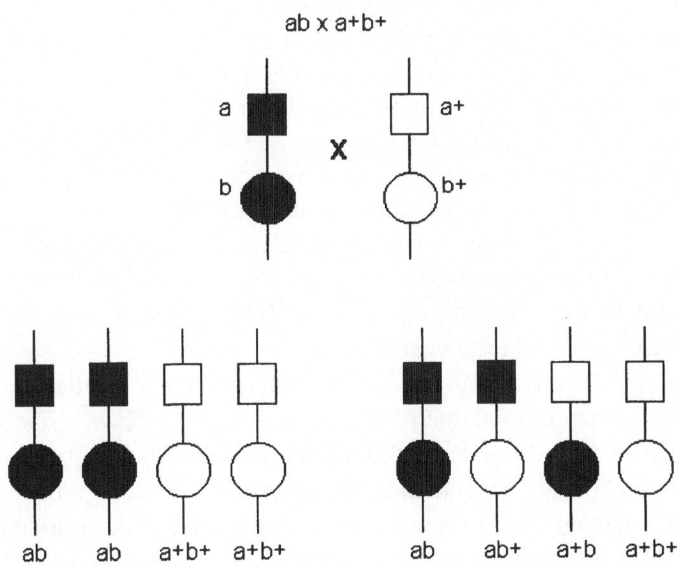

Bild 4.9 Vermehrung von gekoppelten Genen ohne (links) und mit (rechts) Rekombination

Das Genom eines Lebewesens besteht somit aus einzelnen Kopplungsgruppen, Chromosomen, in denen Gene sich eindimensional – wie Perlen einer Kette – anordnen lassen, wobei sich bei der Weitergabe der Erbinformation nur untereinander nicht gekoppelte Gene zufallsmäßig aufspalten.

4.3 Evolutionäre Algorithmen: Entstehung und Weitergabe genetischer Informationen mittels Computerprogrammen

Können auch in Computerprogrammen Nachkommen erzeugt werden, die sich fortpflanzen und entwickeln und dabei neue genetische Informationen entstehen lassen? Die Antwortet lautet ja. Ein einfaches Beispiel ist uns bereits aus Kapitel 2 bekannt. Im Conwayschen „Spiel des Lebens" (s. 2.2.7) werden Zellen geboren, bleiben am Leben oder sterben – je nach Bevölkerungsdichte in ihrer Umgebung. Das Spiel beginnt mit einer zufälligen Formation, die sich über die Generationen hinweg verändert. Jede entstehende Formation kann aussterben oder bereits nach wenigen Generationen stabil bleiben. Auf diese Weise bilden künstlich erzeugte Zellmuster ein sich veränderndes digitales Universum, dessen ständige Weiterentwicklung eine – wenn auch sehr simple – Form von Evolution darstellt. Im Gegensatz zur natürlichen Evolution entscheidet im Spiel des Lebens nur die Bevölkerungsdichte in der Umgebung, ob eine Zelle überlebt oder stirbt, und nicht ihre eigene Überlebensfähigkeit.

Der Biologe Thomas Ray entwickelte ein weitaus komplizierteres System, das neue Organismen entstehen läßt. In Rays „Tierra" (spanisch Erde) besteht jeder Organismus aus einem Programm in Assemblersprache und ist gekennzeichnet durch die Belegung eines bestimmten Speicherblocks. Wie in einer natürlichen Zelle bilden die Grenzen dieses Speicherblocks eine halbdurchlässige Membran, die den digitalen Organismus schützt und charakterisiert. Ein Organismus kann den Code eines anderen lesen und ausführen, ihn jedoch nicht überschreiben – Schreibzugriff ist nur im eigenen Block möglich. Die Organismen konkurrieren miteinander um Speicherplatz in einem virtuellen Computer und entwickeln Methoden, um soviel wie möglich davon zu gewinnen. Sie mutieren infolge von Fehlern – z.B. durch unvollständige Ausführungen von Anweisungen.

Um eine Überbevölkerung zu verhindern, werden Organismen von einer speziellen Funktion, dem Schnitter, getötet, sobald achtzig Prozent des Arbeitsspeichers belegt sind. Kreaturen, die aufgrund der Tatsache, daß sie mutiert sind, Fehler verursachten, werden als erste vernichtet. So werden die am wenigsten geeigneten Organismen ausselektiert.

Thomas Ray ging bei der Entwicklung seines Systems von den sogenannten evolutionären Algorithmen aus. Sie ahmen die Prinzipien der natürlichen Evolution nach, um mittels eines simulierten Evolutionsprozesses Lösungen für schwierige Probleme zu finden.

Im Gegensatz zu ihren natürlichen Vorbildern sind die Individuen eines evolutionären Algorithmus keine komplizierten Geschöpfe mit unzähligen Eigenschaften, sondern lediglich einfache Datenstrukturen, die nur eine kleine Informationsmenge darstellen können. Einige ausgewählte Eigenschaften des Individuums entscheiden, ob es überlebt oder nicht. Oft besteht ein Wesen eines evolutionären Algorithmus lediglich aus einer Folge von Nullen und Einsen. Vergleicht man dieses Zahlengeschöpf mit natürlichen Wesen, so erscheint die Natur nur grob vereinfachend nachgeahmt: Die Folge aus Nullen und Einsen ähnelt eher einem einzelnen Chromosom, dessen Gene durch Nullen und Einsen symbolisiert werden, als einem vollständigen Lebewesen. Aber selbst ein Gen wird durch eine Zahl stark vereinfacht dargestellt – eine kompliziert gebaute chemische Struktur wird zum Bit.

Jedes Individuum eines evolutionären Algorithmus stellt eine mögliche Lösung eines von Menschen festgelegten Problems dar. Anders als die natürliche Evolution dienen evolutionäre Algorithmen einem klar definierten Zweck, nämlich die beste Lösung für eine gegebene Aufgabenstellung zu finden. Hierbei werden natürliche Mechanismen, die das Erbgut verändern und selektieren, nachgeahmt.

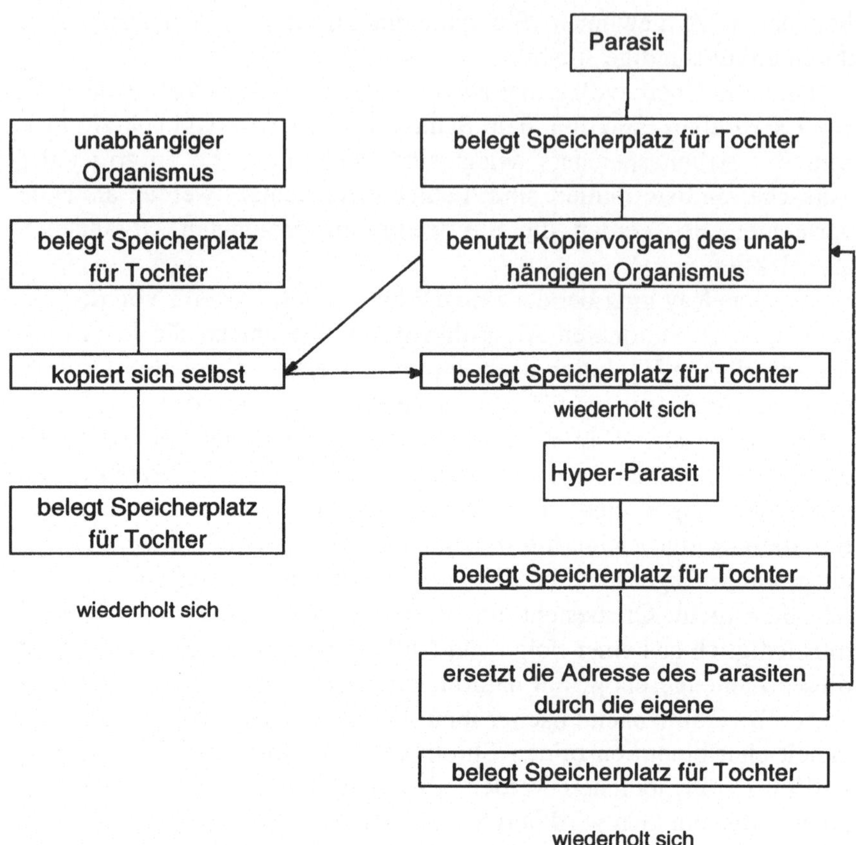

Bild 4.10 Beispiele für die Reproduktion unabhängiger und parasitärer Arten auf Tierra

Mit ihrer Hilfe entwickeln sich die Zahlengeschöpfe ständig weiter. Sie ändern ihre genetische Information und erwerben neue Merkmale, die sie in dem Bestreben, in ihrer Umgebung zu überleben, auf die Probe stellen. Wie bei der natürlichen Evolution findet zunächst eine Zufallsänderung (Mutation) statt, deren Ergebnis dann entweder angenommen oder verworfen wird (Selektion). Eine mögliche Lösung eines Problems wird in bestimmter Weise verändert und das Ergebnis daraufhin überprüft, ob sich die Qualität der Lösung verbessert hat oder nicht. Diese Überprüfung geschieht mit Hilfe einer Auswertungsfunktion, die für jede Lösungsmöglichkeit einen Tauglichkeitswert (auch „Fitness" genannt) berechnet. Hat sich das Ergebnis verschlechtert, wird die Veränderung wieder rückgängig gemacht, im anderen Fall dient sie als Ausgangspunkt für den nächsten Schritt.

Das am längsten überlebende Zahlengeschöpf symbolisiert die beste Lösung des Problems. Auf diese Weise werden die in der natürlichen Evolution enthaltenen Gesetzmäßigkeiten zum Gewinn von Information genutzt und können der Lösung von Problemen der verschiedensten Bereiche, wie z.B. der Naturwissenschaften, der Mathematik oder der Wirtschaftswissenschaften, dienen. Zumeist sind es Probleme, bei denen deterministische Verfahren an der Komplexität scheitern. Ein Beispiel sind wirtschaftliche Optimierungsprobleme. Die moderne Wirtschaft ist so komplex und verflochten, daß sich die Folgen einer Entscheidung oft nicht mehr überschauen lassen. In diesem Fall können evolutionäre Algorithmen der Optimierung dienen, d.h. daß sie die beste Lösung für ein Problem finden. So kann mit ihrer Hilfe beispielsweise bestimmt werden, auf welche Art sich Abläufe in einem Wirtschaftsunternehmen unter Berücksichtigung von Resourcen und Kapazitäten optimal organisieren lassen.

Innerhalb eines evolutionären Algorithmus werden die Lösungsmöglichkeiten mit Hilfe sogenannter genetischer Operatoren verändert, die natürlich vorkommende Mutationen nachahmen. Einstellige Transformationen verändern mit einer festgesetzten Wahrscheinlichkeit eine einzige Position innerhalb der Zahlenfolge, die eine Lösungsmöglichkeit verkörpert. Dies bedeutet für ein Bit den Sprung von 0 zu 1 oder umgekehrt von 1 zu 0. Eine gewisse Ähnlichkeit zur biologischen Evolution fällt auf: Die einstellige Transformation gleicht einer Punktmutationen, bei der sprunghaft ein Gen von einem Zustand in einen anderen überführt wird.

Transformationen höherer Ordnung kombinieren Teile mehrerer Zahlenfolgen und erzeugen so ein neues Individuum. Ihnen ähnelt die natürlich vorkommende Rekombination, bei der sich während der Meiose homologe Chromosomen überkreuzen (Crossing-over), Chromosomensegmente austauschen und so neue Kombinationen von gekoppelten Allelen entstehen lassen.

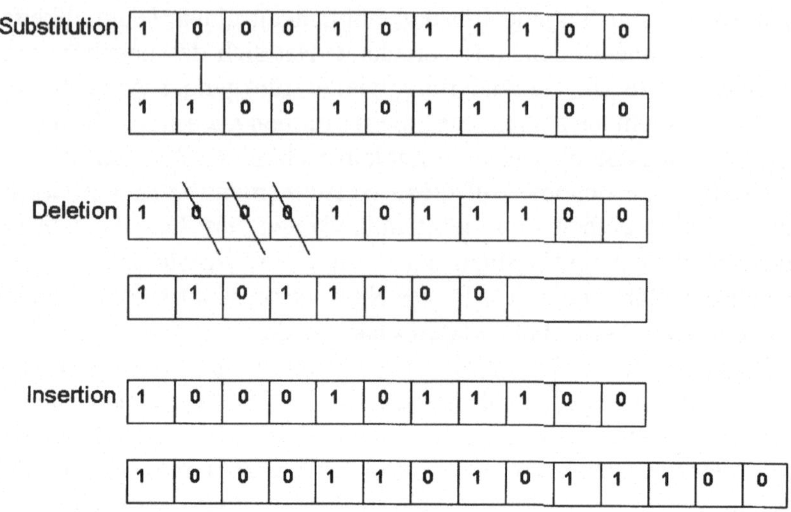

Bild 4.11 Mutationen

In Evolutionsprogrammen dürfen nur ausgewählte Zahlenfolgen rekombinieren. Zwei rekombinierende Zahlenfolgen tauschen Abschnitte gleicher Länge aus und bilden je zwei neue Sequenzen. Die Rekombination erfolgt an festgesetzten Stellen, wobei sie bei beiden Zahlenfolgen an gleicher Position beginnt. Die ausgetauschten Gensequenzen können invertiert, d.h. in ihrer Reihenfolge umgekehrt werden. Jede der so entstandenden Zahlenfolgen verkörpert eine neue Lösungsmöglichkeit des Problems.

Nachdem auf diese Weise innerhalb des Evolutionsprogrammes eine neue Generation erzeugt worden ist, findet eine „Selektion durch Umweltfaktoren" statt, wobei die Auswertungsfunktion die Rolle der Umgebung spielt. Entsprechend des von ihr berechneten Tauglichkeitswertes überleben die Besten und bekommen eine bestimmte Anzahl von Nachkommen – jede Zahlenfolge wird keinmal, einmal, zweimal usw. kopiert.

Eltern und Kinder sind einander ähnlich. In der sich ständig erneuernden Individualität beobachtet man eine Konstanz von Eigenschaften. Auch evolutionäre Algorithmen kennen Verwandtschaftsbeziehungen. Sie werden durch sogenannte Schemata repräsentiert –

Folgen von Nullen, Einsen und Asterisken (*). Asteriske haben die Bedeutung von „Wert ist noch nicht festgelegt", und jede einzelne Null, Eins oder jeder einzelne Asterisk steht für ein Gen. Während die 0-1-Stellen eines Schemas sich nicht ändern dürfen, können die *-Stellen während der Evolution verschiedene Werte annehmen.

Beispiele sollen verdeutlichen, wie evolutionäre Algorithmen arbeiten. Das erste Beispiel beschreibt die Evolution von Automaten, die periodische Zahlenfolgen vorhersagen. Die Evolution findet in einem digitalen Universum mit digitalen Geschöpfen statt. Diese digitalen Geschöpfe bestehen aus einem endlichen Automaten (vgl. Kapitel 2.2.1), der ihre Entscheidungen steuert, und einem einzigen Chromosom, das durch eine Folge von Nullen und Einsen verkörpert wird. In der Welt dieser Zahlengeschöpfe findet Kommunikation in einer sehr einfachen Sprache statt: Empfangbare Umweltsignale sind nichts anderes als eine Folge von Nullen und Einsen, und beantwortet werden diese Eingabesignale ebenfalls mit einer aus Nullen und Einsen bestehenden Folge. Die binären Worte könnten verschiedenste biologische Signale symbolisieren – beispielsweise Nahrungsmangel, Überbevölkerung oder der Wunsch, einen Partner zu finden.

In regelmäßigen Abständen bekommen die Zahlengeschöpfe Nachwuchs. Hierbei bestimmen ererbte Gene das Verhalten der Nachkommen: Der Aufbau ihrer aus einem einzigen Chromosom bestehenden Erbmasse ist eng mit der Struktur des endlichen Automaten in ihrem Innern verknüpft.

Um dies genauer zu verstehen, erinnern wir uns an den Aufbau eines endlichen Automaten, wie er uns bereits in Kapitel 2.2.1 begegnet ist. Ein endlicher Automat kann eine endliche Anzahl verschiedener Zustände annehmen. Ein Eingabesignal bewirkt, daß er in einen anderen Zustand übergeht. Wird ein Signal empfangen, ändert der Automat seinen Zustand und gibt selbst ein Signal aus. Anhand einer Übergangstabelle für die verschiedenen Zustände läßt sich dieser Vorgang leicht verfolgen. Können unsere Zahlengeschöpfe nur drei mögliche Zustände, A, B und C, einnehmen und empfangen und antworten sie nur mit binären Signalen, so ist die ihnen zugehörigen Übergangstabelle vom Format 3 mal 4. Zu jedem Zustand des Automaten und zu jedem möglichen Eingabesymbol gibt es zwei Einträge. Der erste ist

das entsprechende Ausgabesymbol, der zweite der Zustand, in den der
Automat übergeht:

	0		1	
A	1	B	1	C
B	0	C	0	B
C	1	A	0	A

Befindet sich der dieser Tabelle zugehörige Automat im Zustand A
und empfängt eine 0, so gibt er eine 1 aus und geht in den Zustand B
über.

Die Chromosomen eines Zahlengeschöpfes bestehen aus einer
endlichen Folge von Zeichen, zumeist Nullen und Einsen. Diese Zei-
chenfolge ergibt sich aus der Übergangstabelle. Sie beginnt mit der
obersten Zeile der Übergangstabelle, an die sich nacheinander die
jeweils nächsttieferen Zeilen anschließen. So entsteht ein Chromosom
mit drei Zuständen als Folge von 12 Allelen: 1B1C0C0B1A0A.

Evolution ist an die Entstehung neuer genetischer Informationen
gebunden – auch bei unseren Zahlengeschöpfen. In regelmäßigen
Abständen treten Genmutationen auf. Sie können jedes Gen erfassen
und es auf verschiedene Weise verändern, indem sie das vorliegende
Allel in irgendein anderes umwandeln.

Paarung ist die zweite Quelle für Variationen im Genpool. Während der Paarungszeit mischt das fähigste Zahlenwesen seine Gene
mit denen eines zufällig gewählten Partners. Der Nachkomme besitzt
dann ein Hybrid-Gen: Ein Teil kommt von dem hochkarätigen Elternteil, der andere vom durch Zufall bestimmten Partner. Der Mischvor-
gang ähnelt dem natürlichen Crossing-over, das bei wirklichen Chromosomen während der Meiose stattfindet.

Welche Wesen sind die besten? Welche Erbinformation sichert die
besten Überlebens- und Vermehrungsaussichten? Die Fähigkeit zu
überleben richtet sich nach der Fähigkeit, die Entwicklung der Umwelt vorherzusehen, die recht eintönig erscheint – sie besteht lediglich
aus einer scheinbar endlosen Folge von Nullen und Einsen. Da es
niemals möglich sein wird, eine völlig zufällige Zahlenfolge vorher-
zusagen, muß sie eine gewisse Regelmäßigkeit erkennen lassen: Als

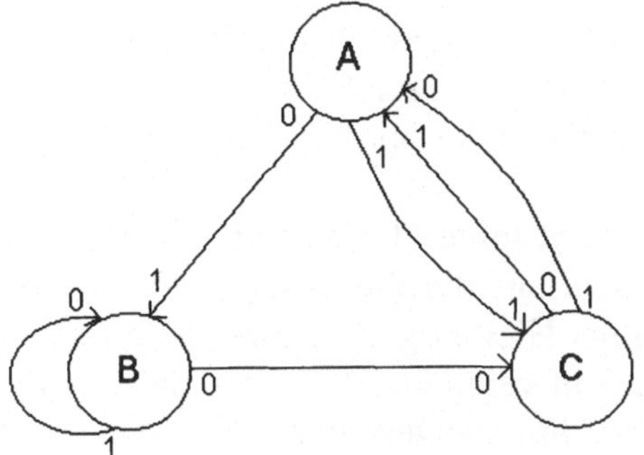

Bild 4.12 Übergangsdiagramm und zugehöriges Chromosom

Umweltsignale eignen sich periodische Zahlenfolgen, wie beispielsweise 011010110101101101, die aus der ständigen Wiederholung der Grundfolge 01101 besteht.

Das Ausgabesignal eines Zahlengeschöpfes gibt an, welches Umweltsignal als nächstes zu erwarten ist, und die besten Zahlengeschöpfe sind diejenigen, deren Ausgabesignale am besten mit den Umweltsignalen des nächsten Zyklus übereinstimmen.

Wie beginnt die evolutionäre Entwicklung der Zahlengeschöpfe, und wie endet sie? Ein Zufallsverfahren legt die Wesen der ersten Generation fest: Jedem von ihnen wird eine Zufallszahl, die das entsprechende Gen festlegt, zugeordnet. Die Evolution endet, wenn eine vorgegebene Trefferquote überschritten ist, und das beste Zahlengeschöpf wird bekanntgegeben.

Eine anderes Beispiel, das mit Hilfe eines evolutionären Algorithmus gelöst werden kann, ist das Problem des Handlungsreisenden. Dabei muß ein Geschäftsmann in verschiedene Städte fahren und sucht die kürzeste Route, die sie nacheinander alle berührt. Dieses Problem steht stellvertretend für alle Reihenfolgeprobleme, deren zu optimierende Größe allein durch die Kantenlänge bestimmt wird. Reihenfolgeprobleme treten in vielen Bereichen der Wirtschaft auf, und zwar immer dann, wenn ein Ergebnis von der Ausführung verschiedener Tätigkeiten abhängt und die Reihenfolge dieser Aktivitäten die Qualität des Resultates beeinflußt.

Jede Rundreise wird in einem Chromosom verschlüsselt. Die kürzeste Rundreise wird dann – in der Hoffnung auf eine noch kürzere – mit anderen gepaart. Die Chromosomen der Nachkommen erhält man durch Crossing-over.

Im Vergleich zu den beiden vorgestellten Problemen ergeben sich häufig komplexere Fragestellungen, auf die die evolutionären Algorithmen eine Antwort finden sollen. Hierbei gibt es zwei Möglichkeiten der Anpassung – das Problem in vereinfachter Form darzustellen oder den Algorithmus problemgerecht umzugestalten.

Klassische genetische Algorithmen operieren auf binären Zeichenketten. Dies bedeutet, daß das Originalproblem in binärer Form dargestellt werden muß, d.h. durch Folgen von Nullen und Einsen verschlüsselt. Wie die Natur arbeiten diese Algorithmen nach dem Bottom-up-Prinzip, d.h. daß sie mit den Grundlagen eines Problems beginnen und sie stufenweise bearbeiten, bis eine Lösung in Sicht ist.

Evolutionsprogramme dagegen verändern nicht das Originalprogramm, sondern die Chromosomendarstellung einer möglichen Lösung. Es werden geeignete genetische Operatoren angewendet – das Evolutionsprogramm wird dem Problem angepaßt. Dies entspricht dem Top-down-Prinzip, bei der man vom Programm ausgeht und es schrittweise so verändert, bis es fähig ist, das Problem zu lösen.

Evolutionäre Algorithmen können zur Lösung fast jedes Optimierungsproblems eingesetzt werden. Von Nachteil ist jedoch, daß sie nicht immer optimale Lösungen finden. Ihre Generationenfolgen und Populationsgrößen sind natürlich begrenzt, so daß sie die Suche nach der optimalen Lösung evtl. zu früh beenden und die von ihnen gefundene Lösung nicht die wirklich beste ist.

4.4 Die Übersetzung genetischer Informationen

Im wirklichen Leben ist die Information für die Synthese aller Genprodukte, d.h. aller von einer Zelle gebildeten Enzyme und Strukturproteine, in der DNA verschlüsselt. Diese genetische Information wird schrittweise in wahrnehmbare Stoffwechselreaktionen übersetzt.

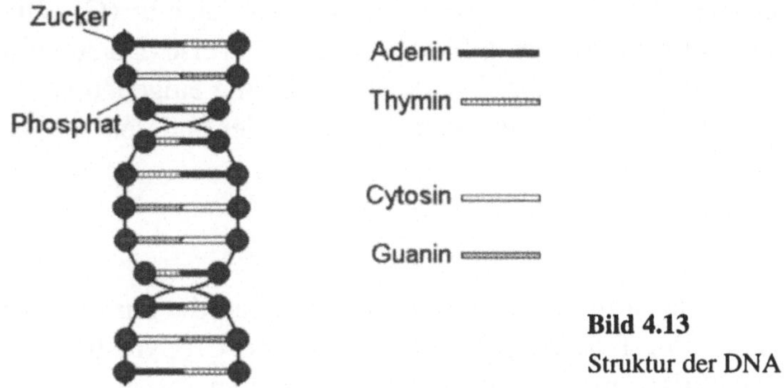

Bild 4.13
Struktur der DNA

Die DNA findet sich in allen Körperzellen. Für den Organismus erfüllt sie zwei wichtige Funktionen: Vergleicht man ihre Arbeitsweise mit den Funktionen eines Computers, so stellt die DNA das Betriebssystem der Zelle dar, das die Zellfunktionen steuert und koordiniert. Zum anderen ist sie Träger der genetischen Information. Die zentrale Rolle bei der Vererbung, die die Chromosomen spielen, kann auf die in ihnen enthaltene DNA zurückgeführt werden. Den linear, d.h. wie die Perlen einer Perlenkette aneinandergereihten, auf den Chromosomen angeordneten Genen entsprechen bestimmte Abschnitte der DNA. In der Computersprache könnte man sagen, daß die DNA in Disketten und Daten geordnet ist (Chromosomen und Genen).

Die DNA ist ein Polynukleotid, bei dem zwei um eine gemeinsame Achse gewundene Nukleinsäureketten eine Doppelhelix formen. Die Seitenteile dieser Leiter bestehen aus Desoxyribosephosphaten, die durch Phosphodiesterbrücken miteinander verbunden sind. Jedes Phosphat verbindet die Hydroxylgruppe am 3′-Kohlenstoffatom der Desoxyribose des einen Nukleotids mit der OH-Gruppe am 5′-Kohlenstoffatom der Desoxyribose des benachbarten Nukleotids. Auf diese Weise erhält das Desoxyribosephosphatrückgrat der Polynukleotidkette eine Polarität: Ein Ende der Kette besitzt eine 5´-Phosphat-Gruppe, das andere eine 3´-OH-Gruppe. Innerhalb eines DNA-Moleküls verlaufen die korrespondierenden Ketten in Gegenrichtung, d.h. in entgegengesetzter 5´→ 3´-Richtung orientiert.

Die Sprossen, die die Desoxyriboseeinheiten miteinander verbinden, bestehen aus einem verbundenen Paar Purin- bzw. Pyrimidinbasen – Adenin (A), Thymin (T), Cytosin (C) sowie Guanin (G). Die Basen der DNA folgen einander auf unregelmäßige Weise. Da Adenin nur mit Thymin, Guanin nur mit Cytosin eine Bindung eingehen kann, wird durch die Basensequenz der einen Kette die der anderen festgelegt.

4.4.1 Der genetische Code

Der genetische Code ist mit einer Schrift vergleichbar, die nur die vier Symbole A (Adenin), T (Thymin), G (Guanin) und C (Cytosin) enthält. Die Reihenfolge, in der die vier Symbole vom freien 3´-OH-Ende in Richtung auf das 5´-OH-Ende der DNA angeordnet sind, stellt den verschlüsselten Text der genetischen Schrift dar, nach deren Anleitung bestimmte Eigenschaften einer Zelle oder eines Organismus entstehen. Hierbei spielt die genetisch gesteuerte Synthese von Proteinen eine wichtige Rolle.

Da ein DNA-Molekül unvorstellbar viele Basenpaare enthält (Bakterien beispielsweise $1,5 \times 10^5$ bis $4,5 \times 10^6$), ist die Zahl möglicher Anordnungen der Basenfolgen nahezu unendlich groß. Mit den vier Zeichen des genetischen Alphabets A, T, C und G läßt sich ein Codesystem darstellen, mit dem die spezifische Struktur jedes von der Zelle gebildeten Proteins verschlüsselt werden kann.

Da die natürlichen Proteine aus etwa 20 verschiedenen Aminosäuren bestehen und jedes Protein eine spezifische Aminosäuresequenz besitzt, muß die Buchstabenschrift der Basensequenz im DNA-Molekül der Aminosäuresequenz im Proteinmolekül entsprechen.

Bei 20 gegebenen Aminosäuren ist ein Triplett – drei benachbarte Nukleotide – notwendig, eine Aminosäure genau zu kennzeichnen: Es gibt $4^3 = 64$ mögliche Anordnungen dreier Nukleotide. Im DNA-Molekül codiert je eine Gruppe von drei aufeinanderfolgenden Basen eine Aminosäure. Ein solches Basentriplett ist eine Codierungseinheit und wird als Codon bezeichnet. Es gibt mehr Dreiergruppen (64) als Aminosäuren (20) – ein solcher Code ist nachrichtentechnisch gesehen degeneriert. Dies bedeutet, daß ein und dieselbe Aminosäure durch mehrere Codone verschlüsselt wird. So wird z.B. die Aminosäure Alanin durch die Tripletts GCA, GCC, GCG und GCU codiert. Da hier nur die letzten Nukleotide ausgetauscht sind, ist diese Degeneration noch als logisch zu bezeichnen. Wenn eine Aminosäure durch völlig verschiedene Codons charakterisiert wird, nennt man den Code unlogisch. Auch das ist im Codeschlüssel realisiert. So wird z.B. die Aminosäure Arginin durch die Tripletts CGU, CGC, CGA und CGG (noch logisch), aber auch AGA und AGG verschlüsselt (unlogisch gegenüber den ersten vier). Der degenerierte Code erlaubt

Tabelle 4.1 Das Lexikon für den genetischen Code

Alanin	GCA, GCG, GCT, GCC	Leucin	TTA, TTG, CTA, CTG, CTT, CTC
Arginin	AGA, AGG, CGA, CGG, CGT, CGC	Lysin	AAA, AAG
Aspara-ginsäure	GAT, GAC	Methionin	ATG
Asparagin	AAT, AAC	Phenyl-alanin	TTT, TTC
Cystein	TGT, TGC	Prolin	CCA, CCG, CCT, CCC
Glutamin-säure	GAA, GAG	Serin	AGT, AGC, TCA, TCG, TCT, TCC
Glutamin	CAA, CAG	Threonin	ACA, ACG, ACT, ACC
Glycin	GGA, GGG, GGT, GGC	Trypto-phan	TGG
Histidin	CAT, CAC	Tyrosin	TAT, TAC
Isoleucin	ATA, ATT, ATC	Valin	GTA, GTG, GTT, GTC
		Ketten-ende	TAA, TAA, TGA

darüber hinaus, daß es sogenannte Nonsense-Tripletts gibt, denen keine Aminosäure zugeordnet werden kann. Sie sind aber von Bedeutung: Sie stellen wichtige „Interpunktionszeichen" bei der Übersetzung der Nukleotidsequenzen dar. So kann beispielsweise der Beginn oder das Ende einer Polypeptidkette durch sie gekennzeichnet werden. Der Code ist nicht überlappend, d.h. daß die Tripletts unmittelbar lückenlos aneinander anschließen. Ein Triplett bedeutet einen Aminosäurerest, das unmittelbar darauf folgende Triplett den nächsten Aminosäurerest usw.

Der Code ist universell. Für alle bisher untersuchten biologischen Systeme hat die gleiche Basenfolge die gleiche Bedeutung – für Menschen, Tiere und Pflanzen, für Einzeller und Mehrzeller.

Die Aminosäuresequenz von Insulin umfaßt z.B. 51 Aminosäuren, die der Ribonuklease 124, die eines Hämoglobins 574 Aminosäuren. Für diese mehr oder minder langen Polypeptidketten benötigen wir in diesen Fällen 51, 124 bzw. 574 Nukleo-Tripletts. Auf molekularer Ebene ist derjenige lineare DNA-Abschnitt, der eine solche spezifische Polypeptidkette codiert – er umfaßt z.B. im Falle des angegebenen Hämoglobins 1722 hintereinander geordnete Nukleotide – das Gen. Die Länge eines DNA-Moleküls steigt mit der Anzahl der auf ihr angeordneten Gene.

In der Zelle sind die Chromosomen das stoffliche Äquivalent der DNA. Die 46 Chromosomen des Menschen (diploider Chromosomensatz) bestehen aus einer noch nicht bekannten Zahl von DNA-Molekülen, die zusammen mehr als $1 \cdot 10^6$ Mononukleotide besitzen. Nimmt man an, daß ein Protein im Durchschnitt etwa 200 Aminosäuren besitzt, so ergibt sich, daß zur Codierung eines Proteins etwa 600 Nukleotide benötigt werden und daß mit dem menschlichen Chromosomensatz mehr als 10^6 verschiedene Proteine gebildet werden können.

4.4.2 Der Informationsfluß zum Protein

Während des gesamten Lebens bleibt die genetische Information eines Individuums unverändert. Bei jeder Zellteilung wird die DNA identisch verdoppelt und auf die beiden Tochterzellen verteilt, so daß die genetische Information vollständig und unverändert weitergegeben wird. Zwar enthält die DNA die Informationen für die Synthese aller von ihr codierten Proteine, ist jedoch nicht die direkte Vorlage für die Proteinsynthese. Die genetische Information wird zunächst auf die RNA übertragen.

Inzwischen ist der Informationsfluß zwischen DNA, RNA und Proteinen genau bekannt. Zunächst entstehen bei der Replikation identische Kopien eines DNA-Moleküls. Die Transkription (Abschrift) der DNA-Information in RNA macht die Translation (Übersetzung) dieser Information in Proteine möglich. Einerseits steuert die DNA ihre eigene Replikation, andererseits bestimmt sie über die Bildung der RNA-Moleküle, die wiederum an der Umsetzung von DNA-Information in Proteine beteiligt sind, den Phänotyp. Nur in Eukaryonten kann Information von DNA zu RNA fließen – diesen Prozeß nennt man reverse Transkription.

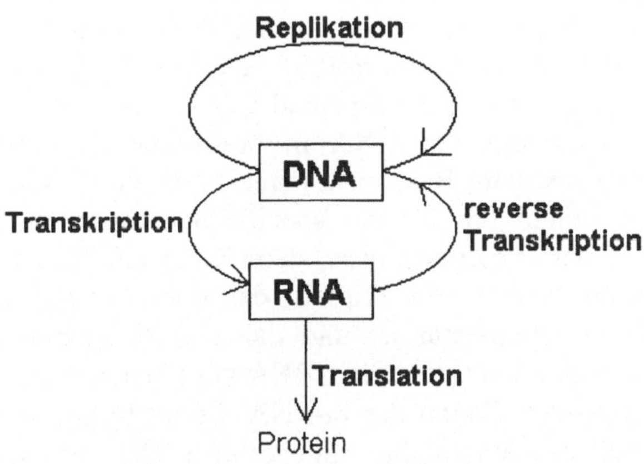

Bild 4.14 Informationsfluß zwischen DNA, RNA und Proteinen

Die bei der Transkription entstehende RNA, die eine „Negativkopie" einer DNA enthält, wird Boten-RNA (messenger-RNA, m-RNA) genannt. Im Gegensatz zur DNA enthält die RNA anstelle von Thymin Uracil, so daß das RNA-Alphabet aus A, C, G und U besteht. Obwohl die RNA einsträngig ist, legt die Art der Basenpaarung ihre

Faltung zu einer räumlichen, dreidimensionalen Struktur fest. Die meisten RNA-Ketten können sich auf mehr als eine Art falten, doch die biologische Bedeutung dieser Isomere ist nur in einigen wenigen Fällen bekannt. Die richtige Struktur ist zum Teil für die Genexpression bestimmter viraler RNAs entscheidend, da wichtige Regulationssignale bei der einen oder anderen Faltung offen, zugänglich oder verdeckt sein können.

Die umgeschriebene Messenger-RNA dient als Zwischenstufe zur Übersetzung in ein Protein. Jede Aminosäurensequenz eines Proteins faltet sich zu einer spezifischen dreidimensionalen Struktur, die komplizierter gebaut ist als die von DNA und RNA. Diese Translation wird von Ribosomen übernommen, die aus ribosomaler RNA und Proteinen bestehen, die ihnen die für die Proteinbiosynthese notwendige Enzymaktivität sowie die Fähigkeit zur Bindung der Messenger-RNA verleihen. Ribosomen sind Zellorganellen, die als winzige Kugeln im Zytoplasma verteilt sind und sich am endoplasmatischen Reticulum, einem Membransystem innerhalb der Zelle, aufreihen. Auf der Ribosomenoberfläche wirkt die m-RNA als Matrize für die Synthese von Proteinmolekülen. Die Umwandlung der genetischen Information aus den Codons der RNA in bestimmte Aminosäuren kommt durch komplementäre Basenpaarungen zustande. Eine Transfer-RNA (t-RNA) bindet die für sie spezifische Aminosäure und bringt sie zum Ort der Proteinsynthese, dem Ribosom. Jede t-RNA besitzt innerhalb ihrer Kette ein Triplett, das dem m-RNA-Codon ihrer Aminosäure komplementär ist und daher Anticodon genannt wird. Über dieses Anticodon bildet die t-RNA komplementäre Basenpaare mit dem passenden Codon der m-RNA. Somit bestimmt nicht die Aminosäure selbst, sondern ihre zugehörige t-RNA, an welcher Stelle die Aminosäure in die wachsende Proteinstruktur eingefügt wird.

Für das korrekte Ablesen der genetischen Information ist die richtige Translationsinitiation entscheidend. Sie hängt davon ab, welche Gruppe dreier benachbarter Nukleotide als erstes Codon gewählt wird. Es muß daher einen Weg geben, die Translation richtig zu initiieren. In allen bisher untersuchten Organismen – Bakterien, Viren und Eukaryonten – wird dies durch einen Mechanismus ermöglicht, der das an einer bestimmten Stelle lokalisierte Codon erkennt, das die aminoterminale Aminosäure des entsprechenden Proteins festlegt.

Fast immer bildet AUG dieses Initiationscodon. Aus diesem Grunde tragen Proteine während ihrer Entstehung stets einen Methioninrest an ihrem aminoterminalen Ende. Dieser wird später zumeist entfernt, so daß eine zunächst im Inneren des Polypeptids liegende Aminosäure zum endgültigen Aminoterminus des fertigen Proteins wird.

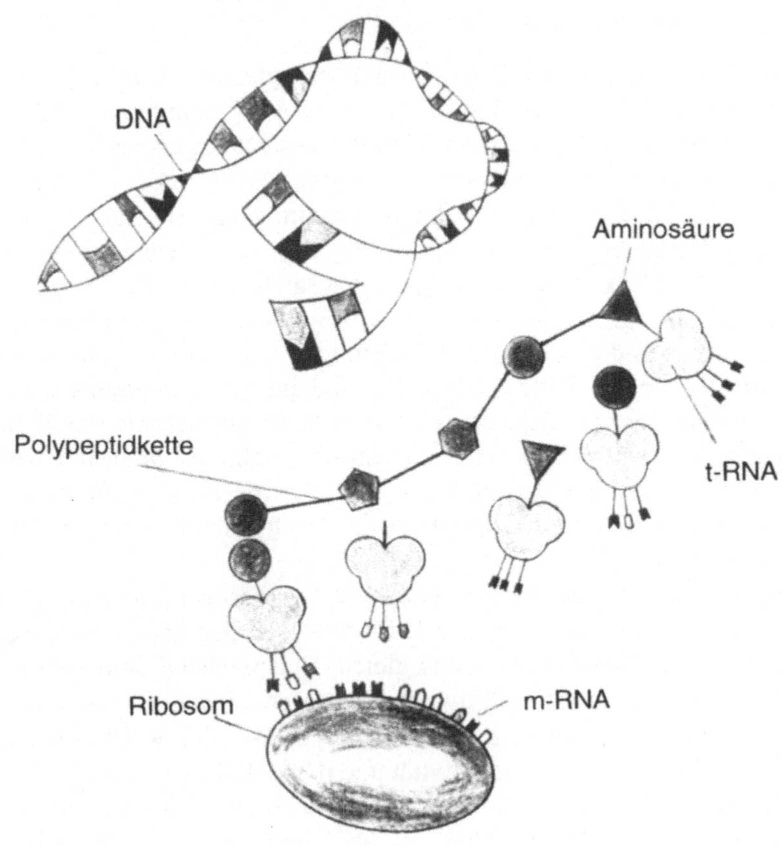

Bild 4.15 Proteinbiosynthese in der Zelle

Die Synthese des Proteins wird so lange fortgesetzt, bis ein Triplett (UAG, UAA oder UGA) das Kettenende signalisiert. Nach der Fertigstellung des Proteins erfolgt seine Ablösung vom Protein, bei der Transportproteine mitwirken.

Im Ergebnis des als Translation bezeichneten Vorgangs ist die in der RNA verschlüsselte Information in die Aminosäuresequenz eines Proteins übersetzt worden.

4.4.3 Regulationsmechanismen

Jede Zelle eines Organismus besitzt die gleiche Anzahl gleicher Chromosomen, also auch die gleiche DNA-Ausstattung und damit die gleiche genetische Information. Von der gesamten genetischen Information, die jeder Zelle zur Verfügung steht, wird von den einzelnen Zellen der Organe und Gewebe jedoch in ganz unterschiedlichem Umfang Gebrauch gemacht. Dies erklärt ihre verschiedenartigen Leistungen und Funktionen, die nicht das gesamte genetische Programm benötigen. Ein großer Teil des Erbarchivs einer Zelle bleibt blockiert. Es müssen, um die spezifischen Leistungen der Körperorgane zu gewährleisten, in der Zelle Steuerungs- und Informationselemente vorhanden sein, die darüber entscheiden, welche Erbfaktoren zur richtigen Zeit, im richtigen Gewebe und mit der richtigen Intensität wirksam werden. Sie müssen nicht nur die einzelne Zelle, sondern auch das Zusammenspiel der Zellsysteme in den hochkomplizierten Organismen steuern.

Die Regulationsmechanismen, die zur Synthesezeit Menge und Art des bildenden Produkts mit den Erfordernissen der Zelle abstimmen, sind auf allen Stufen des Lebens gleich. Entsprechend dem Informationsfluß gibt es auf allen Entwicklungsstufen besondere Steuerungsmechanismen. Es gibt Regulationen der DNA-, der RNA- und der Proteinsynthese, der Enzymaktivität und der Zelldifferenzierung.

Nach dem Regulationsmodell von F. Jacob und J. Monod gliedern sich Gene als Reaktionseinheit in drei Untergruppen: Strukturgene enthalten die Information über den Bau der Aminosäuresequenzen der Polypeptide. In unmittelbarer Nachbarschaft der Strukturgene befinden sich Operatorgene, die über die Strukturgene herrschen, deren

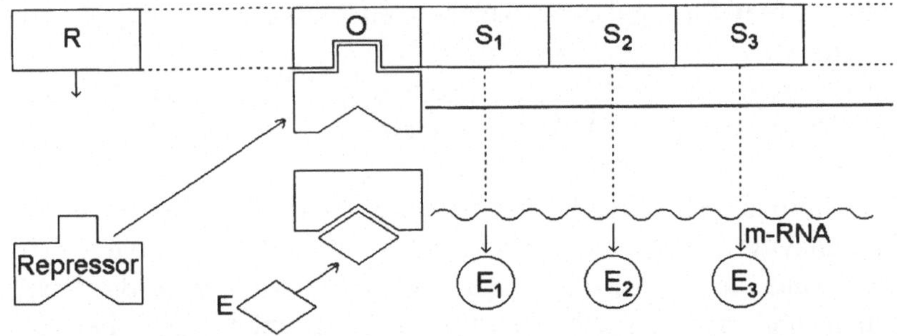

Bild 4.16 Negative Genregulierung. Regulatorgen (R), Operatorgen (O) und Strukturgene (S₁, S₂, S₃...) steuern die Aktivierung von Enzymen (E₁, E₂, E₃...). die ein bestimmtes Substrat abbauen. Der von R produzierte Repressor (Rep) ist aktiv und blockiert O. Dadurch ist die Aktivität des gesamten Operons unterbunden, und es kann keine m-RNA gebildet werden. Durch einen Effektor (E) kann der Repressor inaktiviert werden.

Aktivität steuern und sich mit spezifischen Proteinen, mit Repressormolekülen, verbinden können. In der Regel räumlich von den Operatorgenen getrennt stehen ganz oben in der Hierarchie Regulatorgene, denen eine Steuerung der Operatorgene zukommt. Wegen der räumlichen Entfernung benötigen sie eine Mittlersubstanz, den Repressor.

Diese Trias kann einmal eine Aktivierung, zum anderen aber auch eine Inaktivierung der Gene steuern. Das Ganze funktioniert nach dem Prinzip der Rückkopplung, wobei die Verhältnisse innerhalb der Zelle durch ineinandergreifende Regulationskreise verkompliziert werden.

Außer dieser negativen Regulation – die Repressor-Wirkung ist negativ – gibt es auch eine positive Regulation der Genaktivität. Die aktive Substanz ist hierbei das zyklische Adenosinmonophosphat, das bei spezifischen Operonen (Operon = Operatorgen + funktionell zusammengehörende Strukturgene) das betreffende Operatorgen erst für die RNA-Polymerase (Enzym, das die DNA in RNA übersetzt) erkennbar macht. Dazu lagert sich das cAMP an eine Promotorstelle des Operons an, eine DNA-Sequenz, die normalerweise die Ansatzstelle für das Polymeraseenzym ist. Das cAMP beeinflußt also nicht nur die allgemeine Funktion der RNA-Polymerase, es lehrt sein Enzym quasi denken. Es befiehlt regelrecht, welche Gene abzulesen sind und welche nicht.

Im Erbarchiv der Zelle ist auch festgelegt, welche Genaktivitäten beeinflußbar sind. Das cAMP steuert also nur bereits determinierte Muster von Genaktivitäten.

Wie werden aber diese Muster bestimmt? Offenbar sind daran zunächst Enzyme beteiligt, die Änderungen am Genom einleiten. Ein Beispiel sind die DNA-Methylasen, die Methylgruppen in die DNA einbauen und dadurch die Funktionen bestimmter Gene bei der Morphogenese ausschalten. Es gibt auch eine zeitliche Steuerung der Genaktivität durch das Kalium-Natrium-Ionen-Gleichgewicht im Zellinneren. Im Laufe des Lebens kommt es zu einer Verschiebung dieses Gleichgewichts zugunsten des Kaliums und zuungunsten des Natriums in der Zelle. Dies hat eine Erhöhung der Spannungsdifferenz zwischen Innen- und Außenseite zur Folge.

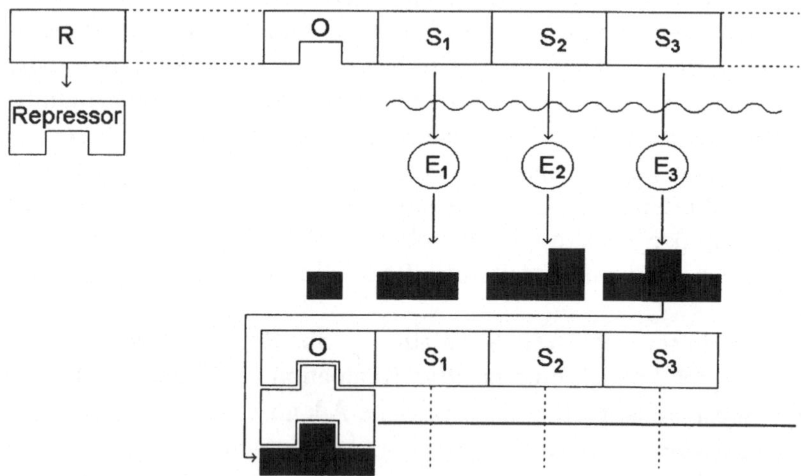

Bild 4.17 Positive Genregulierung. Der zunächst inaktive Repressor (Rep) erlaubt dem Operatorgen (Op) und den Strukturgenen (S₁, S₂, S₃...) ihre Aktivität. Die synthetisierten Enzyme (E₁, E₂, E₃...) bilden gemeinsam ein Endprodukt, das als Effektor den Repressor so verändert, daß dieser das Operatorgen blockiert und damit das Operon verschließt.

Hormone greifen ebenfalls in die Genregulierung ein. So steigert z.B. Testosteron die RNA-Synthese spezieller Gene in Zellen der Prostata. Schließlich müssen Histone als Differenzierungsfaktoren betrachtet werden. Histone sind niedermolekulare Proteine mit einem auffallend hohen Gehalt an basischen Aminosäuren, besonders Lysin und Arginin, die neben der DNA die wichtigsten Bausteine der Chromosomen sind. Die Wechselwirkung der Histone mit der DNA geschieht in erster Linie über hydrophobe Kräfte, weniger auf elektrostatischem Wege. Histone umhüllen die DNA und helfen, die Doppelhelix weiter zu falten. Wenn man die DNA von den Histonen trennt, kann ein bestimmter Abschnitt sechsmal länger sein, als wenn er von Histonen umgeben ist. Da die DNA-Doppelhelix kein besonders flexibles Gebilde ist, kann eine Faltung nur in gewissen Abständen erfolgen. Nach theoretischen Überlegungen kann ein Knick auf der Wendeltreppe alle zehn Basenpaare möglich sein. Tatsächlich kann man mit neu gefundenen Enzymen die DNA in Stücke von je zehn Basenpaaren zerlegen. Durch Maskieren bestimmter DNA-Abschnitte sind Histone also an der Gesamtinaktivierung der großen Zahl von nichtfunktionellen Genen beteiligt. Nach einer Theorie von J. Lederberg von den alternierenden Stadien eines Gens können die Histone die Gene ein- und ausschalten. Dieses Stop-and-go-System bietet dem genetischen System einen zusätzlichen Grad an Entwicklungsfreiheit und macht verständlich, wie sich aus einer einzigen Zelle ein Organismus entwickelt und wie in jeder Zelle Hunderte von biochemischen Prozessen in Gang kommen und wieder aufhören.

Auch Nichthistonproteine (NHP), die im Gewebe etwa fünf- bis zehnfach schneller synthetisiert werden als Histone, gehören zu den Gen-Effektoren. Bindungsstellen besonderer Art – in der Computersprache könnte man sagen Adressen – stehen für die Nichthistonproteine an den zu transkribierenden Regionen bereit. Durch die Bindung der NHP an eine Adresse kommt es zu einer Strukturauflockerung der DNA in diesem Bereich, die wiederum Voraussetzung für die genetische Aktivität des betreffenden Abschnittes ist. Aktivierung durch NHP und Inaktivierung durch Histone ermöglichen Differenzierung der Zellen und Erfüllung ihrer Spezialaufgaben. Inaktivierte Gene einer Zelle führen letztlich zur Entdifferenzierung einer Zelle. Eine Zunahme der Entdifferenzierung steigert die Bereitschaft der Zelle zur Teilung und ist eine der Ursachen für die Entstehung von Krebs.

4.5 Die Übersetzung von Informationen im Computer

Die schrittweise Umwandlung der in der DNA verschlüsselten Information in wahrnehmbare Stoffwechselreaktionen ähnelt der in Computern stattfindenden stufenweisen Umwandlung von Worten einer Programmiersprache in binäre Zeichen. Das Wort in einer für Menschen verständlichen Programmiersprache wird zum Assembler- bzw. maschinenorientierten Befehl, dieser zum Maschinenbefehl und der Maschinenbefehl zum Mikroprogramm (vgl. 2.3.3).

Dieser Übersetzungsvorgang wird automatisch mit Hilfe von Computerprogrammen – Compilern und Interpretern – durchgeführt. Ein Interpreter führt ein Programm Anweisung für Anweisung aus, indem er jedes höhere Sprachelement unverzüglich in eine Maschineninstruktion übersetzt. Ein Compiler dagegen übersetzt den gesamten Text eines in einer höheren Sprache geschriebenen Programms in einem Stück. Dabei erzeugt er ein komplettes Programm in Maschinencode, das dann unabhängig vom Compiler ausgeführt werden kann.

Um diese Übersetzung (Compilation) zu ermöglichen, müssen die Beziehungen zwischen den Sprachsymbolen deutlich werden. Dies geschieht mit Hilfe sprachwissenschaftlicher – linguistischer – Methoden. Den Anfang macht eine lexikalische Analyse. Dabei identifiziert der Compiler die verschiedenen Symbole der Programmiersprache – wie z.B. Zahlen, Variablennamen und Grundsymbole. Einige der Grundsymbole sind Schlüsselwörter mit einer festen Bedeutung; andere werden vom Programmierer definiert. Teils sind sie Verben, teils Substantive, Konjunktionen oder Satzzeichen. Ihre Kombination geschieht nach den Regeln einer Grammatik und wird in der nächsten Phase, der Syntaxanalyse, festgelegt. Bei dieser Analyse (auch Parsing genannt) ermittelt der Compiler die syntaktischen Beziehungen zwischen den Schlüsselwörtern und erstellt eine Art Programmgerüst. So wird beispielweise jedes if („wenn") mit dem nach-

folgenden then ("dann") verknüpft. In der dritten Phase erzeugt der
Compiler gemäß der in der vorherigen Phase ermittelten Syntax den
fertigen Maschinencode. Bei einigen Compilern schließt sich eine
vierte Phase an, in der der Code im Hinblick auf seine Effizienz noch
einmal überarbeitet und optimiert wird.

4.6 Linguistische Theorien

Kann ähnlich der im Computer stattfindenden automatischen Umfor-
mung auch die in der DNA enthaltene Information mit linguistischen
Theorien beschrieben und analysiert werden? Falls ja, könnten wir
mit Hilfe des Computers einen neuen Weg der Proteinsynthese entwickeln, der den natürlichen simuliert.

Auffallend ist, daß mit Hilfe linguistischer Redewendungen mole-
kularbiologische Vorgänge der Vererbung beschrieben und gleichzeitig interpretiert werden. „Genetischer Code, Genexpression, Leseraster (reading frames), Transkription und Translation" sind Beispiele
für diese Ausdrücke.

Um die in der DNA verschlüsselte Information automatisch zu
übersetzen, muß zunächst eine Grammatik der Gene entwickelt werden. Stellen wir daher zunächst klar, was eine Grammatik ist und beschreiben, wie mit ihrer Hilfe Sprachen erzeugt werden. Ausgehend
von den formalen Sprachen gelangen wir schließlich zu der in der
DNA verschlüsselten Sprache des Lebens.

Zu fast der gleichen Zeit, als Watson und Crick die Struktur der
DNA aufschlüsselten, gelang Noam Chomsky ein vergleichsweise
wichtiger Schritt auf dem Gebiet der Linguistik – die Erfindung der
generativen Grammatik. Mit Hilfe ihrer Regeln ist es möglich, alle
Worte einer Sprache systematisch zu erzeugen.

Eine generative Grammatik besteht aus Produktionen oder Erset-
zungsregeln, die die Sätze einer Sprache schrittweise immer genauer
beschreiben, bis schließlich einzelne Worte entstehen. Jede Regel besteht aus einer linken und einer rechten Seite, wobei die linke Seite
schrittweise durch die rechte Seite ersetzt wird. So könnte beispielsweise eine Grammatik, die ein paar Sätze der deutschen Sprache erzeugt, so aussehen:

Satz → Substantivphrase Verbphrase   (4-1)

Substantivphrase → Artikel Substantivwortgruppe   (4-2)

Verbphrase → Verb Substantivphrase   (4-3)

Substantivwortgruppe → Substantiv/ Adjektiv   (4-4)
Substantivwortgruppe

Substantiv → *Linguistin / Biologin*   (4-5)

Verb → *ist / sieht aus wie*   (4-6)

Adjektiv → *junge / berühmte*   (4-7)

Artikel → *eine / die*   (4-8)

Diese Grammatik enthält Regeln, die die Struktur eines Satzes immer genauer beschreiben, bis schließlich Worte entstehen, die einen Satz bilden. Die erste Regel legt fest, daß ein Satz aus einer Substantivphrase, gefolgt von einer Verbphrase, besteht. Die zweite Regel definiert eine Substantivphrase aus Artikel und Substantivwortgruppe bestehend. Die dritte Regel legt fest, daß eine Verbphrase ein Verb und eine Substantivwortgruppe ist. Die Regeln 4 bis 8 ermöglichen es auszuwählen. So kann ein Substantiv entweder „Linguistin" oder „Biologin" sein, ein Verb „ist" oder „sieht aus wie" usw.

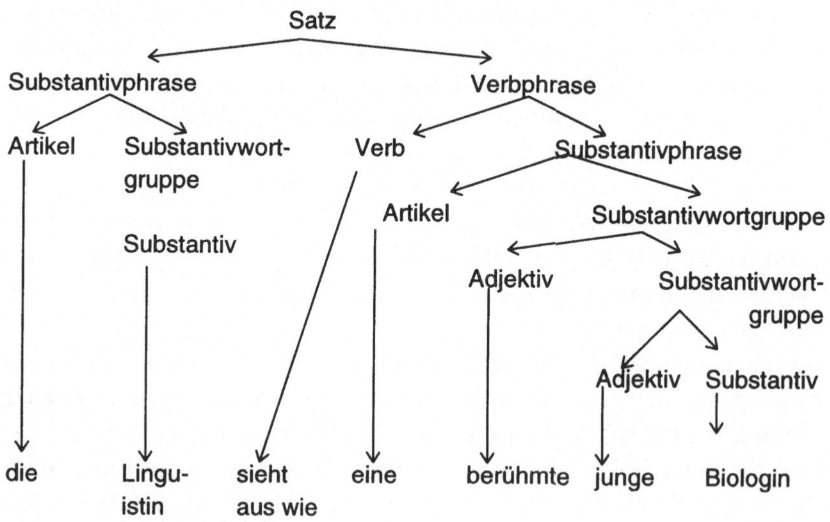

Bild 4.18 Entstehung eines Satzes

Man kann in den Regeln zwei Zeichenarten unterscheiden. Ein Nichtterminalzeichen erscheint niemals in dem zum Schluß gebildeten Satz. Es bezeichnet Sätze, deren Worte aus dem Alphabet der Terminalzeichen (in unserem Beispiel kursiv) stammen, d.h. die Bestandteil des letztendlich gebildeten Satzes sind. Regeln geben an, wie man, beginnend bei einem bestimmten Nichtterminalzeichen – dem Startsymbol – durch wiederholtes Ersetzen der linken durch die rechte Seite eine zulässige Terminalzeichenreihe erhalten kann. Obwohl die Grammatik von einfacher Struktur ist, können mit ihrer Hilfe unendlich viele Sätze erzeugt werden.

Ein Beispiel für eine wiederholte Anwendung von Regeln, die schließlich zu einer Terminalzeichenreihe führt, ist in Bild 4.18 dargestellt. Sie führt zu dem Satz: „Die Linguistin sieht aus wie eine berühmte junge Biologin."

Die deutsche Sprache ist wie alle natürlichen Sprachen von Mehrdeutigkeiten (Ambiguitäten) durchsetzt – z.B. „Schimmel, Schloß". Sie haben sich bisher allen Versuchen, durch Computer übersetzt zu werden, entzogen. Überlegungen, natürliche Sprachen mit Hilfe generativer Grammatiken zu beschreiben, würden an dieser Stelle zu weit führen. Um die Sprachen von Computern und der DNA zu analysieren, genügt es, eine Untergruppe von Sprachen zu betrachten, die relativ einfach aufgebaut sind – die sogenannten formalen Sprachen.

Eine formale Sprache besteht aus Worten, die einem bestimmten Alphabet entstammen und die anhand einer bestimmten generativen Grammatik ableitbar sind. Der Ausdruck „generative Grammatik" läßt den Eindruck entstehen, daß die Grammatik lediglich Sprachen erzeugt. Dies ist jedoch falsch: Generative Grammatiken dienen vor allem der Sprachanalyse. Indem beispielsweise ein Parser (Programm, das eine syntaktische Analyse durchführt) den durch grammatikalische Regeln vorgegebenen Ableitungsbaum (vgl. Bild 4.15) eines Satzes erzeugt, analysiert er dessen nach den Regeln einer Grammatik ableitbare Struktur.

Die von Noam Chomsky erdachte Hierarchie der Sprachen unterscheidet reguläre, kontextfreie, kontextsensitive und Typ-0-Sprachen, wobei die regulären die kontextfreien, die kontextfreien die kontextsensitiven und die kontextsensitiven die Typ-0-Sprachen enthalten.

Ein Weg, diese Chomskyhierarchie zu verstehen, ist es, in den von einer Grammatik erzeugten Worten wiederkehrende Muster zu erkennen. So kann eine reguläre Grammatik zahlreiche Wortmuster erzeugen, wie z.B. Zeichenketten, die aus alternierenden Nullen und Einsen bestehen:

$$S \rightarrow 0S/A \quad A \rightarrow 1A/B \quad B \rightarrow 2B/\,\varepsilon. \tag{4-9}$$

Hierbei ist S das Startsymbol, aus dem alle Worte der Sprache ableitbar sind. Ein Wort kann dann aus einem anderen in einem Schritt abgeleitet werden (beschrieben durch die Relation „$\rightarrow$"), wenn es ein auf der linken Seite von „$\rightarrow$" stehendes Teilwort enthält, das durch eines der auf der rechten Seite stehende Teilworte ersetzt werden kann. „/" bedeutet „oder"; mit ε wird das leere Wort bezeichnet. Die letztendlich erzeugte Sprache besteht aus der Menge aller Zeichenketten eines bestimmten Alphabets (dessen Buchstaben Terminalzeichen genannt werden), die sich durch Ableitungen aus dem Startsymbol gewinnen lassen. In Beispiel 4-9 kann somit das Startzeichen S durch 0S oder A ersetzt werden, an die Stelle des Zeichens A können 1A oder B kommen, und das Zeichen B kann durch 2B oder das leere Wort ersetzt werden.

Eine reguläre Grammatik kann keine Beziehungen über beliebig weite Entfernungen innerhalb eines Wortes herstellen. Über diese Fähigkeiten verfügen kontextfreie Grammatiken, mit denen Abhängigkeiten innerhalb einer Zeichenkette erzeugt werden können, die sich nicht überschneiden:

$$S \rightarrow 0S2/A \quad A \rightarrow 1A/\varepsilon. \tag{4-10}$$

Tun sie dies, können sie durch eine kontextsensitive Grammatik beschrieben werden:

$$S \rightarrow 0SA2/012 \quad 1A \rightarrow 11 \quad 2A \rightarrow A2. \tag{4-11}$$

Ein anderer Weg, die Chomskyhierarchie zu verstehen, geschieht mit Hilfe von Automaten. Automaten wurden uns bereits in den Abschnitten 2.2 und 4.3 vorgestellt. Dienten sie dort dazu, Lebendes wie Zelle und natürliche Evolution zu simulieren, ist ihre Aufgabe nun eine ganz andere: Sie sollen aus verschiedenen Eingabefolgen dieje-

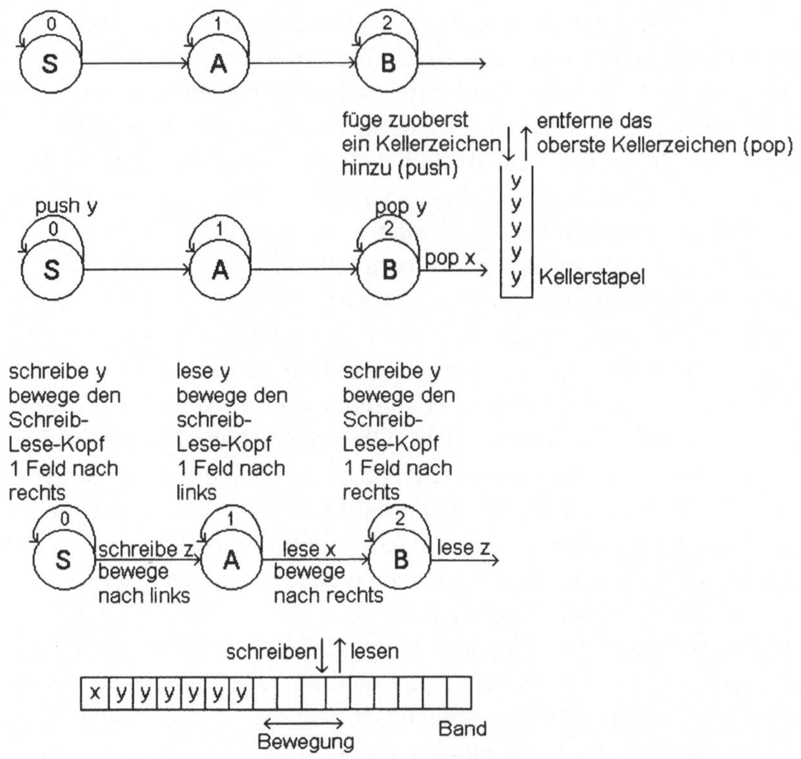

Bild 4.19 Reguläre (oben), kontextfreie (Mitte) und kontextsensitive Sprachen

nigen herausfinden, die „korrekt" gebildet sind. Die Worte einer Sprache werden in einen Automaten eingegeben. Führt die Eingabefolge den Automaten vom Anfangszustand in einen seiner Endzustände, so akzeptiert er die Eingabe – die Eingabefolge gehört zu seinem Wortschatz. Reguläre Sprachen werden von endlichen Automaten akzeptiert, deren Zustandszahl endlich ist. Sie speichern die Information über eingegebene Teile des Eingabewortes nur in endlich vielen Zuständen.

Um allgemeinere Sprachen zu erkennen, müssen Speicherzellen zum Grundmodell des endlichen Automaten hinzugefügt werden. Ein Kellerautomat setzt sich aus einem endlichen Automaten mit einer unbegrenzten Zahl von Speicherzellen zusammen. Der Speicher hat die Form eines Stapels: Er speichert ein Stück Information immer zuoberst auf dem Stapel und kann eine Information nur dadurch zurückgewinnen, indem er alle darüberliegenden Informationen entfernt. Wie bei endlichen Automaten geschieht das Akzeptieren von Eingabeworten mit Hilfe von Endzuständen, wobei der Inhalt des Kellerspeichers beliebig sein darf. Aufgrund seines unbegrenzten Speichers ist ein Kellerautomat in der Lage, sich jedes Eingabezeichen zu merken. Ein Kellerautomat akzeptiert kontextfreie Sprachen – wie z.B. die meisten Programmiersprachen. In kontextfreien Sprachen hängt die Zulässigkeit eines Zeichens sowohl von dem Zeichen davor (zur linken) wie von dem danach (zur rechten) ab: Im Zweifelsfall kann ein Zeichen, dessen Zulässigkeit noch nicht geklärt ist, auf den Stapel gelegt werden, bis Klarheit herrscht. Ob ein Zeichen zulässig ist, bestimmen jedoch nur seine direkten Nachbarn und nicht der weitere Kontext, in dem es steht. Ein Kellerautomat kann feststellen, ob in einem Wort gleich viele Nullen und Einsen vorkommen, aber er kann nicht erkennen, ob ein Wort drei verschiedene Zeichen – etwa 0, 1 und 2 – in jeweils gleicher Zahl enthält.

In kontextsensitiven Sprachen hängt die Zulässigkeit eines Zeichens nicht nur von seinen direkten Nachbarn ab, sondern auch vom weiteren sprachlichen Zusammenhang, in dem es steht. Kontextsensitive Sprachen werden von Bandmaschinen akzeptiert, deren Speicher aus einem Band mit Speicherzellen besteht. Jede Speicherzelle läßt sich jederzeit erreichen. Die Länge des Bandes ist proportional zur Länge der erzeugten Zeichenkette, so daß der Speicherplatz für Zwischenberechnungen niemals eine festgelegte Länge der Zeichenkette überschreiten kann.

Ist das Band unbegrenzt, so nennt man den Automaten Turingmaschine. Eine Turingmaschine akzeptiert jede Art von Sprache.

Wie können diese linguistischen Theorien auf die DNA und andere Makromoleküle angewandt werden? Auf den ersten Eindruck erscheinen die Primärstrukturen von DNA, RNA und Proteinen als lineare, eindimensionale Moleküle, deren Untereinheiten wie die Perlen einer Kette aneinandergereiht sind. Im Falle der DNA sind es die Basen Adenin, Cytosin, Guanin und Thymin (abgekürzt A, C, G und T), die die Glieder der Kette bilden.

Die DNA ist jedoch – wie RNA und Proteine – kein einfaches eindimensionales Gebilde, sondern von charakteristischer räumlicher Struktur. Diese räumliche Anordnung der Peptidkette – die Tertiärstruktur – ist bekannt: zwei Nukleotidstränge, jede Tausende oder Millionen Basen lang, umeinander gewunden zu einer Doppelhelix. Die zwei Stränge werden durch besondere Bindungskräfte der Basen zusammengehalten – G paart sich mit C und T mit A. Daher sind die Stränge zueinander komplementär. Sie sind in Gegenrichtung zueinander orientiert und werden auch in Gegenrichtung zueinander abgelesen.

Oberflächlich betrachtet könnte man die DNA als eine Sprache auffassen, die aus allen möglichen Verkettungen der Zeichen A, C, G und T besteht. Aber dies macht die Sprache der DNA vollkommen unbeschränkt und unstrukturiert, was im Widerspruch zu ihren wichtigen Funktionen als genetisches Archiv und als Betriebssystem lebender Zellen steht. Biochemisch kann zwar jede Basensequenz vorkommen, in der Natur finden sich jedoch immer wiederkehrende Folgen, so daß nur ein kleiner Teil der Möglichkeiten ausgeschöpft wird. Grammatiken können diese natürlich vorkommenden Basensequenzen charakterisieren.

Eine Grammatik, die die in der DNA auftretenden Codesequenzen beschreibt, baut rekursiv (rekursiv: Bestandteile eines Satzes entsprechen jeweils neuen Sätzen, und ihre Zahl kann beliebig erweitert werden.) Zeichenketten aus Codons zusammen. Der Beginn ist ein AUG-Codon, das Ende eines der Stopcodons. Die Regeln, die den Codons Aminosäuren zuordnen, bilden die niedrigste Stufe der Grammatik. In höheren Organismen liegen die proteincodierenden Sequenzen in einem Gen im allgemeinen nicht in einem einzigen durchgehenden DNA-Abschnitt. Die kontinuierlichen Abschnitte sind vielmehr diskontinuierlich, d.h. sie werden von Bereichen nichtcodierender DNA unterbrochen. Solche nichtcodierenden DNA-Abschnitte nennt man intervenierende Sequenzen oder Introns, und die codierenden Abschnitte bezeichnet man als Exons. Introns dürfen kein Codon unterbrechen. Eine sich zur Darstellung dieser Strukturen eignende Grammatikform ist kontextsensitiv.

Bei der Transkription schreibt das Enzym RNA-Polymerase DNA in RNA um. Dabei fungiert einer der beiden Stränge der DNA als codogener Strang, so daß die gebildete RNA aus einer komplementären Basenkette besteht. Die RNA-Polymerase arbeitet als endlicher Automat, in den Basen der DNA eingegeben werden und der die hierzu komplementären Basen in RNA-Sprache ausgibt.

Promotoren sind Sequenzen, die festlegen, wo die Transkription begonnen wird, d.h. mit welchen Stellen auf der DNA die RNA-Polymerase einen stabilen Komplex eingeht. Promotoren liegen stromaufwärts des zu übersetzenden Abschnitts. Die erste Sequenz, die der Transkriptionsstelle am nächstem liegt, ist die allgemein verbreitete TATA-Sequenz. In höheren Organismen sind auch andere Sequenzen gefunden worden – wie z.B. CAAT oder CG. Die Wirkung von Promotoren hängt stark von anderen genetischen Elementen – Aktivatoren (enhancers) genannt – ab. Deren Stellungen und Orientierungen innerhalb des Genoms variieren enorm, sie liegen zum Teil an die Tausende von Basen auseinander – sowohl stromaufwärts als auch stromabwärts.

Die primären RNA-Transkripte gestückelter Gene enthalten noch die Intronsequenzen, die aus der RNA entfernt werden müssen. Dies geschieht durch den Vorgang des Spleißens, bei dem aus dem primären RNA-Transkript die Intronsequenzen entfernt und die Exonsequenzen zur reifen RNA zusammengefügt werden.

Damit die codierenden Sequenzen eines solchen gestückelten Gens ein funktionsfähiges Stück genetischer Information bilden können, müssen die intervenierenden Sequenzen entfernt und die codierenden Abschnitte zusammengefügt werden. Die intervenierenden Sequenzen können zwischen zwei Codons oder auch innerhalb eines einzelnen Codons liegen; sie müssen also sehr genau ausgeschnitten werden, damit Codonfolge und Leseraster nicht zerstört werden.

In den meisten proteincodierenden Eukaryotengenen gibt es mindestens eine intervenierende Sequenz, in manchen auch wesentlich mehr. Auch Gene, die funktionelle RNA-Moleküle wie t-RNA codieren, können intervenierende Sequenzen enthalten; sie sind aber in solchen codierenden Sequenzen weniger stark verbreitet. Im allgemeinen übertrifft die DNA-Menge der Introns die der Exons. Durch die intervenierenden Sequenzen erklären sich die beträchtliche Länge und Heterogenität der RNA.

Obwohl Intronsequenzen keinen Code enthalten, können sie dennoch eine Rolle bei der Regulation der Genexpression spielen. So besitzen Introns gelegentlich mehrere Spleißmuster, so daß alternative Spleißstellen entstehen können. Durch alternatives Spleißen können aus dem gleichen Primärtranskript zwei verschiedene m-RNAs entstehen. Die Auswahl der alternativen Spleißstellen kann zeit- und gewebepezifisch reguliert werden. Introns können andere genetische Elemente enthalten, wie zum Beispiel Enhancer (Verstärkersequenzen), die die Transkriptionsinitiation fördern, weitere Gene oder Signale für die Replikation oder die Chromosomenverpackung.

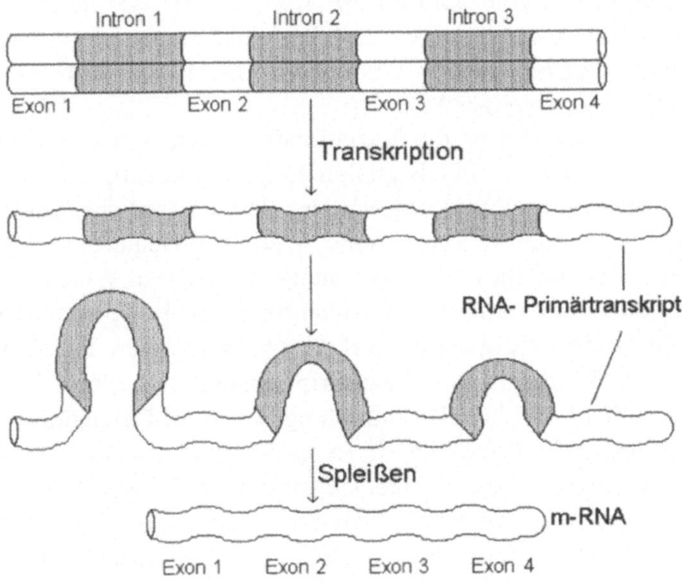

Bild 4.20 Beim Spleißen werden die Intronsequenzen entfernt und die Exons zu der reifen m-RNA zusammengefügt.

Das Spleißen wird größtenteils durch spezifische RNA-Folgen kontrolliert. In einfachen Organismen können diese Sequenzen an einer charakteristischen Faltung der RNA teilnehmen und können ohne Hilfe entfernt werden. Proteincodierende Gene dagegen unterliegen einem komplizierteren Spleißvorgang. In der Nähe von Beginn und Ende eines Introns finden sich Signale, die von einem RNA-Protein-Komplex gebunden werden. Die Zwei-Basen-Folge GU signalisiert z.B. ein Intronende, AG einen Intronbeginn.

Ein einfacher Automat könnte entworfen werden, der den Spleiß-vorgang simuliert. Diese Art der Simulation bedeutet jedoch eine erhebliche Vereinfachung. Es wird nicht bedacht, daß das Spleißen komplexer Strukturen Wechselbeziehungen einbezieht und besser als Hierarchie beschrieben würde. Dies bedeutet eine linguistische Darstellungsweise – Ableitungsbäume. Sie erhält man, indem man entsprechend den Regeln einer Grammatik aus einer Startvariablen Zeichenfolgen ableitet, bis man ein nur aus Terminalzeichen bestehendes Wort entdeckt. Welche Art von Grammatik eignet sich, brauchbare Ableitungsbäume zu erzeugen?

Allgemein erschweren es die Variationen in den Sequenzen von Promotoren, Aktivatoren, Spleißsignalen etc., sie eindeutig zu identifizieren. Die meisten sind entdeckt worden, als man ähnliche Sequenzen an ähnlichen Stellen innerhalb eines Gens beobachtete. Das linguistische Problem besteht in der Erkennung. Es muß ein Wort gefunden werden, das einer statistischen Anhäufung von Beispielen möglichst ähnlich ist. Der Vorgang des Erkennens ahmt einen Transkriptionsfaktor nach: Bindet sich ein Transkriptionsfaktor an einen DNA-Abschnitt, so erleichtert dies die Anheftung der RNA-Polymerase. In vielen Fällen hängt die Genexpression von der Bindung eines Transkriptionsfaktors ab, der nur in einem bestimmten Zelltyp, Entwicklungsstadium oder Abschnitt des Zellzyklus vorhanden oder aktiv ist.

Eine weitere Schwierigkeit besteht darin, daß Transkriptionsfaktoren selten alleine agieren. Die meisten arbeiten zusammen. In gleicher Weise binden sich mehrere RNA-Protein-Komplexe bei der Bearbeitung von Intronstellen an verschiedene Stellen. Einige Transkriptionsfaktoren erkennen keine DNA-Sequenz direkt, sondern andere Transkriptionsfaktoren, die sich an spezifische Bindungsstellen gebunden haben. Dies erzeugt ein Bild eines Ableitungsbaums, der die Organisation der Faktoren und der von ihnen besetzten Bindungsstellen widerspiegelt.

Grammatiken können gut Abhängigkeiten zwischen verschiedenen Bestandteilen eines Wortes beschreiben. So sind viele Protein-bindende Stellen der DNA Palindrome, d.h. Wortfolgen, die vorwärts und rückwärts gelesen werden können. Hierbei findet sich eine Besonderheit: Die biologischen Palindrome werden aus zueinander komplementären Basenpaaren gebildet. So ist z.B. GAATATTCGAATATTC ein biologisches Palindrom – G paart sich mit C, A mit T usw.

Alle Palindromstrukturen gehören der Familie der kontextfreien Grammatiken an. Aber es gibt linguistische Merkmale der Nukleinsäuren, die außerhalb des Bereichs kontextfreier Grammatiken liegen. Ein Beispiel sind repetitive DNA-Sequenzen. Sie machen oft 10% und in manchen Fällen 50% eines Genoms aus. Sie können in zweierlei Weise angeordnet sein: entweder hintereinander liegend oder weit verstreut im gesamten Genom.

Wie die DNA kann auch die RNA als eine aus Basentripletts bestehende Sprache angesehen werden, die bei der Translation eine wichtige Rolle spielt. Aufeinanderfolgende Gruppen dreier Basen – genannt Codons – legen die Aminosäurefolgen eines Proteins fest. Dies ist die Sprache, die die Biologen meinten, als sie die Begriffe „genetischer Code, Transkription und Translation" verwendeten. Das Ribosom gleicht wie die RNA-Polymerase einem endlichen Automaten, der die RNA- in Protein-Sprache übersetzt.

Entsprechend der DNA- enthält auch die RNA-Sprache zahlreiche Palindrome. Eine Grammatik, die RNA-Palindrome erzeugt, kann wie folgt dargestellt werden

$$R \rightarrow aSu/\ uSa\ /cSg\ /gSc\ /\varepsilon. \tag{4-12}$$

Hierbei befindet sich das Nonterminal S innerhalb der sich auf der rechten Seite der Ableitungsregeln befindenden Zeichenketten – eine Eigenschaft, mit der sich eine kontextfreie Grammatik von einer regulären Grammatik unterscheidet.

Ein Nachteil dieser Grammatik ist die Vollkommenheit der von ihr erzeugten Palindrome – vom Standpunkt der biologischen Wirklichkeit aus betrachtet. Wirklich vorkommende Palindrome sind oft unvollkommen. Ein gelegentlich vorkommendes unpassendes Basenpaar zerstört nicht die natürlich vorkommende Sekundärstruktur. Es kommt relativ häufig vor, daß die Enden der Haarnadel ungepaarte Basen enthalten. Solche Ausnahmen beim Aufbau einer Grammatik zu berücksichtigen ist möglich. So kann z.B. das ε (d.h. das leere Wort) in der Palindrom-Grammatik durch ein Nonterminal ersetzt werden, das die Schleife darstellt und zusätzlich eine Regel hinzugefügt werden, die diese Schleife spezifiziert.

Alle Palindrom-Grammatiken, die bisher beschrieben wurden, erzeugen ein einzelnes Palindrom, dessen Symmetriezentrum in der Mitte der Zeichenkette liegt (wie „Madam, I´m Adam" mit I als Mittelpunkt). Aber in Nukleinsäuren kommen sehr häufig Zeichenketten vor, die sich aus mehreren Palindromen zusammensetzen. Hierbei sind die Palindrome sowohl sequentiell (fortlaufend) als auch rekursiv. Die Sekundärstruktur, die einem rekursiven Palindrom entspricht, ist ein sich verzweigender Stamm.

Zur Darstellung rekursiver Palindrome kann die Grammatik auf relativ einfache Weise verändert werden – durch Hinzufügen der Regel $S \rightarrow SS$. Die Verdopplung des Startsignals eröffnet die Möglichkeit, an jeder Stelle innerhalb eines Palindroms ein neues Palindrom einzusetzen. Damit können sich verzweigende Sekundärstrukturen dargestellt werden. Das bekannteste Beispiel einer solchen Struktur ist die Kleeblattstruktur der Transfer-RNA.

Die Grammatik der rekursiven Palindrome ist weiterhin kontextfrei, jedoch zeigt sie einen Unterschied: Sie ist mehrdeutig, d.h. daß es in ihr Worte gibt, die sich auf verschiedene Weise mit Hilfe der Grammatikregeln ableiten lassen. Dies entspricht der Wirklichkeit. So kommt die Sekundärstruktur der RNA in zahlreichen Formen vor, deren Grundlage die Bindungswinkel und die prinzipielle freie Drehbarkeit der C-C- bzw. C-N-Bindungen ist.

Diese strukturelle Mehrdeutigkeit der RNA wird für ihre biologische Wirksamkeit genutzt. Bei der Attenuation (Abschwächung) wird die Transkription über ein Signal zur Transkriptionstermination reguliert, das zwischen dem Promotor und dem Anfang des ersten Struk-

turgens lokalisiert ist. Ein Attenuator regelt beispielsweise in Bakteri-
en die Freisetzung neu entstandener RNA. Die Attenuatorsequenz
kann in zwei räumlich verschiedenen Konformationen vorkommen.
Die eine Form veranlaßt die RNA-Polymerase, die Transkription zu
beenden und die bereits in Bakterien entstandene RNA freizusetzen,
die andere erlaubt die Fortsetzung der Transkription.

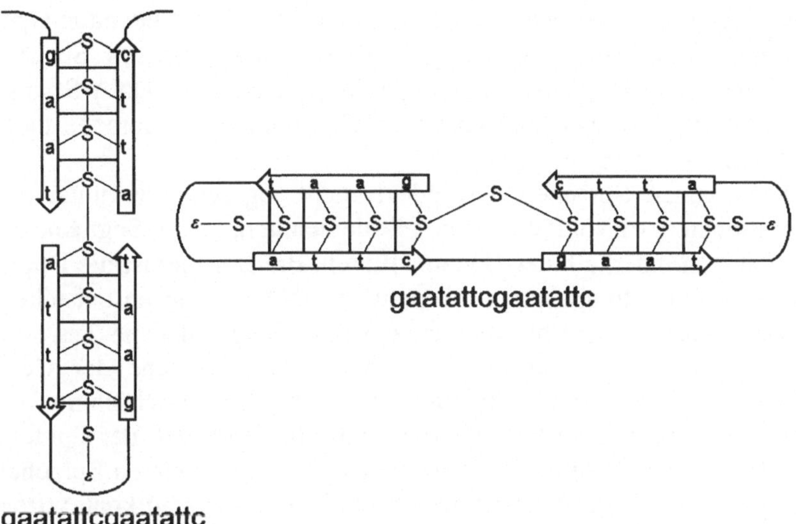

Bild 4.21 Biologische Palindrome

Es ist schwierig, das Wort einer mehrdeutigen Grammatik abzuleiten. Die Anzahl der möglichen Ableitungen kann exponentiell anwachsen, so daß es praktisch undurchführbar ist, alle Möglichkeiten
auszunutzen.

Eine noch größere Schwierigkeit ergibt sich durch die Faltung und
Basenpaarung der RNA (Sekundärstruktur), die zu Abhängigkeiten
zwischen gepaarten Basen führt. Theoretisch gibt es keine obere
Grenze der Entfernung, über der diese Abhängigkeiten bestehen können. Ein RNA-Palindrom kann in der Mitte gefaltet sein. So formt es
eine Haarnadelstruktur, die thermodynamisch stabiler als die gleiche
DNA ohne Basenpaarung ist. Obwohl diese Faltung im Prinzip zur

Sprache der Nukleinsäuren gehört, kann sie mit Hilfe von regulären Sprachen nicht dargestellt werden.

Eine weitere Ursache der Schwierigkeit, eine Grammatik der Gene zu entwickeln, ist die zeitliche Überlagerung vieler verschiedener Stoffwechselvorgänge.

Einer Theorie zufolge kletterte die genetische Sprache während der Evolution die Chomskyhierarchie hinauf. Jede Stufe der Chomskyhierarchie ist unter den alltäglich mit der DNA stattfindenden Operationen – Replikation, Spaltung, Bindung – abgeschlossen. So können beispielsweise bei der Bildung des komplementären DNA-Strangs keine Worte entstehen, die eine vormals kontextfreie Sprache nicht kontextfrei machen.

Kontextfreie Sprachen sind jedoch nicht abgeschlossen unter den Operationen der Evolution – wie z.B. denjenigen, die zu Segmentverschiebungen innerhalb des Genoms führen. Ein Beispiel ist die Duplikation (Verdopplung), aus der repetitive DNA-Sequenzen entstehen. Andere Beispiele sind die Inversion (Umkehrung) oder die Transposition (Umstellung) von DNA-Sequenzen. Die Sprache der Gene könnte gewonnen werden, indem man sie aus dem Durchschnitt verschiedener Sprachen bildet. Hierbei muß ein Wort, daß der Sprache der Gene angehört, zugleich in jeder einzelnen der anderen Sprachen enthalten sein. Gegenüber der Durchschnittsbildung sind kontextfreie Sprachen jedoch nicht abgeschlossen. Dies zeigt, daß die Sprache der Gene sich nur bedingt mit Hilfe linguistischer Theorien analysieren läßt.

Kapitel 5
Neuronale Informationsverarbeitung

5.1 Evolution: Die Entstehung von informationsverarbeitenden Systemen

Mit den Lebewesen entwickelte sich auch deren Nervensystem im Laufe von Millionen von Jahren in engster Wechselbeziehung mit einer sich ständig ändernden Umgebung.

Bereits für den Einzeller war und ist es lebensnotwendig, Informationen empfangen, verarbeiten, speichern und austauschen zu können. Äußere Reize lösen Signalkaskaden aus, die über innere Botenstoffe zu physiologischen Antworten führen (vgl. 2.1.4). Vor Millionen von Jahren entstandene Botenstoffe sind noch heute wirksam wie z.B. das zyklische AMP.

Einzeller besitzen noch kein Nervensystem im üblichen Sinne, in dem eine große Anzahl aktiver Elemente reziprok miteinander vernetzt sind. Doch regeln dieselben Moleküle, die auch in den Nervensystemen höherer Organismen vorkommen, den Informationsaustausch mit der Umgebung, und in den stammesgeschichtlich höherentwickelten echten Nervensystemen findet sich noch die einfache Signalübermittlung der Einzeller. So löst cAMP bei dem Schleimpilz *Dictyostelium* Chemotaxis (chemische Anziehung durch gelöste Stoffe in ihre Umgebung), Gestalt- und Formentwicklung und selektive Expression von Genen aus, indem es sich an spezifische Rezeptoren der Zellmembran bindet.

Reiz → Stoffwechselreaktion → Verhalten

Proteinmangel → cAMP ↑ → Flagellinsynthese → Motilität → Nahrungssuche

Bild 5.1 Physiologie des Nahrungssuchverhaltens bei *E. coli*

Beim Darmbakterium *Escherichia coli* führt Proteinmangel zu einer Konzentrationserhöhung des cAMP innerhalb des Bakteriums. cAMP fördert die Produktion von Flagellin, dem Proteinbaustein der Bakteriengeißel. In Folge erhöht sich die Mobilität des Bakteriums, und es sucht verstärkt nach Nahrung.

Im Gegensatz zu ihren einzelligen Vorfahren müssen Vielzeller die Funktionen ihrer einzelnen Zellen aufeinander abstimmen. Aus Einzellern entwickelten sich im Laufe der Evolutionsgeschichte u.a. Schwämme – primitivste Formen heute noch lebender Vielzeller. Amöboide Außenwandzellen enthalten Transmittermoleküle (s. 2.1.1), darunter Noradrenalin, Adrenalin, Serotonin und die sogenannte „neurosekretorische Substanz". Auch die Transmitter abbauenden Enzyme Acetylcholinesterase und Monoaminoxidase lassen sich nachweisen. Möglicherweise werden also Transmitter verarbeitet. In den Zellen liegen kleine Vesikel, die Transmitter speichern können. Es finden sich spezialisierte interzelluläre Verbindungen, deren Verknüpfungen stark an Verbindungen zwischen Nervenzellen – Synapsen – erinnern.

Schwämme stellen somit einen Übergangszustand dar. Sie enthalten die für Neurone charakteristischen intrazellulären Substanzen und Speichervesikel und bilden interzelluläre Verknüpfungen mit synapsentypischen Merkmalen aus. Auf der makrozellulären Ebene allerdings fehlt ihnen ein Nervensystem.

Die Kontrolle durch ein Nervensystem verleiht höheren Organismen Präzision, Spezifität und Synchronizität. In der heutigen Organisation des Nervensystems spiegelt sich seine Entstehungsgeschichte wider. Zunächst entstanden einfache Strukturen, die sich zu hierarchisch gegliederten Systemen vereinigten. Mit der Höherentwicklung der Tiere ist eine zunehmende Zentralisation der Nervenzellen ver-

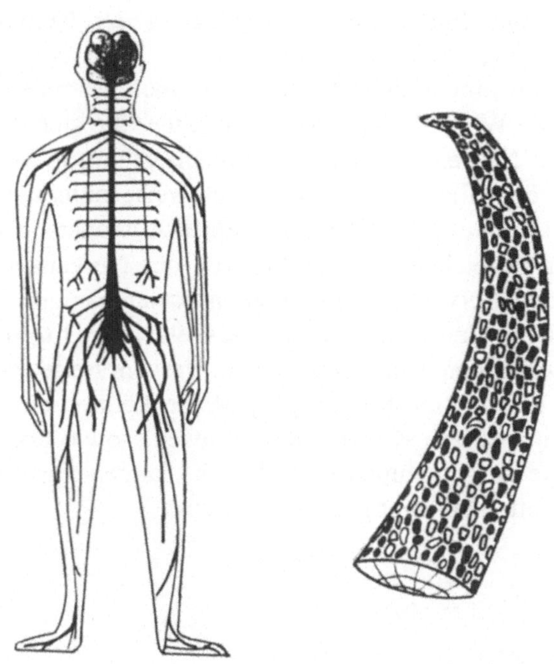

Bild 5.2 Das Nervensystem des Menschen ist von allen Lebewesen das am weitesten entwickelte. Es besteht aus einem zentralen Teil (Hirn und Rückenmark) und einem peripheren Abschnitt (Nerven der Muskulatur und der Eingeweide). Viel einfacher ist demgegenüber das System der Wirbellosen. Der Schwamm hat gar keine Nerven. Botenstoffe werden von amöboiden Außenwandzellen aufgenommen und abgegebgen.

bunden. Man kann ein zentrales Nervensystem (ZNS) von einem peripheren Nervensystem unterscheiden, das aus der Gesamtheit aller Nerven besteht, die die einzelnen Organe versorgen.

Hohltiere bilden im Tierreich den primitivsten Stamm von Organismen mit Nervensystem. Beim Wasserpolypen *Hydra* beeinflußt das Nervensystem die Funktion seiner Nematocysten, Zellen, die die Beute verletzen oder sie mit einer fadenartigen Struktur umschlingen. Mechanische Reizung führt zu einer vermehrten Ausschüttung von Neurotransmittern – wie beispielsweise Acetylcholin, Adrenalin und

Noradrenalin, wodurch eine Entladung und Bewegung der Nematocysten bewirkt wird.

Im Laufe der Evolution fügten sich gleiche Bausteine zusammen. Im Großen sichtbar ist die Wiederholung von Segmenten, die sich zu ganzen Organismen (und Nervensystemen) zusammensetzten. So besteht das Nervensystem der Gliedertiere aus segmentweise miteinander verbundenen Nervenzellen und wird wegen seines Aussehens als Strickleiternervensystem bezeichnet. Der größte Teil der Nervenzellen im Körperinnern ist zu Nervenknoten (Ganglien) zusammengezogen, die unter sich und mit den Sinneszellen, Muskeln und Drüsen durch Nervenbahnen verbunden sind. Die langen Nervenfasern ermöglichen eine rasche Informationsübertragung. Reize können über Lichtsinnesorgane, die im ganzen Körper verteilt sitzen, sowie über Tast- und Geruchsorgane aufgenommen und über die langen Fasern rasch allen Körperabschnitten bekannt gegeben werden.

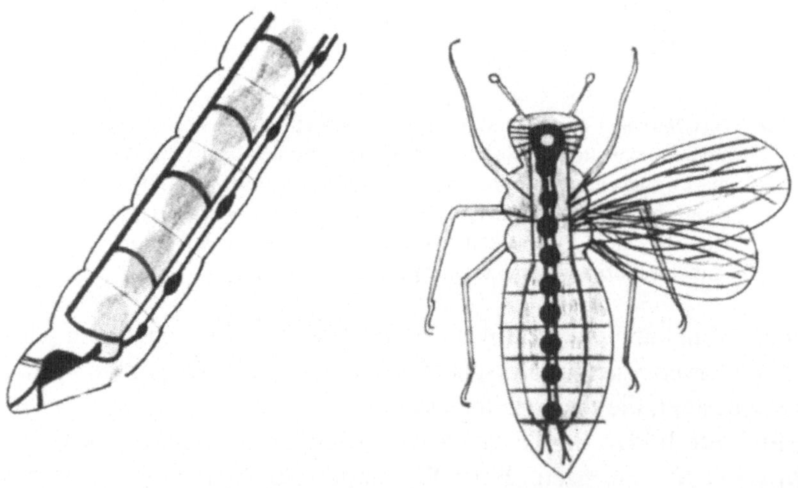

Bild 5.3 Der Regenwurm verfügt über einen zentralen Nervenstrang, aus dem sich in jedem Glied seitlich ein Nervenpaar abzweigt. Das Hirnganglion der Insekten ist ein primitives Gehirn, das als Kontrollstelle dient.

Schon beim Regenwurm ist ein Gehirn erkennbar – jedoch ist es bei ihm nichts weiter als ein Nervenknoten im Kopfsegment. Eine vollständige Koordination des gesamten Wurmkörpers ist mit diesem Gehirn nicht möglich. Dies ist erkennbar, wenn ein Wurm in zwei Teile getrennt wird – beide Teile bleiben gleichermaßen aktiv.

Bei den Insekten erfährt das Gehirn eine besonders starke Entwicklung und Differenzierung. Diese steht in Zusammenhang mit den sehr leistungsfähigen Sinnesorganen des Körpers und mit der Entwicklung der Instinkte und des Lernvermögens.

Weichtiere, also beispielsweise Schnecken, Tintenfische, Kalamare und Kraken, verfügen über ein noch wesentlich höher entwickeltes Nervensystem. So besitzen Kalamare ein echtes Gehirn, das durch einen knorpeligen Schädel geschützt ist. Bei den Seescheiden durchzieht ein langer Nervenstrang den Rücken der Tiere und bildet die Vorstufe des Rückenmarks.

Bei den Wirbeltieren liegt das Nervensystem auf der Rückenseite des Körpers. Der Hauptnervenstrang, das Rückenmark, verläuft in der knöchernen Wirbelsäule, deren Wirbel an den Segmentbau der Vorfahren erinnern. Bei sämtlichen Wirbeltieren, also Fischen, Amphibien, Reptilien, Vögeln und Säugetieren, besteht das Nervensystem aus den gleichen Elementen: Gehirn, hinterem Nervenstrang und Segmentganglien. (Segment: Jeder Abschnitt des Rückenmarks wird durch die seitlich austretenden Spinalnervenpaare in genau so viele Segmente gegliedert, wie Wirbel vorhanden sind.)

Im Grundplan aller Wirbeltiergehirne sind von vorn nach hinten die fünf Abschnitte Vorderhirn, Zwischenhirn, Mittelhirn und Nachhirn oder verlängertes Mark zu unterscheiden. Gehirn und Rückenmark werden als Zentralnervensystem bezeichnet, während die Nervenstränge, die ihm die Sinneseindrücke zuleiten oder die die Befehle an die ausführenden Organe übertragen, das periphere Nervensystem bilden. Das selbständige (autonome, vegetative) Nervensystem umfaßt alle Anteile des zentralen und peripheren Nervensystems, die die inneren Organe versorgen.

Das Gehirn übernimmt lebenswichtige Funktionen – die anderen Nervensysteme allein halten das Leben nicht aufrecht. Wenn das Gehirn stirbt, bedeutet das den Tod des ganzen Lebewesens.

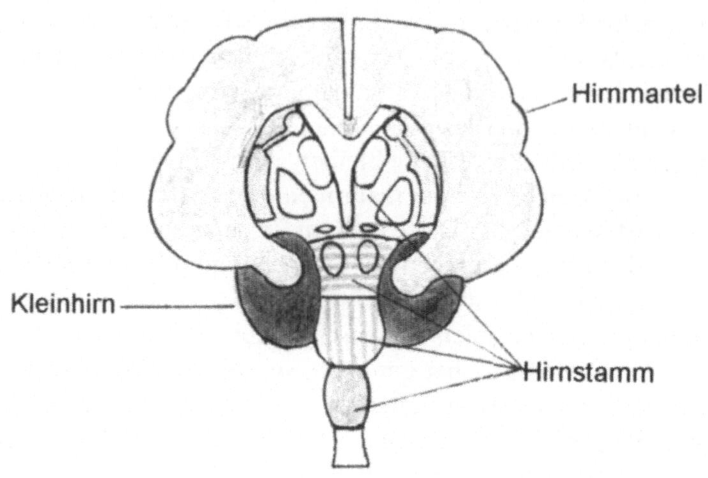

Bild 5.4 Hirnmantel (Rinde und Marklager des Großhirns) und Hirnstamm (u.a. verlängertes Mark, Mittelhirn und Zwischenhirn). Das Kleinhirn liegt im Nebenschluß vom Hirnstamm.

Sind bei Bakterien lediglich Effektormoleküle wie cAMP oder Adenylatcyclase wirksam, werden diese Effektormoleküle bei Protozoen bereits durch Adrenalin und Serotonin reguliert. Auf höheren Entwicklungsstufen erscheinen dann andere Transmittermoleküle; sie regulieren die bereits existierenden Effektoren und synchronisieren verschiedene Stoffwechselfunktionen. So transportieren zum Beispiel die Peptidneurotransmitter an den Synapsen die Signale zwischen den Nervenzellen. Im ersten Schritt binden sie sich an hochspezifische Rezeptoren auf den Oberflächen ihrer Zielzellen. Diese Wechselwirkung löst dann eine genau festgelegte Reaktion aus, die abhängig ist von den Eigenschaften der Rezeptorzelle: Wachstum, Ausscheidung eines anderen Polypeptids, Expression eines bestimmten Gens, Impulsauslösung bei einer Nervenzelle, Beginn eines festgelegten Verhaltensmusters und so weiter.

Zwar haben alle Zellen Kontakt mit vielen verschiedenen Peptidbotenstoffen, aber jeder Zelltyp reagiert nur auf diejenigen, für die er spezifische Rezeptoren besitzt. Zahlreiche Peptidbotenstoffe wirken als Informationsträger zwischen den Zellen. Zusammen mit den Botenstoffen, die keine Peptide sind (zum Beispiel Acetylcholin, Adrenalin, Noradrenalin und die fettlöslichen Prostaglandine), koordinieren sie eine außerordentlich großer Zahl raffinierter physiologischer Vorgänge.

Die Signalstoffe des tierischen Nervensystems (Neurotransmitter, die ein Signal über die Kontaktstelle zwischen zwei Nervenzellen, den synaptischen Spalt, übertragen) sind rasch wirksam und kurzlebig – nur so ist es ihnen möglich, in kurzer Zeit große Informationsmengen zu übertragen. Ein Nachteil des raschen Abbaus ist jedoch, daß auf diese Weise die Kommunikation zwischen Nervenzellen nur über kurze Entfernungen möglich ist. Dieses Problem wurde im Laufe der Evolution dadurch gelöst, daß die Nervenzellen lange Ausläufer, Axone, ausbildeten, die ihnen – trotz immer größer werdender Tiere – einen engen Kontakt zueinander ermöglichten.

Die charakteristischen Eigenschaften der Säugergene, die interzelluläre Botensubstanzen codieren, sind früh in der Evolution entstanden. Nach den gleichen allgemeinen Prinzipien werden auch die kleinen Peptide codiert und synthetisiert, die bei Wirbellosen wie beispielsweise der Meeresschnecke *Aplysia* festgelegte Verhaltensmuster auslösen und kordinieren. Wie bei den Säugern stellt auch in diesem System eine Kaskade von Peptidbotensubstanzen die Kommunikation zwischen Zellen verschiedener Typen her; dadurch entstehen die vielfältigen Faktoren, die zu den koordinierten Aktivitäten beitragen.

5.2 Das Neuron: die Informationsverarbeitung

Wie alle anderen Körpergewebe bestehen Nerven aus Zellen, Nervenzellen oder auch Neurone genannt. Sie sind zu einem unüberschaubaren Netz zusammengeschaltet – mit ca. 10^{15} Verbindungen und einer Million Kilometern Leitungsbahnen. In einem Nervenknäuel kann jedes Neuron mehrere Tausend Kontakte zu anderen haben. Die Zahl möglicher Schaltverbindungen geht daher in die Milliarden. Auf diese Weise kann jeder Gedanke in einer für ihn spezifischen Aktivität einer Nervenzellgruppe verschlüsselt werden.

Größe und Form der Neurone schwanken in weiten Grenzen, aber in ihrem Bauplan ähneln sie einander: ein Zellkörper oder Soma, aus dem Fortsätze herausragen, d.h. ein langes herausführendes Axon und mehrere kurze zuführende Dendriten. Über diese Fortsätze sind die Nervenzellen miteinander verbunden.

Die Informationsübertragung von Nervenzellen beruht auf Änderungen ihres Membranpotentials. Wird eine Nervenzelle erregt, so sendet sie über ihr Axon elektrische Signale an andere Neurone. Diese empfangen die Impulswelle über ihre Dendriten und leiten sie an andere Nervenzellen weiter.

Ist eine Nervenzelle in Ruhe, so besteht zwischen ihrem Zellinneren und ihrem Zelläußeren eine Ladungsdifferenz von -70 mV – das Innere ist gegenüber dem Äußerem negativ geladen. Dieses normale, unbeeinflußte Membranpotential, d.h. das Ruhepotential, entsteht durch die ungleiche Verteilung geladener Teilchen – Ionen. Natriumionen ist der Eintritt in das Zellinnere verwehrt, Kaliumionen der Austritt leicht gemacht. Innerhalb des Axons beträgt daher die Konzentration der Kaliumionen das 20- bis 100fache gegenüber der Flüssigkeit außerhalb der Zelle. Umgekehrt ist die Konzentration der Natriumionen außerhalb des Axons 1,5- bis fünfmal höher als im Inneren.

Wird ein Neuron erregt, so strömen Natriumionen ein; wird dabei eine bestimmte Schwelle, d.h. ein Membranpotential von -50 mV, überschritten, entsteht dabei am Axonhügel, dem Ursprung des Axons am Zellkörper, ein sogenanntes Aktionspotential. Hierbei wird die Membranladung instabil, sie baut sich selbsttätig ab und kehrt ihre Polarität um – das Zellinnere wird gegenüber dem Zelläußeren positiv. Man spricht von Depolarisation – dieser Zustand bedeutet Erregung. Infolge von Ladungsverschiebungen werden auch davor liegende Abschnitte der Nervenfaser für Natriumionen ebenfalls durchlässiger, so daß sich das Aktionspotential über das Axon fortpflanzt – bis hin zur Verbindungsstelle mit einem benachbarten Neuron, der Synapse.

Die Depolarisationsphase des Aktionspotentials setzt selbst Prozesse in Gang, die die Ruhemembranladung wiederherstellen. Ab Potentialen, die 20 bis 30 mV positiver als das Ruhepotential sind, ist

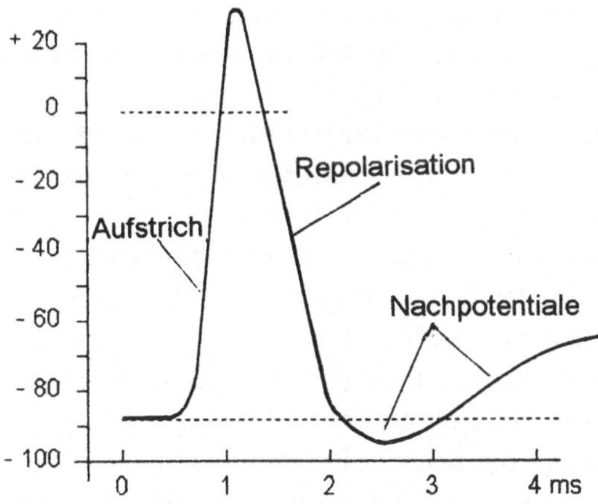

Bild 5.5   Phasen des Aktionspotentials

das Natriumsystem völlig inaktiviert und durch keine Depolarisation aktivierbar. Eine Folge dieser Inaktivierung ist die Refrakterität: Depolarisiert man unmittelbar nach einem Aktionspotential die Membran bis zur Schwelle für das vorhergehende Aktionspotential, so tritt keine Erregung auf, und auch durch beliebig hohe Depolarisationen ist die Zelle nicht erregbar. Diese absolute Refraktärphase begrenzt die maximale Frequenz, mit der in der Zelle Aktionspotentiale ausgelöst werden können – bei den meisten Zellen werden maximale Aktionspotentialfrequenzen unter 500 pro Sekunde gemessen.

Auch der umgekehrte Vorgang, die Verminderung des Ruhemembranpotentials, ist möglich. Man nennt dies Hyperpolarisation. Sie bedeutet zumeist eine Hemmung der Erregung, da das Membranpotential von der Schwelle für eine Erregungsfortleitung entfernt wird. Erregung und Hemmung sind die beiden Elementarprozesse des nervalen Kommunikationsapparates.

Jedes Axon nimmt an der Synapse Kontakt mit den Dendriten der darauffolgenden Nervenzelle auf, zwischen ihnen bleibt jedoch ein schmaler Zwischenraum, der Synapsenspalt. Das Aktionspotential überwindet diesen Spalt mit Hilfe von chemischen Stoffen, den Neurotransmittern. Die elektrische Information wird umcodiert – in eine der Impulsfrequenz analoge Menge eines chemischen Überträgerstoffes, der bei der nachfolgenden Nervenzelle wiederum eine Potentialänderung entsprechender Größe verursacht.

Das Axonende ist vor der Synapse zum Endknöpfchen verdickt. Im Plasma dieses Endknöpfchens liegen zahlreiche Bläschen – Vesikel – mit einem oder mehreren Überträgerstoffen als Inhalt.

Überträgerstoffe – Transmitter – gehören zu den Kommunikationsmolekülen (vgl. 2.1.3), die der Verständigung zwischen Nervenzellen dienen. Zu den Überträgerstoffen gehören beispielsweise das Acetylcholin und die biogenen Amine, insbesondere die Monoamine, die sich von einer Aminosäure ableiten und eine Aminogruppe besitzen. Zu den Monoaminen zählen die Katecholamine Dopamin, Noradrenalin und Adrenalin, die alle von der Aminosäure Tyrosin abstammen. Noradrenalin und Adrenalin sind sowohl Neurotransmitter als auch Hormone; sie werden vom Nebennierenmark gebildet und steigern die Herzfrequenz, den Blutdruck sowie die Freisetzung von Zuckerreserven aus der Leber in das Blut.

Auch eine Anzahl unmodifizierter Aminosäuren hat Neurotransmitterfunktion. Dazu gehört die γ-Aminobuttersäure (GABA), die nahezu ausschließlich als Neurotransmitter dient. Andere als Neurotransmitter fungierende Aminosäuren wie Glutaminsäure, Asparaginsäure und Glycin sind zusätzlich Bestandteile von Proteinen.

Sobald ein Aktionspotential das Axonende erreicht, wird aus den Vesikeln ein Überträgerstoff in den synaptischen Spalt freigesetzt. Der synaptische Spalt ist mit einer klebrigen Substanz gefüllt, die die beiden angrenzenden Nervenmembranen fest miteinander verbindet.

Neurotransmitter überführen Informationen von einer elektrischen in eine chemische Form. Der Überträgerstoff verteilt sich rasch über den Synapsenspalt und verbindet sich mit Rezeptormolekülen der angrenzenden postsynaptischen Dendritenmembran. Auf diese Weise löst der Überträgerstoff als erster Bote eine Signalkaskade aus (vgl. 2.1.4). Die Rezeptorbindung regt ein membranverankertes G-Protein an, die ebenfalls membrangebundene Adenylatcyclase zu aktivieren. (G-Proteine sind nach einer spezifischen Reaktion benannt: Sie binden Guanyl-Nukleotide, die wie alle Nukleotide aus einer organischen Base (Guanin, G), einem Zucker und bis zu drei Phosphatgruppen bestehen.)

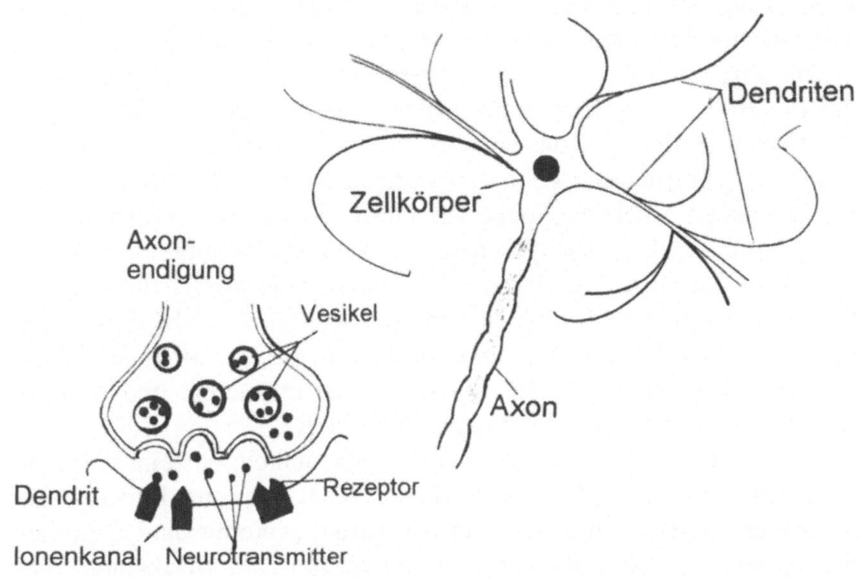

Bild 5.6 Eine Nervenzelle leitet Signale in Form elektrischer Impulse an andere Nervenzellen. Diese elektrischen Impulse werden zwischen den Nervenzellen in chemische Signale umgewandelt. Aus synaptischen Bläschen werden Transmitter freigesetzt. Sie diffundieren durch den synaptischen Spalt und binden sich an Rezeptoren auf der nachgeschalteten Nervenzelle. Infolge der Bindung öffnen sich hier Ionenkanäle, und auch die nachgeschaltete Nervenzelle leitet das Signal als elektrische Impulswelle weiter.

Die Adenylatcyclase verwandelt Adenosintriphosphat in zyklisches AMP. Als zweiter Bote wandert cAMP durch das Zellplasma und löst eine Serie enzymatischer Reaktionen aus, durch die schließlich Ionenkanäle der Zellmembran (vgl. 2.1.2) geöffnet werden: Die Zellmembran besitzt durch Proteine gebildete Ionenkanäle, die durch Konformationsänderungen der Kanalproteine geöffnet oder geschlossen werden können. Rezeptorabhängige Ionenkanäle werden durch Bindung von Neurotransmittern geöffnet oder geschlossen. Natrium strömt in die Dendriten der angrenzenden Nervenzelle ein. Die Erregung wird weitergeleitet.

Diese Erregungsübertragung braucht eine bestimmte Zeit: Von der Freisetzung des Überträgerstoffs bis zur Depolarisation an der postsynaptischen Membran vergehen etwa fünf Hundertstelsekunden.

Die Erregungsübertragung der chemischen Synapse erfolgt zumeist nur einseitig, vom prä- zum postsynaptischen Element – die Synapse hat Ventilfunktion. Ansonsten sind zahlreiche Varianten der synaptischen Erregungsleitung gefunden worden. Verschiedene Neurotransmitter können unterschiedliche Effekte an Synapsen hervorrufen. In der Membran einer nachgeschalteten Nervenzelle gibt es mehrere Arten von Kanälen. Die der Rezeptorbindung nachgeschaltete Reaktionskette kann diese Kanäle öffnen oder schließen, so daß Ionen wie die von Chlor, Natrium, Kalium und Calcium die Membran passieren. Für jedes Ion scheinen viele Kanaltypen zu existieren, und je nach Kanal wird auch ein anderes Signal übermittelt.

Abhängig von der Art der Synapse kann sich ein einzelner Neurotransmitter unterschiedlich auswirken. Wenn sich zum Beispiel der Neurotransmitter Acetylcholin an Muscarinrezeptoren bindet, die an den Synapsen zu den Muskelzellen der glatten Darmmuskulatur vorkommen, werden Kaliumkanäle geschlossen, durch die Kaliumionen aus der Zelle strömen. Dies verursacht eine langsam ansteigende Dauererregung des Muskels. Bindet sich Acetylcholin dagegen an die Nikotinrezeptoren der Synapsen zu Skelettmuskeln, öffnen sich Natriumkanäle, so daß die Muskeln spontan und schnell reagieren.

Rezeptoren sind nicht auf die postsynaptische Membran beschränkt, sondern kommen auch auf der präsynaptischen Membran vor. Nach Aktivierung dieser Rezeptoren ändert sich die Transmitterausschüttung des präsynaptischen Neurons. Auf diese Weise überwacht das Neuron seine eigene Aktivität und reguliert die Freisetzung des Transmitters durch einen negativen Rückkopplungsmechanismus. Es kommuniziert über die „Autorezeptoren" mit sich selbst.

Die meisten Nervenzellen enthalten zwei oder drei Botenstoffe, die sich in der Signalübertragung ergänzen und dadurch differenzierte Informationen übertragen. Vielfach sind verschiedene Transmitter in denselben Vesikeln enthalten. Das Verhältnis der freigesetzten Transmitter entspricht ihrem Mengenverhältnis in den Vesikeln. Auch eine völlig getrennte vesikuläre Speicherung verschiedener Transmitterformen kommt vor. Diese Nervenzellpopulationen sind fähig, Impulsmuster mit hoher Präzision in Muster freigesetzter Transmitter zu übersetzen. Es ergibt sich ein enormes Potential an Signalkombinationen. Unterschiedliche elektrische Übertragungsmuster setzen verschiedene Transmitter und Transmitterkombinationen frei – die Information wird elektrochemisch codiert. Die in den einzelnen Impulsmustern enthaltene Information wird in der Vielfalt der Transmitter gespeichert, die eine reichhaltige molekulare Quelle für Gedächtnismechanismen darstellt. Die in einer Nervenzelle lokalisierten Transmitter repräsentieren ein breites Spektrum chemischer Substanzklassen. Reize aus der Umwelt regulieren die Menge und Freisetzung dieser Transmitter unabhängig voneinander. Dies ermöglicht es, Erfahrungen in Form einzigartiger Kombinationen von molekularen Signalen zu verschlüsseln.

Acetylcholin und das vasoaktive Peptid (VIP) wurden besonders intensiv untersucht. Ihr Mengenverhältnis und die Regulation ihrer Ausschüttung sind bei den bipolaren, d.h. mit zwei Fortsätzen ausgestatteten, Zellen der Kleinhirnrinde und bei postsynaptischen Neuronen der Unterkieferspeicheldrüse von Katze und Ratte untersucht worden. Die akute Erregung (Enthemmung) bewirkt, daß Acetylcholin freigesetzt wird. Dies hemmt die VIP-Ausschüttung. Bei chronischer Erregung (Enthemmung) werden dagegen beide Substanzen gemeinsam ausgeschüttet. Je nach Stimulationsform ändern sich also bei diesen Transmittersystemen die entsandten chemischen Botschaften qualitativ.

Abhängig von der Dauer des auslösenden Reizes führt die anhaltende Stimulation zur Ausschüttung verschiedener Mengenverhältnisse beider Transmitter. So braucht eine dauerhafte Stimulation die neuronalen VIP-Vorräte auf, offenbar weil die VIP-Synthese und der axonale Transport der Peptide zur Synapse die ständige Freisetzung nicht kompensieren können. Die Acetylcholin-Synthese ist dagegen eher imstande, mit der Acetylcholin-Freisetzung Schritt zu halten.

Umweltreize regulieren nicht nur die chemische Natur der freigesetzten Transmitter, sondern auch den Transmitterphänotyp eines Neurons. Unterschiedliche Signale aus der Umwelt bewirken, daß Neurone neue Transmittermoleküle bilden. Hierbei steuert die Umwelt die Ausprägung des neuronalen Phänotyps auf der Ebene der

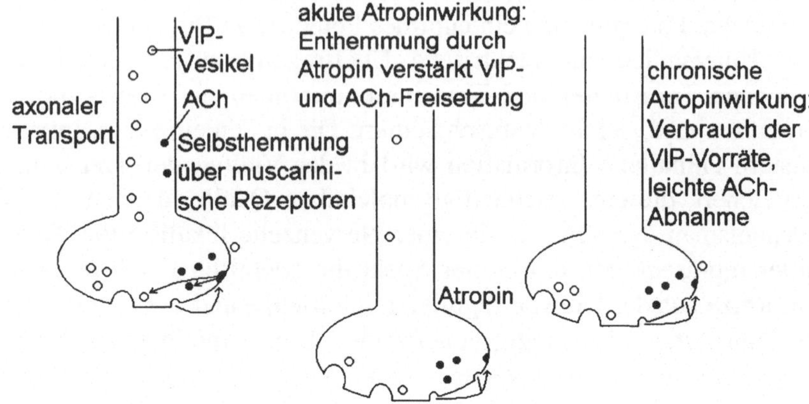

Bild 5.7 Kombinatorisches Neuron mit den Transmittern Acetylcholin (ACh) und vasointestinales Peptid (VIP). Unter normalen Bedingungen ist die muscarinische Autoinhibition der ACh- und der VIP-Ausschüttung wirksam. Die akute Atropineinwirkung (Mitte) verstärkt die Transmitterfreisetzung. Bei anhaltender Einwirkung von Atropin (rechts) können die VIP-Synthese und der axonale VIP-Transport nicht mit der gesteigerten Ausschüttung Schritt halten; die lokale ACH-Synthese kann jedoch den vermehrten Verlust von ACh teilweise ausgleichen.

Genexpression. Die Impulsaktivität der Nervenzellen reguliert die Transkription, d.h. die Neubildung von m-RNA anhand genomischer DNA, und steuert damit die Expression bestimmter kritischer Transmittermoleküle.

In-vivo-Experimente zeigen beispielsweise, daß Eigenschaften der Mikroumgebung in verschiedenen Hirnregionen den neuronalen Phänotyp verändern können. Die Transplantation von Neuronen im Gehirn von Säugetieren beeinflußt differentiell die Transmitterexpression in diesen Neuronen. Mittelhirnneurone, deren Transmitter Serotonin ist, bilden nach Transplantation in den Hippocampus (halbmondförmiger Wulst des Endhirns, vgl. 5.4) oder das Striatum (Kern des Endhirns) den Transmitter Substanz P, nicht aber nach Verpflanzung in das Rückenmark. Vermutlich regulieren also artspezifische Faktoren der Mikroumgebung im Gehirn den Transmittertyp.

Die Verwendung zahlreicher Transmitter, verbunden mit der Plastizität der einzelnen Transmitter, ermöglicht es, einen einzigartigen Transmitterzustand mit einem spezifischen, komplexen Umweltreiz zu assoziieren. Angesichts der vielen chemischen Schaltkreise, die in einer anatomischen Bahn existieren, ist schon ein Teil der Elemente imstande, einen Reizkomplex zu repräsentieren. Umgekehrt wird die Fehlfunktion oder Zerstörung eines Neurons oder einer kleinen Neuronengruppe nicht automatisch die in einem Netzwerk enthaltene komplexe Repräsentation oder ihren Transmitterzustand in Mitleidenschaft ziehen.

Nach seiner Freisetzung bleibt ein Überträgerstoff zumeist nur für etwa eine oder zwei Tausendstelsekunden aktiv, ehe er enzymatisch abgebaut wird. Diese schnelle Beendigung der Transmitterwirkung ist für die synaptische Funktion von entscheidender Bedeutung, da sie einen maximalen Informationsfluß zwischen Neuronen ermöglicht. Die inaktivierte Substanz geht jedoch zumeist nicht verloren, sondern wird von der präsynaptischen Membran wieder aufgenommen und im Endknöpfchen in z.B. neu verwendbares Acetylcholin umgewandelt.

An einigen Verbindungen zwischen Nervenzellen sind die Kontakte wesentlich enger als an chemischen Synapsen. Diese Regionen engsten Kontaktes, bei denen der synaptische Spalt statt der üblichen 20 nm nur noch 2 nm breit ist, ohne daß die Membranen miteinander verschmelzen, sind elektrische Synapsen. Auch die elektrischen Synapsen haben Einwegcharakter, d.h. daß ihre Leitfähigkeit für elektrische Ströme deutlich besser von der prä- zur postsynaptischen Seite ist als umgekehrt (Gleichrichtereffekt).

Die Synapse ist kein starrer Schalter, der nur wenige physiologische Stellungen einnehmen kann – im Gegenteil: Die synaptische Kommunikation ist ein flexibler, wandelbarer Vorgang, der durch lokale Regulationsmechanismen innerhalb und außerhalb des Neurons sowie durch entfernte Mechanismen modifizierbar ist.

5.3 Kommunikationsmuster

Die Verschaltungen von Neuronen lassen sich als anatomische oder chemische Muster betrachten. Während der anatomische Schaltplan hauptsächlich durch die Erbanlagen vorgegeben ist und bei allen Organismen einer Art starke Ähnlichkeiten aufweist, hängt die chemische Verschaltung von den Erfahrungen eines Individuums ab.

Die chemische Kommunikation zwischen dem präsynaptisch gebildeten Transmittern und dem postsynaptisch ausgeprägten Transmitterrezeptor bildet einen flexiblen chemischen Schaltkreis, der sich auf den Hintergrund der relativ fest verdrahteten anatomischen Schaltung einprägt. Der nicht an Synapsen gebundene chemische Informationstransfer erlaubt, daß sich Netzwerke bilden können, die nicht durch zielgerichtetes Wachstum von Nervenfasern und Neubildung von Synapsen entstehen.

Erfahrungen spielen eine entscheidende Rolle bei molekularen, zellulären und Netzwerk-System-Funktionen. Abhängig von Umwelteinflüssen und Erfahrung unterhalten anatomisch ähnliche Schaltungen zu verschiedenen Zeiten unterschiedliche chemische Kommunikationswege. Es können neue chemische Netzwerke gebildet werden, die sich strukturell, etwa als Neuritenwachstum, Faser- und Synapsenbildung, nicht manifestieren.

Verschiedene Kommunikationsmuster lassen sich durch chemische Schaltungen erzeugen. Einfache topographische Schaltungen dienen der Punkt-zu-Punkt-Kommunikation: Ein präsynaptischer Transmitter trifft auf einen passenden postsynaptischen Rezeptor. Dieses Prinzip ist beispielsweise bei einigen sensorischen (Empfindungen leitenden) und motorischen (die willkürlichen Bewegungen steuernden) Systemen verwirklicht. Zum Zentralnervensystem ziehende, d.h. afferente Fasern, passen chemisch mit räumlich parallelen, aus dem Zentralnervensystem hinausführenden, d.h. efferenten, Fasern zusammen.

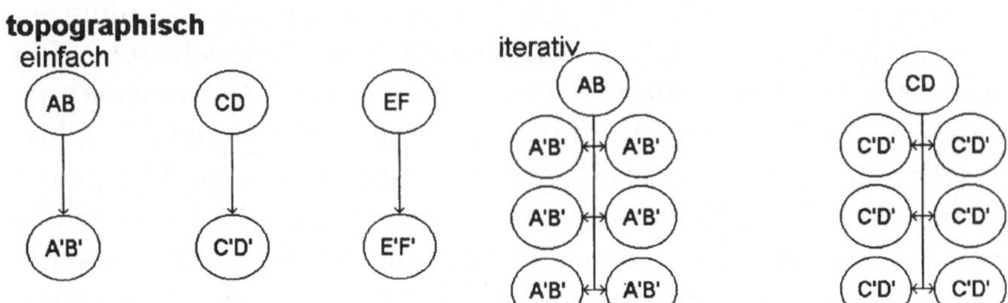

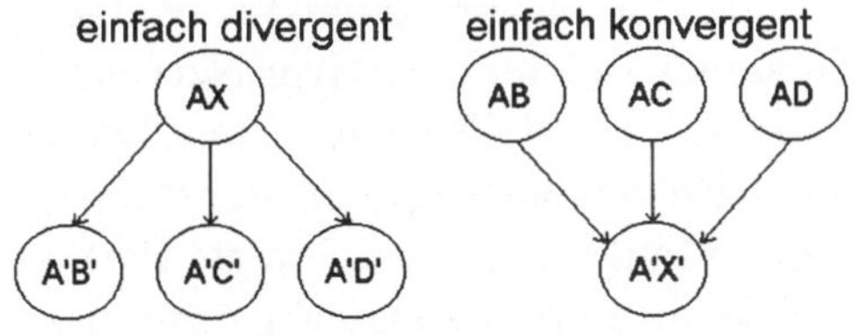

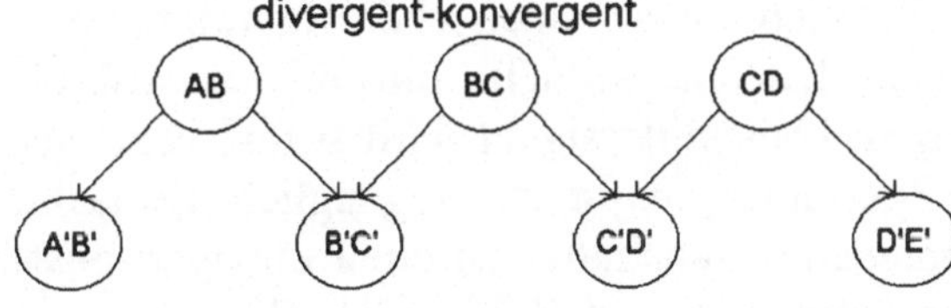

Bild 5.8 Schaltungen von Neuronen. Einfache topographische Schaltungen dienen der Punkt-zu-Punkt-Kommunikation, sie finden sich beispielsweise bei sensorischen und motorischen Systemen. Iterative topographische Schaltungen, die sich beispielsweise bei den Kletterfasern des Kleinhirns finden, sind gekennzeichnet durch afferente Fasern, die eine räumlich ausgedehnte Gruppe von Neuronen erregen. Bei kombinatorischen Systemen finden sich verschiedene Verknüpfungsformen. Bei einfachen divergenten Systemen besetzt einer der vielen präsynaptischen Transmitter Rezeptoren mehrerer postsynaptischer Neurone. Umgekehrt können zahlreiche präsynaptische Neurone mit nur einer postsynaptischen Population kommunizieren (einfach konvergent). Komplexe Systeme vereinigen Merkmale divergenter und konvergenter Systeme in sich.

Sich wiederholende, d.h. iterative, topographische Schaltungen können spezifische Muster von Umweltreizen verschlüsseln. Ein Axon mit den Transmittern A und B zieht durch linear ausgedehnte Gruppen von Dendriten, die mit den passenden Rezeptoren A' und B' besetzt sind; ähnliche Muster treten bei C und D mit ihren Rezeptoren C' und D' auf. Die Weiterentwicklung eines solchen Musters kann zu nachgeschalteten Zellen führen, die nur auf die vollständige Kombination ABCD reagieren. Diese zentralen Neurone erkennen komplexe Reizmuster, indem sie nur auf gleichzeitige Stimulation durch getrennte iterative Gruppen A´B´ und C´D´ansprechen.

Iterative topographische Schaltungen kommen zum Beispiel bei den Kletterfasern des Kleinhirns vor, d.h. Fasern, deren Verzweigungen an den Ästen des Dendritenbaumes anderer rezeptiver Nervenzellen (Purkinje-Zellen) hochklettern und sich wie Efeu um seine Zweige herumranken. Jede Purkinje-Zelle wird von einer Kletterfaser erreicht, aber jede Kletterfaser versorgt 10–15 Purkinje-Zellen. Erregte Purkinje-Zellen reagieren dabei auf die jeweiligen freigesetzten Transmitter.

Ein einziger präsynaptischer Transmitter mit entsprechenden Rezeptormolekülen kann mit mehreren postsynaptischen Neuronen kommunizieren. Diese Divergenz hat eine schnelle Informationsausbreitung zur Folge. Ein einziges Transmittersignal wird sofort verschiedenen Abschnitten des Zentralnervensystems zugänglich gemacht. Umgekehrt können verschiedene Transmitter zu einer einzigen postsynaptischen Zelle konvergieren, die so vielfältigen Einflüssen unterliegt. Die chemisch codierte Konvergenz erlaubt es dem nachgeschalteten Neuron, auf räumlich weit verstreute Neurone zu reagieren und von verschiedenen Reizmerkmalen erregt zu werden.

Komplexe Systeme vereinigen Merkmale divergenter und konvergenter Systeme in sich. Dabei können einzigartige Kombinationen von Schaltmustern entstehen. Bestimmte Neurone reagieren in komplexen Schaltmustern nur dann maximal, wenn sich konvergente und divergente Afferenzen gleichzeitig entladen. Damit ist die Grundlage für assoziative, d.h. auf Verknüpfungen beruhende, Verarbeitungen geschaffen.

Auch anatomisch lassen sich Konvergenz und Divergenz erkennen. So splittern sich Nervenfasern, die von peripheren Nervenfasern in das Rückenmark eintreten, dort in zahlreiche Nebenäste auf, die zu Rückenmarksnerven ziehen.

Andere Neurone laufen in einem Neuron zusammen – sie konvergieren. Auf die meisten Neurone des Zentralnervensystems konvergieren einige Dutzend bis viele Tausend Axone, weshalb man von einem Konvergenzprinzip neuronaler Verschaltungen spricht. So enden beispielsweise an einem Motoneuron (d.h. einem Nerven, der einen Muskel innerviert) im Durchschnitt etwa 6 000 Axonkollateralen, die aus der Peripherie und den verschiedensten Teilen des Zentralnervensystems stammen und teils erregende, teils hemmende Synapsen bilden.

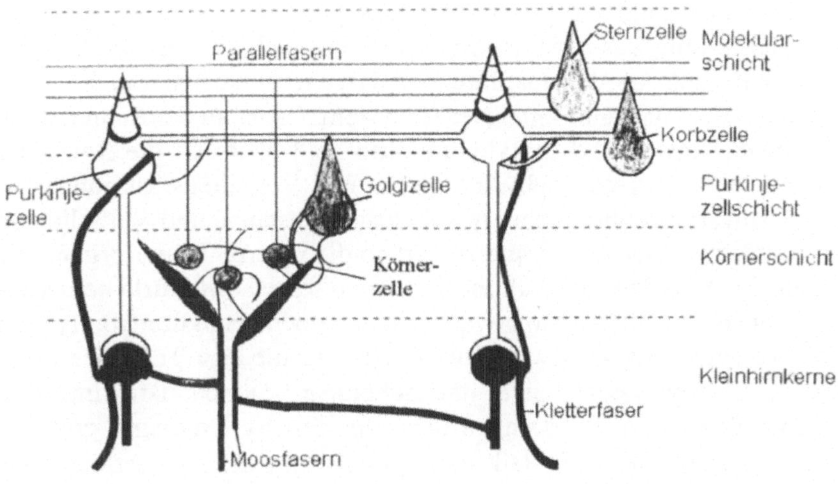

Bild 5.9 Die wichtigsten neuronalen Verbindungen in der Kleinhirnrinde. Sie zeigen, wie komplex die Verknüpfungsmuster der Nervenzellen sein können: Die Kletterfasern bilden zahlreiche erregende Synapsen im Dendritenbaum der Purkinjezellen. Sternzellen und Golgizellen dagegen hemmen die Purkinjezellen. Die Moosfasern erregen die Körnerzellen, und diese wirken selbst hemmend auf alle anderen neuronalen Elemente.

5.4 Anatomie des Gehirns: Makroskopisch sichtbare Informationssysteme

Neurone schließen sich zu anatomisch abgrenzbaren Subsystemen zusammen und diese wiederum zu hierarchischen Strukturen. Das Nervensystem konzentriert sich im Kopfbereich und bildet das Gehirn. Der restliche Teil des Nervensystems leitet dem Gehirn Sinneswahrnehmungen zu und gibt Befehle des Gehirns an den Körper weiter, die Reaktionen und Bewegungen steuern.

Wichtigste Leitungsbahn dieser Informationen ist das Rückenmark, das zusammen mit dem Gehirn das Zentralnervensystem bildet. Das Zentralnervensystem verarbeitet die ihm zugeleiteten Informationen und gibt sie in verarbeiteter Form an die zu steuernden Organe ab.

Dem Zentralnervensystem wird das periphere Nervensystem gegenübergestellt, das dem zentralen die Sinneseindrücke zuleitet oder dessen Befehle an die ausführenden Organe überträgt. Ein Teil des peripheren ist das autonome Nervensystem. Es ist an der Schnittstelle zwischen Umwelt und Individuum aktiv und übersetzt die Reize der Außenwelt in vegetativ-physiologische und Verhaltensreaktionen. Es fügt Umweltreize und innere metabolische Zustände und Verhalten zu einem Ganzen zusammen und steuert so die inneren Körperorgane. Es regelt die Vorgänge im Körper, die der direkten, willkürlichen Kontrolle entzogen sind – also etwa Herzschlag oder Funktion von Nieren und Verdauungstrakt. Zwei funktionell verschiedene Teile des autonomen Nervensystems sind unterscheidbar, Sympathikus und Parasympathikus. Die Wirkungen dieser beiden Systeme sind größtenteils entgegengesetzt. So läßt eine Aktivierung des Sympathikus das Herz schneller schlagen, eine Aktivierung des Parasympathikus dagegen verlangsamt den Herzschlag. Beide Teile des vegetativen Nervensystems sind gleichzeitig aktiv, deshalb hängt der Funktionszustand eines inneren Organs von der Balance der Aktivitäten in Sympathikus und Parasympathikus ab.

Da das periphere Nervensystem im gesamten Körper aktiv ist, ist es weit vernetzt. Die Nerven verlassen das Rückenmark, zweigen sich wiederholt auf und bilden ein Netzwerk, das sich über den gesamten

Sympathikus	Parasympathikus
Auge Pupillenerweiterung 	Pupillenverengung
Herz Zunahme der Frequenz Erhöhung des Blutdrucks 	Abnahme der Frequenz Erniedrigung des Blutdrucks
Bronchien Erweiterung 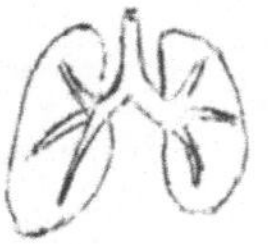	Engstellung
Speichel wenig, zähflüssig	viel, dünnflüssig
Magen-Darm Erniedrigung der Peristaltik 	Erhöhung der Peristaltik

Bild 5.10 Wirkungen von Sympathikus und Parasympathikus

Körper erstreckt. Nervenzellansammlungen außerhalb des Rückenmarks, Ganglien, sind Schaltstationen des Informationsflusses.

Im Gehirn bilden die Nervenzellen ein Verknüpfungsmuster, das das Wissen speichert und die Gedanken steuert. Das Gehirn wiegt etwa 1 500 g – eine Masse mit 100 Milliarden Nervenzellen. Den größten Raum nimmt das Großhirn ein. Die Oberfläche der Großhirnhemisphären ist stark gefurcht – die Großhirnrinde ist nur zwei Millimeter dick; bei einer Fläche von 1,5 Quadratmetern hat sie aber fast die Ausdehnung einer Eßtischplatte.

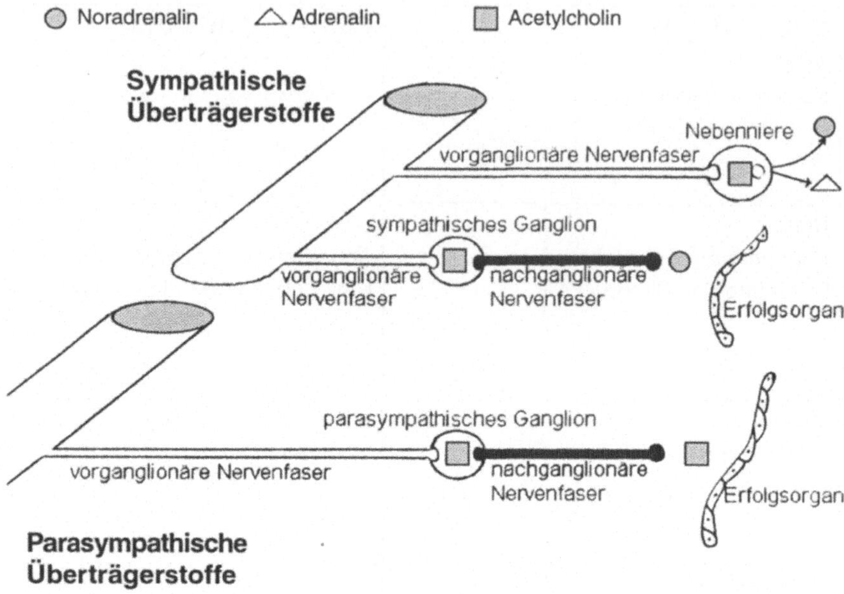

Bild 5.11 Sympathische und parasympathische Überträgerstoffe. Alle vorganglionären Nervenfasern verwenden als Transmitter Acetylcholin. Bei den nachganglionären Fasern unterscheiden sich die beiden vegetativen Systeme: Der Sympathikus benutzt Noradrenalin und Adrenalin, der Parasympathikus Acetylcholin.

Makroskopisch-anatomisch sind verschiedene Gehirnabschnitte unterscheidbar. Eine Gliederung geht von der Entwicklung des Lebens auf der Erde aus. Es lassen sich Gehirnabschnitte erkennen, die bereits Reptilien besaßen (protoreptilistisches Gehirn), darüber liegende Abschnitte besaßen die Ursäuger (Paläomammalia), denen schließlich die Neomammalia (die späten Säugetiere einschließlich des Menschen) folgten.

Das protoreptilistische Gehirn steuert angeborene Verhaltensweisen, die wichtig zum Überleben sind, z.B. Abstecken und Verteidigen von Revier, Nestbau, Aufziehen von Jungen und Paarungsverhalten. Diese Verhaltensweisen sind angeboren, d.h. genetisch festgelegt. Der Ethnologe bezeichnet sie als instinktiv. Das protoreptilistische Gehirn kann keine länger dauernden Gedächtnisinhalte bilden; es ist an eine stabile Umwelt gebunden (wie sie z.B. bei Fischen vorhanden ist) und zeichnet sich deshalb durch einen Mangel an Flexibilität aus.

Das paläomammalische Gehirn umfaßt die Strukturen des sogenannten limbischen Systems. Nach MacLean stellt es den ersten Versuch der Natur dar, Selbstbewußtsein zu erzeugen. U.a. erhält es Informationen aus dem Inneren des Körpers, die wichtig sind zur Bildung von Gedächtnisinhalten und zur gefühlsmäßigen Bewertung von Erlebnissen. Es ist fähig, das genetisch stammesgeschichtliche Verhaltensrepertoire zu überspielen und zu modifizieren, so daß es das Verhalten an die im Laufe des Lebens wechselnden Umgebungen anpaßt.

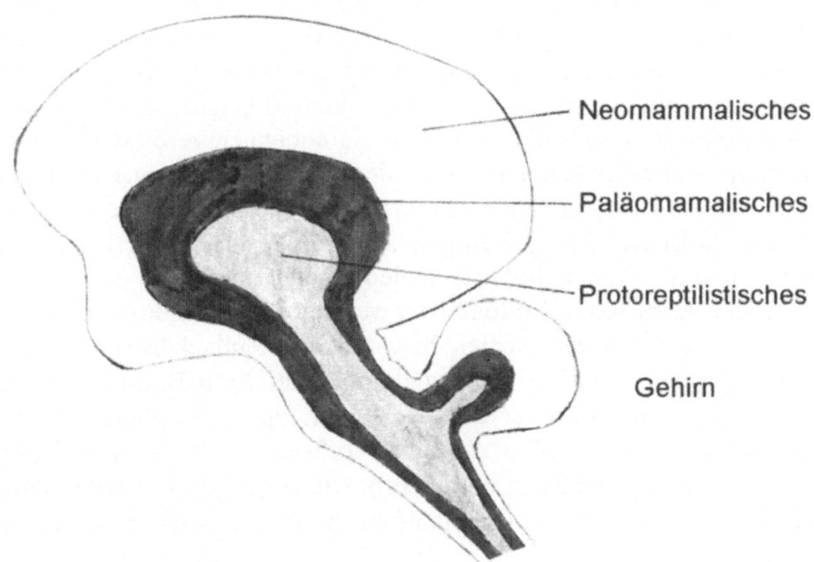

Bild 5.12 Organisation der drei Gehirntypen, die im Laufe der Entwicklung des Säugetiergehirns zum Bestandteil des menschlichen Geistes wurden.

Das neomammalische Gehirn arbeitet ungeachtet der Signale im Körperinneren und ist frei von ihnen. Es analysiert die Umwelt in einem zeitlich-räumlichen Koordinatensystem. Im Gegensatz zum paläomammalischen Gehirn entwirft es Handlungsstrategien und

Konzepte. Es ist ein Gehirn, das die Zukunft plant und die konservativen, altbewährten Handlungsstrategien, die sich im paläomammalischen Gehirn herangebildet haben, modifiziert.

Eine andere Einteilung des Gehirns in drei Abschnitte – Hinter- bzw. Rautenhirn, Mittelhirn und Vorderhirn – beruht auf deren Lage zum vorderen Rückenmarksbereich. Rautenhirn, Mittelhirn, Zwischenhirn und verschiedene Endhirnbezirke werden als Hirnstamm zusammengefaßt. Der Hirnstamm steht dem Hirnmantel gegenüber, der aus der Rinde und dem Marklager des Großhirns einerseits und dem Kleinhirn andererseits besteht (vgl. Bild 5.4).

Die Großhirnrinde kann ihren assoziativen und integrierenden Aufgaben nur dadurch gerecht werden, daß alle Zentren in jeder Richtung untereinander verbunden sind. Neben den Projektionsbahnen, die die Hirnrinde mit tiefer gelegenen Zentren verbinden, lassen sich Assoziations- und Kommissurenbahnen unterscheiden. Sie verbinden verschiedene Rindenzentren der gleichen Hemisphäre. Man kennt kurze, innerhalb der Rinde liegende, und längere, im Mark verlaufende Assoziationsbahnen. Kommissurenbahnen verbinden gleiche Rindenareale beider Hemisphären. Die mächtigste Kommissurenbahn ist der Balken (Corpus callosum); er ermöglicht eine rasche Kommunikation zwischen den jeweiligen Zentren der beiden Hirnhälften. Über den Balken sind die unterschiedlichen Funktionen der rechten und linken Hemisphäre miteinander verknüpft. Aufschlüsse darüber, welche Funktionen der rechten bzw. linken Hemisphäre zugeordnet werden können, ergaben Untersuchungen an Split-Brain-Patienten. Diesen Patienten, die unter einer schweren Epilepsie litten, war der Balken durchtrennt worden, um eine Ausbreitung des Krampfanfalls über das gesamte Gehirn zu verhindern. Die chirurgische Entkopplung verhinderte, daß beide Großhirnhälften direkt miteinander kommunizierten.

Indem man ein Auge abdeckt und das andere einen zentralen Fixationspunkt betrachten läßt, kann man das Gesichtsfeld bestimmen, d.h. jenen Teil der visuellen Umwelt, der mit einem unbewegten Auge wahrgenommen wird. Projiziert man eine Szene in das rechte oder linke Gesichtsfeld, dann kann man selektiv nur die verbale linke Hemisphäre – sie enthält üblicherweise das Sprachzentrum – oder die stumme rechte Hemisphäre aktivieren. Die linke Hemisphäre erkennt die ihr dargebotene Szene oder geschriebene Botschaft leicht und kann sie detailliert beschreiben. Umgekehrt kann die rechte Hemisphäre eine Szene zwar beobachten und auch auf sie reagieren, ihr fehlt jedoch der Apparat, sie verbal zu beschreiben.

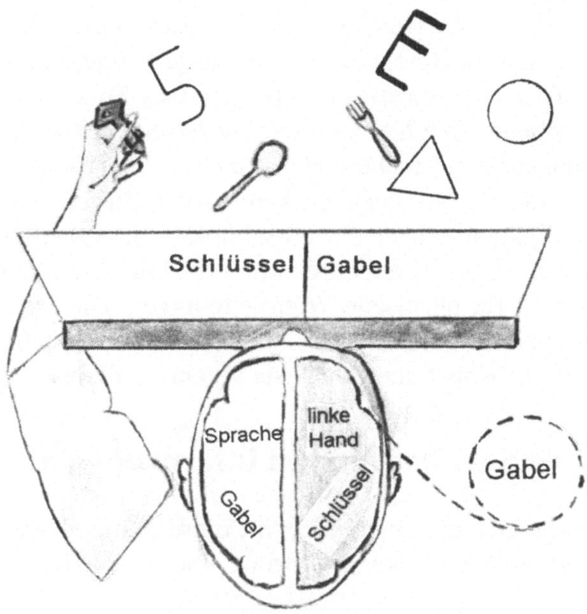

Bild 5.13 Antwortverhalten eines Split-Brain-Patienten. Der Patient berichtet (über seine linke, sprechende Hemisphäre), daß er im rechten Gesichtsfeld das Wort „Gabel" gelesen habe. Er verneint, das Wort „Schlüssel" im linken Gesichtsfeld gesehen zu haben und kann auch keine Gegenstände benennen, die ihm in die linke Hand gelegt werden. Gleichzeitig sucht er jedoch mit der linken Hand den richtigen Gegenstand heraus, von dem er nach seiner Aussage keine Kenntnis hat. Fordert man ihn auf, den ausgesuchten Gegenstand zu benennen, bezeichnet ihn die sprechende Hemisphäre als „Gabel".

Die rechte Hemisphäre steuert die linke Körperhälfte und umgekehrt. Die beiden Gehirnhälften verarbeiten Informationen verschieden. Eine Seite ist auf Symbole und Logik spezialisiert, während die andere Experte bei der Wahrnehmung von Muster und Raum ist. Das Denken in der linken Hemisphäre ist analytisch (Zerlegung von Vor-

177

stellungen), linear (ein Gedanke nach dem anderen) und verbal (sowohl geschrieben als gesprochen). Die linke Seite baut Sätze und löst Gleichungen. Zudem ist die linke Seite als das entscheidende neuronale Substrat für Sprache und Bewußtsein anzusehen.

Die rechte Hemisphäre kann sich nicht verbal oder schriftlich äußern. Die Leistungen der rechten Hemisphäre allein sind jedoch bemerkenswert: Sie besitzt zum Beispiel Gedächtnis, visuelle und taktile Formerkennung, Abstraktionsvermögen und ein gewisses Sprachvermögen. Akustisch gegebene Befehle werden ausgeführt, einfache Worte gelesen. Das Denken in der rechten Hemisphäre ist synthetisch (Zusammenfassung von Ideen), holistisch (Erkennen von Zusammenhängen während eines einzigen Schrittes) und schöpferisch (visuelles Denken mit dem geistigen Auge). Die rechte Seite hört Musik und hat ausgezeichnete Fähigkeiten für plastische Wahrnehmungen. Die linke Hirnhälfte hat dem Menschen Wissenschaft und Technik gebracht, während die rechte Seite für Kunst und Phantasie verantwortlich ist.

5.5 Gedächtnis: Die Speicherung von Informationen

Das Gedächtnis speichert Informationen und hält diese sinnvoll auswählbar bereit. Es vermittelt zwischen Erfahrung und augenblicklicher Wahrnehmung.

Der Duft einer Blume kann in unserem Innern ganze Bild- und Klangfolgen von Erinnerungen hervorrufen, die mit dem Duft in Zusammenhang stehen. Allgemein sind die Gedächtnisse biologischer Systeme in Form einzigartiger Kombinationen von molekularen Stoffen, in individuellen Verformungen von Zellstrukturen oder in der Ausbildung zellulärer Verknüpfungsmuster verschlüsselt. Somit ist Gedächtnis eine wesentliche Voraussetzung der Individualität, die jedes Lebewesen auszeichnet.

Nur ein geringer Teil der bewußt werdenden Vorgänge wird gespeichert, ein Großteil der gespeicherten Information wird wieder vergessen. Auswahl und Vergessen schützen vor einer Überflutung mit Daten.

Speicherung beruht auf einem komplizierten Netz von Querverweisen, die die Rekonstruktion eines Gedächtnisinhaltes aufgrund eines einzigen Hinweises ermöglicht. Die Speicherung des Gehirns unterscheidet sich deutlich von der des Computers: Im Computer ist eine Information nicht in ein Netz von Querverweisen eingebettet. Um sie im Speicher eines Computers wiederzufinden, ist jeder Speicherplatz durch eine Adresse eindeutig gekennzeichnet.

Eigenschaften des menschlichen Gedächtnisses lassen erkennen, daß es sich von einem elektronischen Datenspeicher unterscheidet. So ist es offenbar leichter, eine kurze Liste, z.B. von sinnlosen Silben, zu behalten als eine lange. Das Gedächtnis speichert Generalisationen ab, nicht Einzelheiten. Für einige Aufgaben, die das Gehirn schnellstens bewältigt, benötigen Computer unverhältnismäßig viel Zeit – und dies, obwohl einzelne Operationen im Computer mindestens tausendmal schneller ablaufen als im Gehirn. Diese im Vergleich zum Computer weitaus höhere Geschwindigkeit des Gehirns beruht darauf, daß im Gehirn ungeheuer viele Operationen gleichzeitig ausgeführt werden, während im zentralen Rechenwerk eines Großrechners gewöhnlich nur eine Operation pro Zeiteinheit stattfindet.

Ein in der Praxis wichtiges Beispiel für Aufgaben, die Menschen mühelos bewältigen, bei denen sich Computer aber schwertun, ist die Mustervervollständigung. Dabei soll aus einer Reihe von bekannten, mehr oder weniger abstrakten Zeichenfolgen diejenige herausgefunden werden, die mit einer neu vorgelegten, eventuell unvollständigen Folge am besten übereinstimmt.

Es spricht vieles dafür, daß das Gehirn Informationen holistisch abspeichert. Ein Hologramm ist ein dreidimensionales Bild, das von zwei Laserstrahlen erzeugt wird. Der eine Strahl wird direkt auf einen photographischen Film geleitet, während der andere an dem aufzuzeichenden Gegenstand abprallt, bevor er denselben Film trifft. Der Film nimmt nicht das Bild selbst auf, sondern die Interferenzmuster, die durch Überlappung der beiden Lichtwellen entstehen.

Wird ein Laserstrahl in gleichem Winkel wie der ursprüngliche Strahl auf den Film gerichtet, entsteht ein dreidimensionales Bild, so daß der Betrachter von verschiedenen Standpunkten verschiedene Aspekte des Bildes sehen kann. Jeder Teil des Hologramms enthält das vollständige Bild. So kann eine abgebrochene Ecke der Platte dazu verwendet werden, die vollständigen, auf Platte gespeicherten Bilder zu rekonstruieren.

Hologramme können als Assoziativspeicher benutzt werden. In assoziativen Speichern gibt es keine Speicheradresse, die zum Abruf der Daten benötigt wird, vielmehr treten die Informationen selbst an die Stelle der Adressen. Wenn auf einem Hologramm zwei Szenen überlagert werden, erscheint bei Beleuchtung des Hologramms mit Licht der einen Szene das Bild der anderen Szene – die beiden Bilder sind miteinander assoziiert. Hologramme können Ähnlichkeiten feststellen, ohne Dinge symbolisch darzustellen. Wenn man das Licht von zwei Hologrammen überlagert, wovon das eine Hologramm eine Szene, z.B. diese Buchstabenseite, und das andere Hologramm ein Merkmal, z.B. den Buchstaben F, enthält, ist das Ergebnis ein schwarzes Feld mit hellen Punkten an allen Stellen, wo das Merkmal in der Szene vorkommt, also bei allen Buchstaben F auf dieser Seite. Dieses Verfahren würde auch bei handschriftlichen Texten funktionieren, wobei der Grad der Helligkeit von der Ähnlichkeit des Merkmals mit den entsprechenden Teilen der Szene abhängt. Obwohl Aussagen darüber, ob das menschliche Gedächtnis holographisch funktioniert, reine Spekulationen sind, sind die Parallelen auffällig – auch das menschliche Gedächtnis schafft Verbindungen zwischen komplexen Strukturen.

Die Speicherkapazität des menschlichen Gedächtnisses konnte bisher nur grob geschätzt werden. So zeigen Vergleiche der für das Lernen von Sprachen notwendigen Speicherkapazität $4\text{–}5 \cdot 10^7$ bit), daß etwa 10 Neurone notwendig sind, um ein bit Information zu speichern. Diese Kapazität reicht aus, um etwa 1 % der durch unser Bewußtsein fließenden Information für immer zu speichern – insbesondere lebensnotwendige Information. Extrapoliert man die Werte auf die gesamte menschliche Hirnrinde, so beträgt ihre Speicherkapazität etwa $3 \cdot 10^8$ bit.

5.5.1 Kurzzeit- und Langzeitgedächtnis

Die Speicherung von Gedächtnisinhalten erfolgt in mehreren Schritten. Reize aus der Umwelt werden für die Dauer von wenigen hundert Millisekunden zunächst in ein sensorisches Gedächtnis aufgenommen. Hier werden sie gesichtet, bewertet, weiterverarbeitet – oder vergessen. Vergessen kann Verdrängung durch kurz danach aufgenommene Information oder auch aktive Löschung bedeuten.

Wird nicht vergessen, so wird die Information zunächst in das Kurzzeitgedächtnis übertragen. Diese Übertragung kann auf zwei Wegen erfolgen. Beim Erwachsenen ist die verbale Codierung, die alle Dinge in Begriffe faßt, am häufigsten, während für Kinder und Tiere der nicht-verbale Weg am häufigsten ist.

Das primäre Gedächtnis nimmt verbal codiertes Material vorübergehend auf. Seine Kapazität beträgt etwa 7 bit, das bedeutet, daß sie kleiner ist als die des sensorischen Gedächtnisses. Die Information ist in zeitlicher Ordnung gespeichert. Vergessen erfolgt durch Ersetzen der eingespeicherten Information durch neue. Da der Organismus dauernd Informationen verarbeitet, ist die mittlere Verweildauer im primären Gedächtnis kurz. Sie beträgt einige Sekunden. Das primäre Gedächtnis wird auch als Kurzzeitgedächtnis bezeichnet. Bei der Kurzzeitspeicherung sind vorwiegend elektrophysiologische Prozesse beteiligt, u.a. die Reverberation, d.h. das Kreisen von Erregungen in Neuronenverbänden, oder die vorübergehende Erhöhung der Erregbarkeit von Neuronen durch vorhergehende Erregungen – eine Erscheinung, die bei wiederholter Reizung des motorischen Systems auftritt und als posttetanische Potenzierung bezeichnet wird.

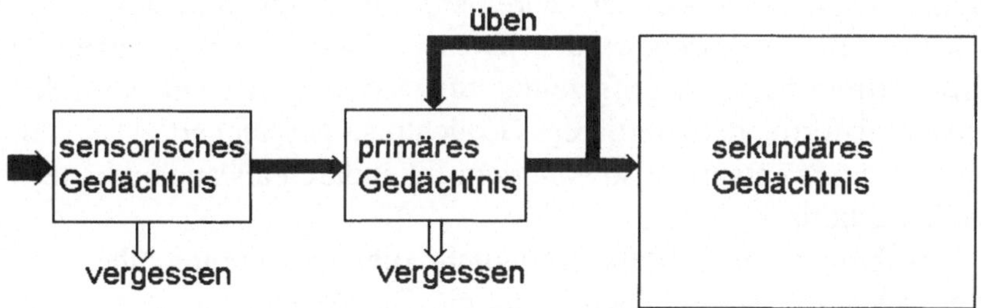

Bild 5.14 Informationsfluß vom sensorischen über das primäre in das sekundäre Gedächtnis. Gelangen Worte in das primäre Gedächtnis, so werden sie entweder geübt oder vergessen. Ein Teil des geübten Materials gelangt in das sekundäre Gedächtnis. Durch Wiederholen wird die Überführung in das sekundäre Gedächtnis erleichtert, jedoch nicht garantiert.

Die sich im primären Gedächtnis befindende Information wird entweder vergessen oder in das dauerhaftere sekundäre Gedächtnis übertragen. Die Übertragung wird durch Üben erleichtert, d.h. durch aufmerksames Wiederholen und damit verbundenes Kreisen von Erregungen im primären Gedächtnis.

Das sekundäre Gedächtnis ist ein großes und dauerhaftes Speichersystem. Nur dort gespeicherte Information steht auch nach längerer Zeit zur Erinnerung zur Verfügung. Die Information ist nach ihrem Sinn gespeichert, d.h. daß Worte ähnlicher Bedeutung an miteinander in Verbindung stehenden Orten gespeichert sind. Der Organisationsunterschied zum primären Gedächtnis wird durch die Art der Fehler deutlich, die beim Rückruf aus den Speichern auftreten können: Beim primären Gedächtnis handelt es sich meist um die Verwechslung phonetisch ähnlicher Laute wie b oder p, beim sekundären Gedächtnis um die Verwechslung von Wörtern ähnlicher Bedeutung. Die beiden Speicher unterscheiden sich auch in der Art des Zugriffs: er ist schnell im primären, langsam im sekundären Gedächtnis – das Suchen in einem großen Speicher benötigt mehr Zeit. Vergessen im sekundären Gedächtnis scheint weitgehend auf Störung oder Verdrängung des zu lernenden Materials durch vorher oder anschließend Gelerntes zu beruhen.

Es gibt jedoch Gedächtnisinhalte, z.B. den eigenen Namen, die Fähigkeit zu lesen oder zu schreiben, die durch jahrelanges Üben praktisch nie vergessen werden. Diese Informationen zeichnen sich durch extrem kurze Zugriffszeiten aus. Sie sind in einer besonderen Gedächtnisform, dem tertiären Gedächtnis, gespeichert. Das Langzeitgedächtnis entspricht sowohl dem sekundären als auch dem tertiären Gedächtnis.

Das Langzeitgedächtnis ermöglicht die Speicherung über Tage, Jahre oder das ganze Leben hindurch. Der Mechanismus des Langzeitspeichers wird auf eine dauerhafte, strukturell oder chemisch begründete Effektivierung von synaptischen Kontakten zurückgeführt. Diese Synapsen sind beteiligt an der Ausbildung neuronaler Erregungsmuster, deren zeitliche und räumliche Figur in spezifischer Weise dem Inhalt einer jeweiligen Nachricht entspricht. Erregungen, die in ein solchermaßen stabiles Wirkungsgefüge von Neuronen gebracht werden, liefern dann auch immer wieder das gleiche Resultat, die Erinnerung an ein früheres Ereignis, das Engramm. Gedächtnis bedeutet somit Assoziation – die Bindung zwischen Neuronen verschlüsselt den Gedächtnisinhalt. Auf psychologischer Ebene wird ein Lerninhalt deshalb wieder bewußt, weil ein anderer Lerninhalt bekannt ist, mit dem er verbunden ist.

Welche Hirnstrukturen sind für das Kurz- und Langzeitgedächtnis verantwortlich? Bevor bleibende Gedächtnisinhalte in spezifische Regionen der Hirnrinde gelangen, werden sie einige Wochen lang im Hippocampus – einer Formation im Schläfenlappen – zwischengespeichert. Soll beispielweise ein visueller Sinneseindruck zur bleibenden Erinnerung werden, so gelangen die Nervensignale vom Auge zunächst zur primärern Sehrinde und über assoziative Felder weiter in den Hippocampus. Einige Wochen später wird die Information in die Rinde überführt und dort als Langzeitgedächtnisinhalt abgelegt.

5.5.2 Neuronale Mechanismen des Gedächtnisses

Gedächtnisinhalte werden in Form von Verbindungsmustern zwischen Neuronen gespeichert. Erregte Neurone schließen sich zu kreisförmigen Gebilden zusammen, innerhalb derer die Erregung zirkuliert und verstärkt wird. Auf diese Weise wird die Information auf ein räumlich-zeitlich geordnetes Muster abgebildet (dynamisches Engramm). Beziehungen der Außenwelt werden so zu Verbindungen zwischen Neuronen. Das Kurzzeitgedächtnis kann auf ein solches Kreisen von Erregungen zurückgeführt werden. Das Erregungsmuster bildet die Erinnerung ab, und es ist dem Gehirn möglich, anhand der besonderen Merkmale dieses Musters auf die Erinnerung rückzuschließen. Jeder Erinnerung entspricht ein passendes neuronales Aktivitätsmuster, was bedeutet, daß die Zahl der Verbindungsmuster unvorstellbar groß ist. Sie unterscheiden sich nicht nur in ihrer räumlichen Struktur, sondern auch in den von ihren Neuronen erzeugten Impulsfrequenzen und Transmitterkombinationen.

Wiederholte kreisende Erregungen führen zu strukturellen Veränderungen an den beteiligten Synapsen (Konsolidierung des strukturellen Engramms). Hierbei vergrößert sich das Potential der beteiligten Synapsen.

So führt die wiederholte Benutzung einer Synapse oft zu einer beträchtlichen Vergrößerung der synaptischen Potentiale. Diese sogenannte synaptische Potenzierung tritt oft schon während einer sehr schnellen Reizfolge auf und wird dann tetanische Potenzierung genannt. Überdauert die tetanische Potenzierung die Reizserie oder setzt die Potenzierung erst nach dem Ende des Tetanus ein, so spricht man von posttetanischer Potenzierung. Ausmaß und Dauer der posttetanischen Potenzierung hängen sehr stark von der jeweiligen Synapse und der Dauer und Frequenz der wiederholten Reizung ab. Einzelreize hinterlassen nur eine geringe und kurzdauernde Potenzierung, die bei längerer Reizung auf ein Vielfaches des Ausgangswertes anwächst und über Minuten bis Stunden anhalten kann. Funktionell gesehen ist die posttetanische Potenzierung ein durch Üben erleichterter Ablauf eines zentralnervösen Vorgangs, also ein Lernprozeß.

Nach einem Modell des kanadischen Psychologen Donald O. Hebb von 1949 feuern vor- und nachgeschaltetes – prä- und postsynaptisches Neuron – gleichzeitig, damit sich die zwischen ihnen liegende Schaltstelle, die Synapse, gleichzeitig verstärkt.

Im wesentlichen sind zwei präsynaptische Faktoren für die posttetanische Potenzierung verantwortlich. Einmal führt die wiederholte Aktivierung der präsynaptischen Axonmembran zu einer Zunahme (Hyperpolarisation) des Ruhepotentials und dadurch zu einer Zunahme der Aktionspotentialamplitude. Das vergrößerte Aktionspotential setzt mehr Überträgerstoffe in den synaptischen Spalt frei. Zum zweiten führt die wiederholte Aktivierung zu einer vermehrten Bereitstellung von Transmittern am synaptischen Spalt. Diese Mobilisation bewirkt ebenfalls eine verbesserte synaptische Übertragung, da pro Aktionspotential ein vergrößerter Anteil des in der präsynaptischen Endigung vorrätigen Transmitters freigesetzt wird.

Der von Hebb postulierte Mechanismus konnte von Holger J. A. Wingström und Bengt E. W. Gustafsson 1986 im Hippocampus von Säugetieren nachgewiesen werden. Er steht in Zusammenhang mit dem räumlichen Lernen.

Analog zur tetanischen Potenzierung kann man auch eine tetanische Depression beobachten. Hierbei kommt es bei schneller Reizfolge zu einer Verkleinerung der synaptischen oder postsynaptischen Potentiale.

Die Aktivitäten aller einzelnen Neurone setzen sich in unserem Gehirn zu einem Ganzen zusammen – sie bilden ein Aktivitätsmuster. Nach Hebb festigen die Neurone eines Aktivitätsmusters ihre Verbindungen dadurch, daß sie gemeinsam feuern - auf diese Weise stabilisiert sich gleichzeitig das von ihnen erzeugte Aktivitätsmuster als Ganzes. Stabile neuronale Aktivitätsmuster nannte Hebb „Assemblies". Sie sind Darstellungsformen des Gehirns für Erlerntes – Begriffe, Gesehenes, Gehörtes... Offenbar genügt ihnen nur ein Bruchteil des Erlernten zur Wiedererkennung: Sie vervollständigen selbsttätig und automatisch das zugehörige Muster. Wird ein ausreichender Teil einer Assembly aktiviert, so erfaßt die Erregung über das eingefahrene Netz von Verbindungen auch die anderen beteiligten Neurone.

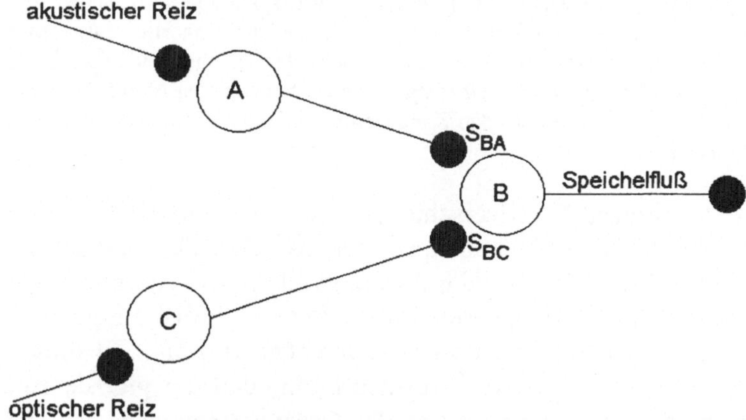

Bild 5.15 Hebbsches Modell zur Erklärung des Pawloschen Experimentes: Der russische Physiologe Pawlow bestimmte bei Hunden die Erhöhung der Speichelsekretion, die normalerweise durch Einbringen von Fleisch in die Mundhöhle entsteht. Zunächst ertönte unmittelbar bevor das Fleisch gegeben wurde, eine Glocke. Wiederholte man den Vorgang mehrere Male, konnte schließlich das Glockensignal alleine die Speichelsekretion erhöhen. Dies kann mit Hilfe des Hebbschen Modells interpretiert werden: Neuron C, durch optische Reize (Fleisch) stimuliert, versetzt Neuron B in den Aktivitätszustand. Während Neuron B feuert, wird Neuron A durch akustische Reize (Glocke) aktiviert, d.h. daß A und B gemeinsam feuern und ihre synaptische Bindung verstärken. Wird das Experiment mehrmals wiederholt, ist die synaptische Bindung zwischen A und B so stark, daß B alleine durch A aktiviert werden kann und eine Speichelsekretion verursacht.

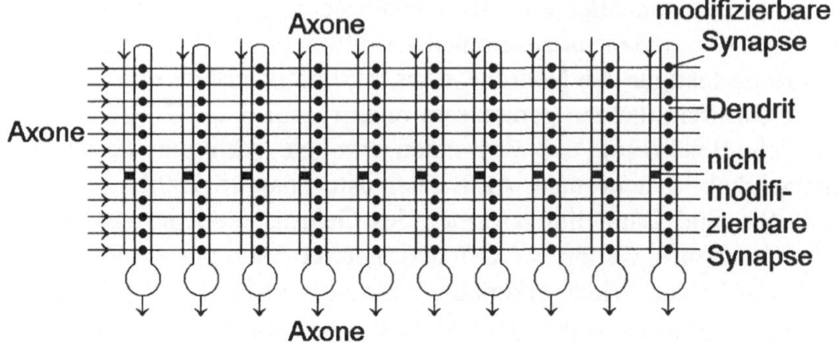

Bild 5.16 Neuronale Netze als Assoziativspeicher. Die Übrtragungsstärke modifizierbarer Synapsen nimmt zu, wenn von vertikalen und horizontalen Axonen gleichzeitig ein Signal an den entsprechenden Dendriten ausgesendet wird. Das gezeigte Netzwerk ist als Modell der Kleinhirnrinde vorgeschlagen worden. In diesem Fall entsprechen die horizontalen Axone den Parallelfasern, die vertikalen den Kletterfasern und die Dendriten den Purkinjefasern.

Beim Denkprozeß lösen verschiedene Gedanken einander ab. Dies geschieht durch einen Mechanismus, der als „Gedankenpumpe" bezeichnet wird. Zu Anfang ist die Assembly aktiv, die den ersten Gedanken erzeugt. In der Folge erniedrigt sich deren diffuse Eingangserregung, bis die Assembly zusammenzubrechen beginnt. Zu diesem Zeitpunkt sorgt ein Regelmechanismus dafür, daß die globale Eingangserregung wieder zunimmt und das Gesamterregungsniveau sich stabilisiert. Dadurch ergibt sich ein neues Aktivitätsmuster, das in der Regel von den vorherigen verschieden ist.

Umgekehrt kann auch die diffuse Eingangserregung einer Assembly erhöht werden. Dann aktiviert sie weitere Neurone mit, die zu anderen Assemblies gehören. Auch dieses Anwachsen der Gesamtaktivität wird durch einen Regelmechanismus abgebremst. Wenn die Aktivität dann auf das gewöhnliche Niveau abgesunken ist, hat sich im allgemeinen gleichfalls ein neues Muster eingestellt.

Die Assembly, die in unserem zentralen assoziativen Speicher, also vermutlich in der Großhirnrinde, gerade aktiviert ist, bestimmt den augenblicklichen Denkzustand. Der Informationsgehalt einer solchen

Assembly oder einer solchen Momentansituation müßte dann ungefähr den psychologischen Schätzungen für die Informationskapazität unseres zentralen Kurzzeitgedächtnisses entsprechen, während unser zentrales Langzeitgedächtnis in den Verbindungsstärken sämtlicher Hebb-Synapsen niedergelegt wäre und somit alle potentiell aktivierbaren Assemblies enthielte, was seine viel größere Kapazität erklären würde.

Diese Vorstellung erzeugt jedoch nur ein grobes Abbild der Realität. So ist die diffuse Eingangserregung, die bei all den geschilderten Steuerungsvorgängen eine wichtige Rolle spielt, differenzierter regulierbar. Konzentriert sich beispielsweise der Denkprozeß stark auf ein Sinnesorgan, ist also „ganz Auge" oder „ganz Ohr", so erhöht sich die diffuse Eingangserregung gezielt für die Seh- bzw. Hörregionen des Cortex (Hirnrinde). Umgekehrt lassen sich diese Gebiete durch Senken der diffusen Eingangserregung auch nahezu „abschalten", wenn man sich beispielsweise konzentrieren will. Schließlich muß es möglich sein, zwei oder drei verschiedene Gedanken zu kombinieren. Das aber erfordert, daß man – vielleicht in einem Teil des Cortex – eine Teilassembly „halten" kann, während man gleichzeitig in einem anderen Teil eine Assembly „kommen läßt", um sie dann beide als Anfangserregung für den Assoziationsmechanismus der Gedankenpumpe zu benutzen.

Nach all dem müssen in verschiedenen corticalen Arealen unterschiedliche Schwellenregelungen unabhängig voneinander möglich sein. Da diese Areale kreuz und quer untereinander verbunden sind, muß auch die Gesamtaktivität überwacht werden.

Diese Überlegungen stimmen mit der gängigen Vorstellung vom Thalamus (Sehhügel, Teil des Zwischenhirns) als „Tor zum Cortex" überein. Danach versorgen die verschiedenen Kerne des Thalamus einzelne corticale Areale sowohl mit diffuser globaler als auch mit spezifischer sensorischer Eingangserregung. Umgekehrt paßt die Idee von der globalen Aktivitätsregulierung zu den beobachteten Rhythmen in der elektrischen Gesamtaktivität des Cortex, wie man sie im Elektroenzephalogramm (EEG) beobachtet.

Welche Veränderungen auf molekularer Ebene bewirken die Hebbsche Langzeitpotenzierung? Die Aminosäure Glutamat, die in vielen Nervenzellen als Neurotransmitter fungiert, bindet sogenannte

NMDA-Rezeptoren (benannt nach der synthetischen Substanz N-Methyl-D-Aspartat, die sich gleichfalls anlagern kann) der postsynaptischen Membran. Als Folge der Rezeptorbindung öffnet sich ein Membrankanal, durch den Natrium in die Zelle einfließt. Der Natriumeinstrom führt zur Depolaristion der Nervenzelle, und sie antwortet mit einem Signal. Trifft in diesem Zustand weiteres Glutamat auf die Zellmembran, öffnet der NMDA-Rezeptor noch einen anderen Kanal, durch den Calcium einströmt. Das Calcium aktiviert verschiedene Kinasen, die die Langzeitpotenzierung einleiten. Bei späterer Glutamatausschüttung kommt es zu einem weitaus stärkeren Natriumeinstrom in die Zelle, so daß sie auf den gleichen Reiz viel stärker reagiert.

Während die Einleitung einer Langzeitpotenzierung offensichtlich auf den bisher beschriebenen Prozessen – postsynaptische Depolarisation, Calciumeinstrom und dann Aktivierung der Proteinkinasen –

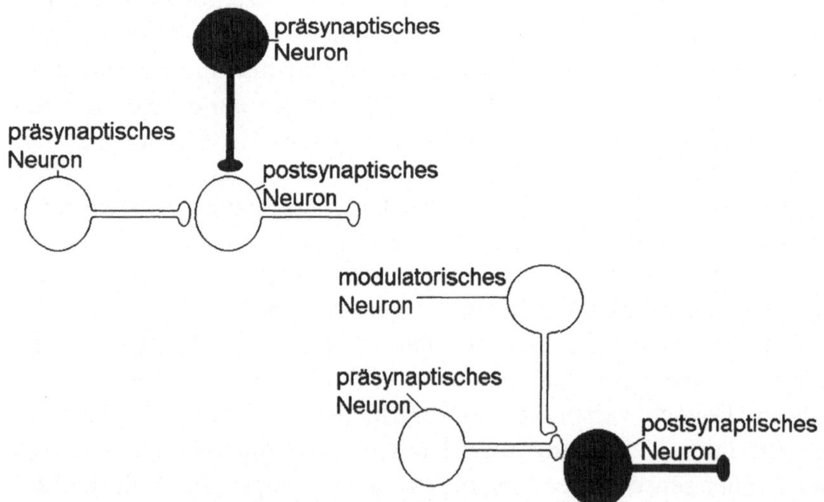

Bild 5.17 Zwei zelluläre Mechanismen könnten dafür sorgen, daß sich die synaptische Übertragung beim Lernen von Assoziationen verändert. Hebb-Synapse (oben): Prä- und postsynaptisches Neuron feuern gleichzeitig, damit sich die Verbindung zwischen ihnen verstärkt. Aktivitätsunabhängige Bahnung (unten): Die Verbindung wird verstärkt, wenn ein drittes, modulatorisches Neuron gleichzeitig mit dem präsynaptischen Neuron feuert.

beruht, muß zu ihrem Erhalt die präsynaptische Endigung mehr Transmitter ausschütten. Somit muß irgendein Signal vom nach- zum vorgeschalteten Neuron gelangen. Dies widerspricht dem Grundsatz, daß Nervenzellen polar funktionieren, also Signale immer nur in einer Richtung fortleiten. Bisher haben sich jedoch sämtliche untersuchten chemischen Signale als polar erwiesen.

Bei der Langzeitpotenzierung zeichnet sich nun ein anderes, früher nicht bekanntes Prinzip neuronaler Kommunikation ab. Man vermutet, daß dabei die postsynaptische Zelle einen Botenstoff freisetzt, vielleicht Stickstoffmonoxid, der zur präsynaptischen Endigung diffundiert, wo er dann die Glutamat-Ausschüttung steigert, möglicherweise, indem er bestimmte Enzyme – die Guanylatcyclase oder die ADH-Ribosyl-Transferase – aktiviert. Bei späterer Reizeinwirkung ist der Transmitterausstoß gesteigert – so bleibt die Langzeitpotenzierung erhalten.

Einen Hinweis auf einen weiteren Mechanismus des Langzeitgedächtnisses lieferte die Entdeckung, daß Transmitteränderungen auf der verstärkten Synthese von m-RNA für die Transmitter durch das neuronale Genom beruhen. Durch Umweltreize ausgelöste stabile Änderungen der Genaktivität tragen zum Langzeitgedächtnis bei.

Zahlreiche Versuche wurden mit der Frage durchgeführt, ob durch Lernen Veränderungen der Ribonukleinsäuren (RNA) der Neurone und Gliazellen ausgelöst werden können. Mikrotechniken, die sowohl die Menge als auch den relativen Anteil der vier Basen der RNA bestimmten, zeigten tatsächlich, daß Änderungen dieser Basen während Lernprozessen auftreten. Weiterhin konnte an Plattwürmern und Fischen nachgewiesen werden, daß durch Extraktion von RNA aus dem Gehirn trainierter und Übertragung des Extrakts auf Kontrolltiere ein Transfer des gelernten Verhaltens möglich ist.

Auch „Erinnerungssubstanzen" können das Verhalten von Versuchstieren steuern. Aus den Gehirnen von Ratten, die durch Bestrafung mit elektrischen Schlägen darauf trainiert wurden, dunkle Aufenthaltsorte entgegen ihrer Vorliebe zu meiden, konnte ein Polypeptid – genannt Scotophobin – isoliert werden, daß bei normalen Ratten ebenfalls zu einem vermehrten Aufenthalt im Hellen führt.

5.6 Von natürlichen zu künstlichen Neuronalen Netzwerken

Lassen sich Computer und natürliche Nervensysteme miteinander vergleichen? Auf der Ebene ihrer Hardware jedenfalls sind sie grundverschieden. Die Nervenzellen des Gehirns sind kleine, empfindliche Strukturen, die durch unzählige chemische Reaktionen gesteuert werden, die Einheiten des Computers geätzte Halbleiterkristalle.

Auch in der Gesamtstruktur bestehen große Unterschiede. Die Verbindungen zwischen Neuronen sind außerordentlich zahlreich (eine einzelne Nervenzelle kann viele Tausend Eingänge haben) und dreidimensional verteilt. Im Computer läßt die derzeitig gängige Festkörpertechnik nur eine relativ kleine Zahl von Drahtverbindungen zwischen den Schaltkreis-Elementen zu, und diese sind mehr oder weniger zweidimensional angeordnet. Die massiv parallelen Systeme haben sich bisher noch nicht durchgesetzt. Es wurden (sehr teure) Kreuzschienen-Matrizen entwickelt, die einen Satz von Prozessoren mit einem Satz von Speichern verbinden. Auch Hyperwürfel mit Rechnern bzw. Prozessoren in den Würfelecken sind intensiv diskutierte Kommunikationsstrukturen für massiv parallele Rechensysteme.

Selbst bei der Signalübertragung gibt es kaum Parallelen zwischen Computern und natürlichen Nervensystemen. Zwar entsprechen die binären elektrischen Impulse in gewissem Grad dem Alles-oder-Nichts-Signal, das an einer Nervenfaser entlangläuft. Zusätzlich bedient sich das Gehirn jedoch abgestufter elektrischer Signale, chemischer Botenstoffe und des Ionentransportes.

In der zeitlichen Organisation schließlich sind die Unterschiede immens. Computer verarbeiten die meisten Informationen seriell (einzeln hintereinander), dafür aber sehr schnell. Ihren Arbeitstakt bestimmt eine einheitliche innere Uhr. Die Grundeinheit der Zeit, die Taktperiode ist typischerweise 100 ns lang. Innerhalb einer Taktperiode werden elementare Befehle wie Addition oder Befehlsentschlüsselung durchgeführt. Das führt dann zu den hohen Arbeitsgeschwindigkeiten von 10^7 elementaren Operationen pro Sekunde. Das Gehirn arbeitet sehr viel langsamer, analysiert die eintreffende Datenflut jedoch gleichzeitig über Millionen von Kanälen, ohne einen Taktgeber zur Koordinierung zu brauchen.

5.6.1 Die Geschichte der Neuronalen Netze

Seit den vierziger Jahren versucht man, Modelle zu entwickeln, die die Funktionsweise des Gehirns simulieren.

Will man die Regeln, nach denen natürliche Nervenzellen untereinander Informationen austauschen, zusammenfassen, so kann man dies folgendermaßen tun: Ein natürliches Neuron sendet Stromimpulse an mehrere andere Nervenzellen (Divergenz) oder empfängt von ihnen Impulse (Konvergenz). Hierbei können die Impulse hemmend oder erregend wirksam sein.

Es stellte sich heraus, daß diese beiden Regeln ausreichen, Modelle zu entwickeln, die zumindestens einige der Fähigkeiten unseres Gehirns simulieren. So entstand eine grobe Nachahmung des natürlichen Vorbildes, die wenigstens einen kleinen Bruchteil seiner atemberaubenden Schnelligkeit und Komplexität erreichte.

1943 entwickelten Warren McCulloch und Walter Pitts von der Universität Chicago das erste einfache Neuronenmodell, das aus miteinander verbundenen, gedächtnislosen Elementen bestand. Sie arbeiteten nach dem Alles-oder-Nichts-Gesetz: Die künstlichen Neurone gaben eine Erregung nur dann weiter, wenn diese einen bestimmten Schwellenwert überschritt. Dies entspricht der Erregbarkeit natürlicher Nervenzellen: Es gibt bei ihnen eine minimale Intensität eines Reizstromes, die ein Aktionspotential auslöst. Wird diese Schwelle erreicht, läuft ein volles Aktionspotential ab, und nimmt die Stärke des Reizstromes weiter zu, verstärkt sich das Aktionspotential nicht. Es zeigt einen konstanten Ablauf von Depolarisation und Repolarisation, die selbsttätig auftritt, wenn die Membran über das Schwellenpotential depolarisiert wird. Es gibt jedoch in der Natur Ausnahmen vom konstanten Ablauf. So ist die Schwelle je nach Axonart verschieden. Die Dauer des Aktionspotentials hängt von der Erregungsfrequenz ab und ist bei hoher Frequenz deutlich verkürzt. Die künstlichen McCulloch-Pitts-Neurone dagegen kannten keine Ausnahmen: Ein Neuron wurde erregt, wenn es von einer bestimmten festgesetzten Anzahl von Nervenzellen innerhalb einer gewissen Zeitspanne stimuliert wurde – vorausgesetzt, kein einziges der zuführenden Neurone war hemmend wirksam. Somit arbeiteten McCulloch-Pitts-Neurone nach dem Konvergenzprinzip.

Diese Art der Erregungsverarbeitung kommt auch in natürlichen Nervensystemen vor (vgl. 5.3). Man errechnete, daß es etwa 10^{14} Synapsen im menschlichen Gehirn gibt und daß im Durchschnitt jedes Neuron durch Konvergenz etwa 100 Zuleitungen erhält. An einem Motoneuron enden sogar im Durchschnitt etwa 6 000 Axone (vgl. 5.3), die aus der Peripherie und den verschiedensten Teilen des Zentralnervensystems stammen und teils erregende, teils hemmende Synapsen bilden. In diesem Sinne integriert das Motoneuron vielfältige Informationen.

McCulloch-Pitts-Neurone sind binär, d.h. entweder erregt oder nicht erregt. Dies hat einen großen Vorteil: Das Verhalten binärer Neurone ist berechenbar und kann mit einfachen logischen Termen beschrieben werden. Bedeutet $N_i(t)$ beispielsweise, daß das i-te Neuron zum Zeitpunkt t erregt ist, $\neg N_i(t)$, daß es nicht erregt ist, so können die in Bild 5.18 dargestellten Schaltungen wie folgt beschrieben werden:

$$N_2(t) = N_1\,(t\text{-}1) \tag{a}$$

$$N_3(t) = N_1(t\text{-}1) \vee N_2(t\text{-}1) \qquad\qquad \text{(Disjunktion, (b))}$$

$$N_3(t) = N_1(t\text{-}1) \wedge N_2(t\text{-}1) \qquad\qquad \text{(Konjunktion, (c))}$$

$$N_3(t) = N_1(t\text{-}1) \wedge \neg N_2(t\text{-}1) \qquad\qquad \text{(verknüpfte Negation, (d))}$$

Eine weitere Vereinfachung der Struktur im Vergleich zum natürlichen Vorbild ist, daß die Struktur des McCulloch-Pitts-Netzes nicht veränderbar ist. Von Anfang an festgelegte Verbindungen bleiben für alle Zeiten bestehen. Natürliche Neuronensysteme, bei denen zeitlebens wachsende Nervenfortsätze synaptische Verbindungen knüpfen können, sind weitaus flexibler und anpassungsfähiger.

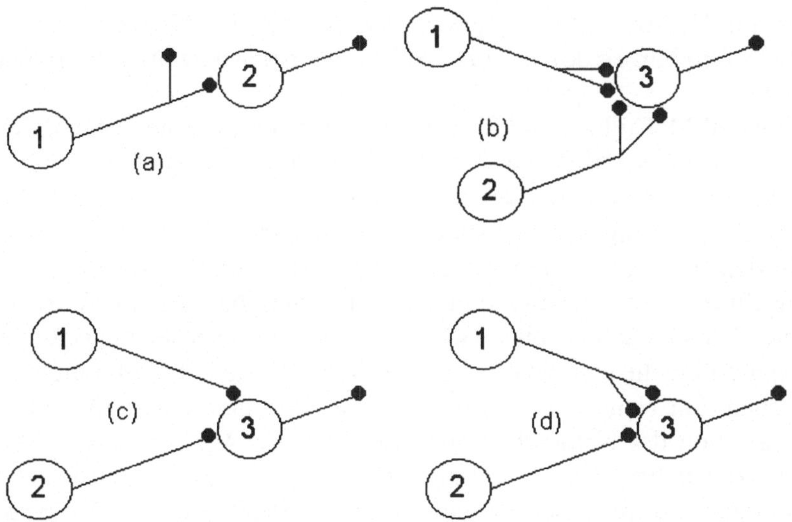

Bild 5.18 McCulloch-Pits Netzwerke: (a) einfache Fortleitung eines Aktionspotentials, (b) Disjunktion, (c) Konjunktion und (d) verknüpfte Negation

In ihrer Arbeit konnten McCulloch und Pitts jedoch zeigen, daß sich ihre einfachen Verarbeitungselemente auch zu komplizierten Netzwerken zusammenschließen lassen. Schließt man eine ausreichend hohe Anzahl von Verarbeitungselementen zusammen, so kann das entstehende Neuronale Netz fast jedes beliebige Problem lösen: McCulloch und Pitts simulierten mit ihren Neuronen eine NAND-Funktion, d.h. eine Funktion, die die Wahrheitswerte einer UND-Funktion (vgl. 2.2.8) in ihr Gegenteil verwandelt. McCulloch und Pitts argumentierten, daß durch eine geeignete Kombination verschiedener NAND-Gatter jede berechenbare Funktion simuliert werden könne. Sie zeigten auch praktische Anwendungen für ihr Modell – z.B. das Erkennen eines räumlichen Musters unabhängig von seiner Lage im Raum.

Hierbei stellt sich jedoch die Frage nach der praktischen Durchführbarkeit: Wie groß muß solch ein künstliches Neuronales Netzwerk mindestens sein, um mit einer bestimmten Aufgabe fertig zu werden? Es ist unwahrscheinlich, daß selbst 10 Milliarden McCulloch-Pitts-Neurone (dies entpricht der Anzahl der Nervenzellen in unserer Großhirnrinde) all unsere Intelligenzleistungen vollbringen können.

Obwohl McCulloch und Pitts nur ein sehr vereinfachtes Abbild der Gehirnaktivität schufen, war ihre Idee, das Gehirn als ein berechenbares System zu betrachten, etwas vollkommen Neues und beeinflußte zahlreiche nachfolgende Computerwissenschaftler.

In den fünfziger Jahren versuchte man, mit Hilfe von Computern Gehirnfunktionen zu simulieren. Dabei stand die Idee im Vordergrund, daß sich schon mit relativ wenigen Neuronen leistungsfähige Computermodelle erstellen ließen, wenn die Stärke der Verbindungen zwischen den Neuronen während des Aktionspotentials veränderbar ist – ein von der Natur übernommenes Prinzip: Auch in natürlichen Nervenzellen beeinflußt die Häufigkeit, mit der eine Synapse Nervenimpulse an die nachfolgende Zelle weiterleitet, ihre Übertragungsstärke (vgl. 5.5.2, Hebbsche Regel). So fand man im Hippocampus, daß jede gemeinsame prä- und postsynaptische Aktivität die Signalübertragung zwischen den beiden Zellen verstärkt. Es ist wahrscheinlich, daß assoziatives Speichern auf diesen Prozessen beruht, die die Verbindungen zwischen Nervenzellen modifizieren und die somit für das Erlernen und Erinnern unbedingt notwendig sind.

Die Hebbsche Regel wurde in künstlichen Neuronalen Netzen oft simuliert – zumeist, um Informationen zu speichern. Mehrere Modifikationen der Hebb-Regel wurden vorgeschlagen. Sie alle richten sich nach dem Grundprinzip, daß die Übertragungsstärke eines Neurons von den Ausgaben der mit ihm verbundenen Neurone abhängt.

Dieses Prinzip gilt auch für das 1957 von Rosenblatt entwickelte Perceptron. Rosenblatt hatte sich zum Ziel gesetzt, wichtige Eigenschaften intelligenter Systeme zu simulieren, ohne kleinste, möglicherweise bei natürlichen Neuronensystemen noch unbekannte Details zu präzisieren.

Das von Rosenblatt entwickelte Photoperceptron modelliert die beim Sehvorgang stattfindende Signalaufnahme und Signalverarbeitung. Verfolgen wir daher zunächst die Vorgänge, die sich beim natürlichen Sehvorgang abspielen.

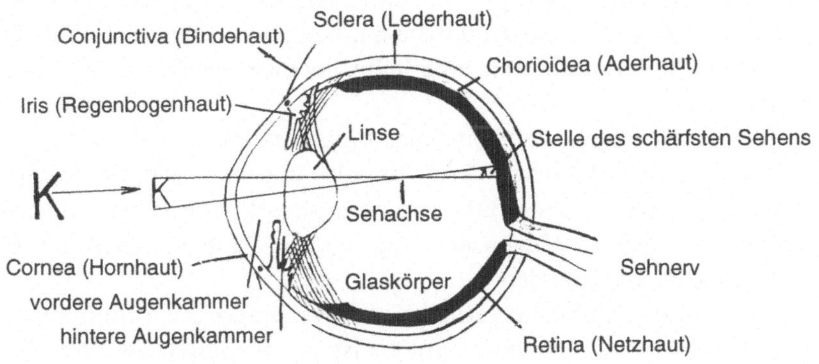

Bild 5.19 Horizontalschnitt durch das rechte Auge

Die von einem Gegenstand ausgesendeten Lichtstrahlen treffen zunächst auf das optische System des Auges, ein Linsensystem, das auf der Netzhaut ein umgekehrtes und verkleinertes Bild der Umwelt entwirft. Das optische System besteht aus Hornhaut, Augenkammern, der die Pupille bildenden Iris und dem Glaskörper, der den größten Teil des Augapfels ausfüllt.

Die sensorische Empfangsfläche des Auges ist die Netzhaut. Sie kleidet die hintere innere Oberfläche des Auges aus. Ihre wichtigsten Schichten sind die der Photorezeptoren und die der Ganglienzellen. Die Axone der Ganglienzellen laufen zusammen und bilden hinter dem Auge den Sehnerven, der zum Gehirn zieht.

Die Sinneszellen der Retina, die Photorezeptoren, reagieren auf Lichtreize mit elektrischen Potentialschwankungen, die als Erregungen zum Gehirn gesendet werden. Aufgrund ihrer charakteristischen Form unterscheiden wir zwei Arten von Photorezeptoren: die Zapfen und die Stäbchen. Die Stäbchen sind für das Dämmerungssehen, die Zapfen für das Farben- und Formensehen bei Tag zuständig. Noch in der Netzhaut sind sie über sogenannte Bipolarzellen mit den Ganglienzellen verknüpft.

In der Netzhaut werden die visuellen Signale nach ihren chromatischen Eigenschaften, der räumlichen Kontrastverteilung und der mitt-

leren Leuchtdichte bewertet. So sprechen die Ganglienzellen beispielsweise besonders auf Kontraste an, wie etwa eine dunkle Scheibe
auf hellem Hintergrund oder eine helle Scheibe vor dunklem Hintergrund.

Mehrere Stäbchen sind mit einer bipolaren Zelle verbunden, und
mindestens fünf Stäbchen müssen Impulse abgeben, damit eine bipo-
lare Zelle reagiert und die Botschaft weiterleitet – d.h. es besteht eine
Signalkonvergenz. Im Gegensatz dazu sind die Zapfen einzeln mit den
bipolaren Zellen verbunden.

Gleichzeitig kommt im retinalen Neuronennetz auch Signaldiver-
genz vor: So ist ein Photorezeptor meist mit mehreren Bipolarzellen
verbunden, und diese wiederum stehen in Kontakte zu mehreren
Ganglienzellen.

Konvergenz und Divergenz erzeugen vielfältige Reizmuster, die
die visuellen Informationen verschlüsseln. Auf der Netzhaut schließen
sich die Rezeptoren zu Bereichen zusammen, deren Reizmuster eine
einzelne Ganglienzelle erregen oder hemmen können. Oft setzt sich
das rezeptive Feld einer Ganglienzelle aus funktionell verschiedenartigen Arealen zusammen. Die von verschiedenen Stellen eines rezeptiven Feldes ausgelösten Erregungs- und/oder Hemmungsprozesse
werden durch die Ganglienzelle räumlich summiert.

Der Sehnerv überträgt die Informationen in das Gehirn. Er endet
an einer Schaltstation im Zwischenhirn. Die Zwischenhirnzellen sind
mit den Sehzentren im Hinterhauptslappen über die Sehstrahlung verknüpft. Von dort, dem sogenannten primären visuellen Cortex, gehen
Verbindungen zum sekundären und tertiären visuellen Cortex. Im primären visuellen Cortex wird zunächst die Form von Gegenständen
sowie die Helligkeit des Gesehenen erkannt. Verbindungen mit dem
benachbarten sekundärem Sehzentrum bringen dann höhere Sehlei-
stungen zustande. Hier antwortet ein großer Teil der Neurone nicht
mehr auf einfache Hell-Dunkel-Reize, sondern nur noch auf Konturen
bestimmter Orientierungen, Konturunterbrechungen usw. Im Reakti-
onsmuster dieser Neurone der sekundären Sehrinde ist also eine weitere Spezialisierung der visuellen Signalverarbeitung zu erkennen.
Drei Zellgruppen spielen hier eine wesentliche Rolle: einfache, komplexe und hyperkomplexe Zellen. Einfache Zellen reagieren auf klar
abgegrenzte Lichtschlitze oder auf scharfe Kanten zwischen einem

dunklen und einem hellen Bezirk. Komplexe Zellen reagieren ebenso auf Schlitz- und Kantenkonturen, aber ganz allgemein, unabhängig von Position und Orientierung des Bildes. Hyperkomplexe Zellen sprechen am ehesten auf Ecken, Winkel und Linien einer bestimmten Länge an und liefern eine Orientierung bzw. räumliche Lokalisierung. Diese Zellen sind hierarchisch geordnet. Einige Signale aus der sekundären Sehrinde werden in die tertiäre Sehrinde des Schläfenlappens weitergeleitet, die bei der visuellen Erkennung von Gegenständen und der entsprechenden Gedächtnisleistung beteiligt ist.

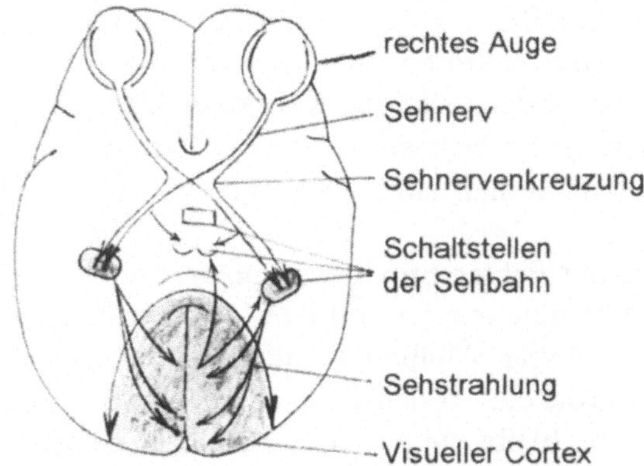

Bild 5.20 Schema der Sehbahn im menschlichen Gehirn

Da sich die Augen an verschiedenen Stellen des Kopfes befinden, ist die Abbildung der Umwelt aus geometrisch-optischen Gründen unterschiedlich. Diese Differenz ist die Ursache für die Wahrnehmung der räumlichen Tiefe. Jedes Auge betrachtet die Umgebung aus einem anderen Blickwinkel, und durch das Zusammenfügen der beiden Bilder entsteht ein räumlicher Effekt. Bei beweglichen Gegenständen tritt die parallaktische Verschiebung auf: Gegenstände in unmittelbarer Nähe ziehen schneller an uns vorbei als weiter entfernte; das Gehirn kann die jeweiligen Geschwindigkeiten miteinander vergleichen.

Die beim natürlichen Sehen beteiligten Strukturen wirken in einem komplizierten Wechselspiel zusammen. Die Grundlagen zur Sehfähigkeit werden bereits gelegt, wenn der Fötus im Mutterleib heranreift.

Zu diesem Zeitpunkt schließen sich Nervenzellen zu Funktionseinheiten zusammen. Neuronale Aktivität und Reizung sind nötig, damit das Verschaltungsmuster am Ende auch in den Details stimmt. Es ist ein Lernen ohne Lehrer. Verbunden wird, was gemeinsam feuert. Die zeitliche Korrelation der Aktivitäten bestimmt darüber, welche synaptischen Verbindungen verstärkt und somit beibehalten und welche geschwächt und schließlich aufgelöst werden. Der Akt des Sehens selbst korreliert die Aktivität benachbarter retinaler Ganglienzellen, weil deren Eingangssignale aus aneinandergrenzenden Bereichen des Gesichtsfeldes stammt.

Die vorangegangene Beschreibung zeigte, wie komplex die beim natürlichen Sehen beteiligten Strukturen sind. Im folgenden wird deutlich, wie vergleichsweise einfach sich das von Rosenblatt erfundene Photoperceptron darstellt. Es besteht aus drei Schichten: einer künstlichen Netzhaut, genannt Retina, einer Assoziationsschicht und einer Ausgabeschicht.

Das Licht fällt zunächst auf lichtempfindliche Punkte der künstlichen Netzhaut. Jeder dieser Punkte reagiert auf den Lichtreiz in einer Alles-oder-Nichts-Weise, d.h. binär. Ähnlich wie die Photorezeptoren der Retina geht eine Perceptronzelle in den Zustand an, wenn genug Licht auf sie fällt, andernfalls bleibt sie aus. Das Bild, mit dem das Perceptron arbeitet, ist ein Gitter aus hellen und dunklen Quadraten.

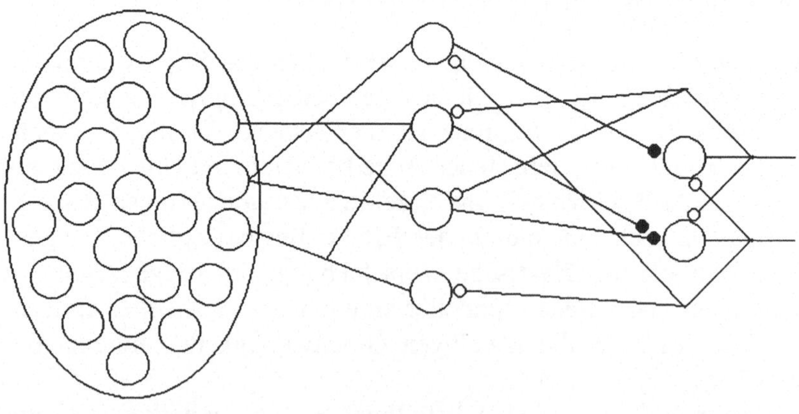

Bild 5.21 Ein Photoperceptron besteht aus einer Wahrnehmungsschicht, einer Assoziationsschicht und einer Ausgabeschicht.

Die binären Ausgaben der Retinapunkte werden an Neurone des Assoziationsfeldes weitergeleitet. Alle Verbindungen können exzitatorisch oder inhibitorisch sein, d.h. ihnen können die Werte +1, 0 oder -1 zugeordnet werden. Sie können durch einen Netzdesigner festgelegt werden oder sich in einer Lernphase ausbilden. So werden die Eingabedaten – dem natürlichen Vorbild entsprechend – strukturiert. Beispielsweise können wichtige Merkmalsbereiche zusammengefaßt werden. Wie beim Auge gibt es ein rezeptives Feld, das alle mit einem Neuron der Assoziationsschicht verbundenen Retinaneurone in sich vereinigt.

Jedes der Neurone des Assoziationsfeldes ist mit ausgewählten Neuronen der Ausgabeschicht verbunden, und ein Neuron des Assoziationsfeldes leitet dann eine Erregung weiter, wenn die Summe der Eingangssignale einen bestimmten Schwellenwert überschreitet. Von den Neuronen der Ausgabeschicht gehen hemmende Impulse an andere Neurone der Ausgangsschicht und zurück an die Neurone des Assoziationsfeldes.

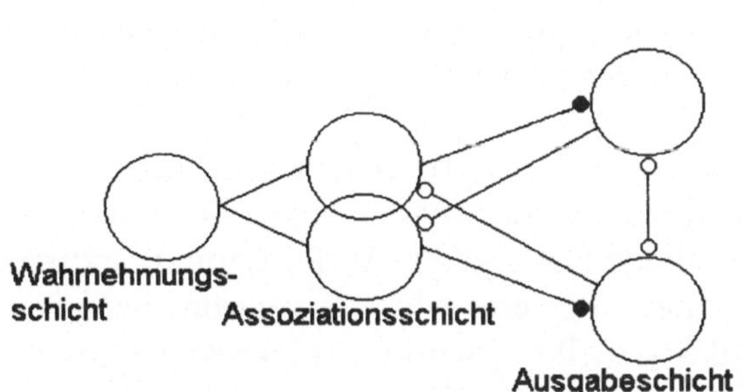

Bild 5.22
Ein Venn-Diagramm zeigt das Verbindungsschema eines Perceptrons (–○ hemmende Verbindung, –● erregende Verbindung, – hemmend oder erregend)

Perceptrone lassen sich so programmieren, daß sie gewisse Klassen von Mustern erkennen: Ähnliche Muster erregen die gleiche Anzahl von Antworteinheiten. Dies setzt jedoch eine Lernphase voraus, bei dem bestimmte Muster präsentiert und die Ausgaben korrekt reagierender Neurone verstärkt, die falsch arbeitender abgeschwächt werden.

Perceptrone sind von einfacher Struktur, und ihr Erkennungsvermögen ist stark eingeschränkt. Ein Perceptron kann lediglich Muster unterscheiden, die linear separierbar sind, d.h. die Klassen angehören, die durch eine Gerade trennbar sind.

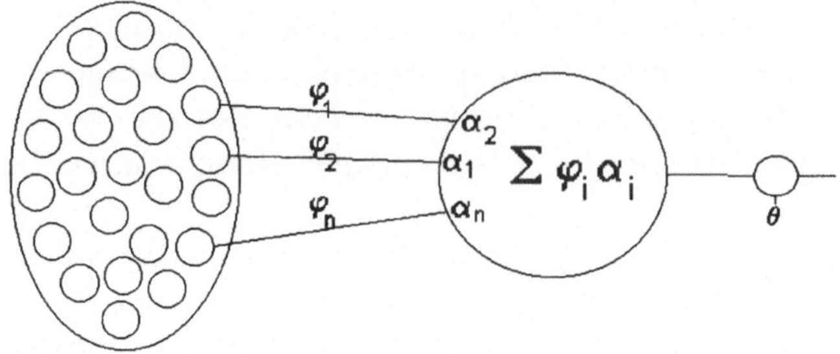

Bild 5.23 Einfache Perceptronstruktur

1969 veröffentlichten Marvin Minsky und Seymour Papert eine genaue Analyse des Perceptrone, in der sie seine Fähigkeiten und Grenzen im Vergleich zum menschlichen Sehen beurteilten. Ihr Urteil fiel vernichtend aus. Sie wiesen nach, daß das Modell für eine Reihe sehr einfacher Probleme nicht geeignet ist (z. B. das XOR-Problem, vgl. Bild 5.24).

Minsky und Papert spürten noch andere Unzulänglichkeiten auf. Für manche Erkennungsaufgaben werden unrealistisch viele assoziative Neurone benötigt, bei anderen Aufgaben ist die Lernrate extrem niedrig, d.h. daß nur sehr langsam gelernt wird. Perceptrone versagen bei vielen Aufgaben, die das visuelle System des Menschen spielend löst. Ein Perceptron, das als zweischichtiges Neuronales Netzwerk aufgebaut ist, reicht hinsichtlich seiner Komplexität nicht annähernd an die ersten beiden Schichten des visuellen Cortex eines Menschen heran.

Unser Sehapparat setzt sich aus zahlreichen verteilten Systemen zusammen, die wohldefinierte Funktionen haben und gemeinsam, zumeist parallel, zusammenarbeiten. Demgegenüber erscheinen Aufbau und Arbeitsweise des Perceptrons äußerst primitiv. Minsky und Papert behaupteten, daß sich mit Hilfe des Perceptrons – und ganz

x_1	x_2	Ausgabe
0	0	0
0	1	1
1	0	1
1	1	0

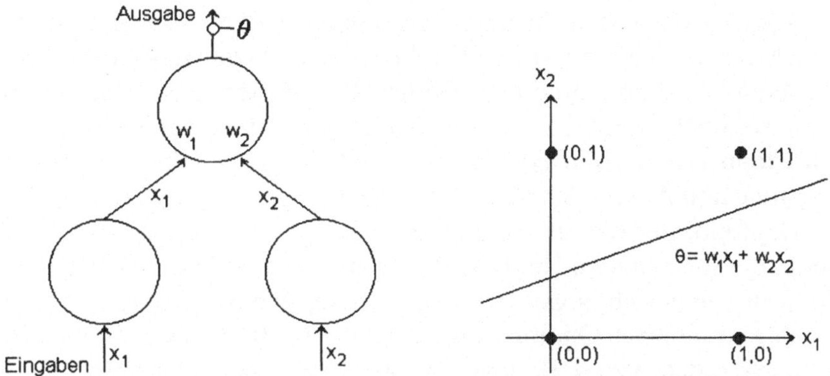

Bild 5.24 Das XOR-Problem: Bei Eingabe von x_1 und x_2 sollte das dargestellte Netzwerk mit der Ausgabe der XOR-Funktion antworten (s. Tabelle oben). Es ist jedoch unmöglich, die Gewichte des Netzwerks so festzulegen, daß dies geschieht.

Die Eingabevektoren (0,0), (1,0), (0,1) und (1,1) seien die Eingabevektoren für das XOR-Problem. Obwohl die Gerade $\theta = w_1 x_1 + w_2 x_2$ die Fläche in zwei Bereiche teilt, kann sie die Punkte (0,0) und (1,1) nicht von den Punkten (0,1) und (1,0) trennen.

allgemein künstlicher Neuronaler Netze – niemals intelligentes Verhalten erzeugen ließe. Früher oder später käme es zu einer kombinatorischen Explosion, an der man scheitern würde.

Die Veröffentlichung von Minsky und Papert war so entmutigend, daß sie die Forschung über Neuronale Netzwerke bis Ende der siebziger Jahre zum Stillstand brachte. Nach dieser Zeit entwickelten sich zwei Forschungsrichtungen. Während zum einen abstrakte konnektionistische Modelle mit formalen Methoden untersucht wurden, ging man zum anderen anwendungsorientiert vor und versuchte, mit Hilfe vorhandener Modelle Probleme zu lösen, bei denen sequentielle Verfahren gescheitert waren.

Mehrere Entwicklungen betrafen das Lernen in Neuronalen Netzen. Mit Hilfe des 1974 von Werbos eingeführte Back Propagation (vgl. 5.6.3), das später noch einmal von Rumelhart und Parker weiterentwickelt wurde, konnten in mehrschichtigen Netzwerkarchitekturen auch innere Netzknoten trainiert werden.

Teuvo Kohonen präsentierte mit seinem Artikel „Correlation Matrix Memories" einen speziellen linearen Assoziativspeicher. Seine weiteren Arbeiten waren dem Gebiet der selbstorganisierenden Karten gewidmet. Ebenfalls auf dem Gebiet der Selbstorganisation stellte Christoph von der Malsburg bereits 1973 einen biologisch plausiblen, nichtlinearen Ansatz zur Modellierung Neuronaler Netzwerke vor.

Hopfield, der bereits Anfang der achtziger Jahre eine neue Netzsorte, die sogenannten Hopfield-Netze einführte, zeigte zusammen mit Tank in einem richtungsweisenden Aufsatz, wie Neuronale Netze zur Lösung komplexer Optimierungsprobleme (z.B. Problem des Handlungsreisenden, vgl. 4.3) eingesetzt werden können. Damit wurde die grundsätzliche Bedeutung dieser Technologie deutlich gemacht.

Mit NETTALK entwickelten Sejnowski und Rosenberg (1986) die erste bekannte Anwendung Neuronaler Netze. Auf der Basis von Backpropagation konnte die Anwendung die Aussprache englischsprachiger Texte automatisch lernen. Der Forschungstyp, der innerhalb weniger Wochen erstellt wurde, drang in Leistungsbereiche konventioneller (wissensbasierter) Ansätze vor, die mehrere Mann-Jahre an Entwicklungsarbeit gekostet hatten und wurde für die Industrie interessant.

5.6.2 Der Aufbau Neuronaler Netze

Neuronale Netze sind mathematische Modelle, die Prinzipien natürlicher Nervensysteme übernehmen. Die von Computern simulierten künstlichen Neuronalen Netze bestehen gewöhnlich nur aus höchstens Hunderten von Einheiten, die einzelne Nervenzellen repräsentieren. Obwohl Computer im Bereich von Nanosekunden, natürliche Nervenzellen im Millisekundenbereich arbeiten, sind künstliche Neuronale

Netze dennoch sehr viel langsamer. Während in natürlichen Nervensystemen zahlreiche Neurone gleichzeitig arbeiten, ist dies in Computern mit ihrer sequentiellen Arbeitsweise zumeist nicht möglich.

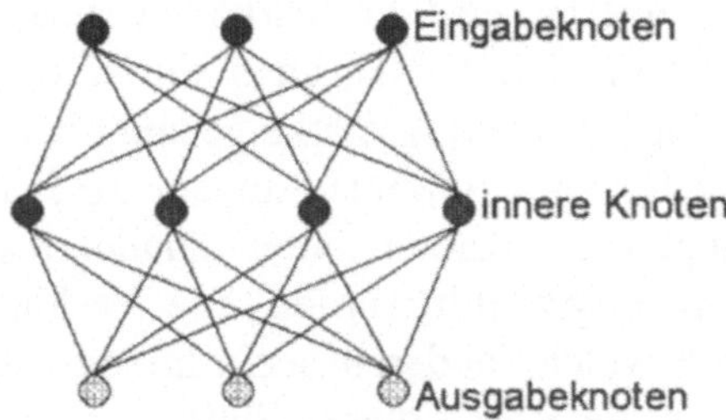

Bild 5.25 Die einfachsten Neuronalen Netze bestehen aus drei Schichten von Neuronen, wobei jeder Knoten mit jedem der benachbarten Schichten verbunden
ist. Die Erregung wandert vom Eingabeknoten über die inneren Knoten
zum Ausgabeknoten.

Formal betrachtet, ist ein künstliches Neuronales Netz eine Abbil-
dungsvorschrift, die eine Menge von Eingaben, deren spezifische Eigenschaften durch Eingabevektoren kodiert werden, auf eine Menge
von Ausgaben, die ebenfalls durch Vektoren beschrieben werden,
abbildet.

Wie ein natürliches besteht ein künstliches Neuronales Netzwerk
aus miteinander verbundenen Elementen. Diese Bausteine werden
künstliche Neurone genannt, auch Knoten, Einheiten oder Verarbeitungselemente.

Ein natürliches Neuron setzt sich aus einem Zelleib und den
Zellausläufern zusammen – zuleitenden Fortsätzen, Dendriten, und
einem fortleitenden, dem Axon (vgl. 5.2). Ähnlich hat das Verarbei-
tungselement eines künstlichen Neuronalen Netzwerkes viele Eingänge, aber nur einen einzigen Ausgang. Jedes künstliche Neuron wandelt die Aktivitäten aller vorgeschalteten Knoten in eine einzige Aus-
gabeeinheit um, die es an die nachgeschalteten Knoten weiterschickt.

Besitzen natürliche Neurone Synapsen und Transmitter, die den
Informationsaustausch an der synaptischen Übertragungsstelle ge-

währleisten, gestaltet sich der Informationsaustausch zwischen künstlichen Neuronen wesentlich einfacher.

Die Verbindungen zwischen ihnen werden durch Zahlenwerte beschrieben. Zum einen geben diese Zahlen an, welche Neurone miteinander verbunden sind. Zum anderen wird die Stärke der synaptischen Verbindung zwischen den künstlichen Neuronen durch eine Zahl symbolisiert, die Gewicht oder Verbindungsstärke genannt wird.

Um ein Neuronales Netz für eine konkrete Aufgabe zu konstruieren, müssen die Verbindungen der Knoten untereinander festgelegt und geeignete Gewichte für sie gewählt werden. Die Verbindungen entscheiden, welcher Knoten welche anderen beeinflussen kann; das zugehörige Gewicht bestimmt die Stärke dieses Einflusses und durch sein Vorzeichen, ob die Verbindung hemmend (inhibitorisch) oder erregend (exzitatorisch) wirkt. Exzitatorischen Neuronen sind zumeist positive Gewichte und inhibitorischen Neuronen negative Gewichte zugeordnet.

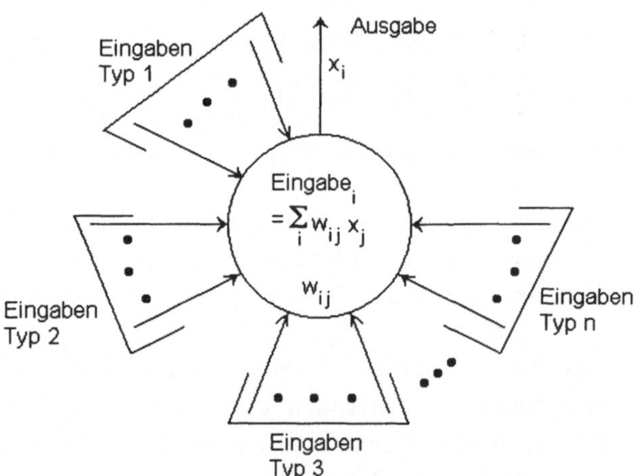

Bild 5.26 Knoten eines künstlichen Neuronalen Netzes. Verschiedene Eingaben erreichen ihn, deren Kennzeichen ein bestimmtes Gewicht ist. Nur eine einzelne Ausgabe, die anderen Knoten zugesendet wird, verläßt den Knoten.

Ein künstliches Neuron wird mathematisch genau beschrieben. Der Aktivierungszustand definiert den aktuellen Zustand eines Neurons. Die Propagierungsfunktion beschreibt die Informationsverarbeitung des Neurons. In der Regel werden die Eingaben der vorgeschalteten Neurone entsprechend den Gewichtungen der Eingangskanten aufsummiert oder der Maximalwert der gewichteten Eingabe gebildet. Die Aktivierungsfunktion legt fest, wie ein Aktivierungszustand zum Zeitpunkt t in einen Aktivierungszustand zum Zeitpunkt $t+1$ überführt wird. Sie ist typischerweise eine lineare, eine Schwellenwert- oder eine sigmoide Funktion. Bei linearer Aktivierungsfunktion ist die Aktivität proportional zur gewichteten Gesamteingabe. In einem Schwellenwert-Knoten nimmt der Zustand einen von zwei möglichen Werten an, je nachdem, ob die Gesamteingabe größer oder kleiner als ein gewisser Schwellenwert ist. Knoten mit sigmoider Aktivierungsfunktion gehen nicht wie die Schwellenwert-Knoten plötzlich von Ruhe zu voller Aktivität über, wenn die Gesamteingabe die Schwelle überschreitet, sondern allmählich. (In der graphischen Darstellung der Funktion kann man mit etwas Phantasie ein langgezogenes S erkennen; das griechische Wort sigmoid steht für S-förmig.) Sigmoid-Knoten sind echten Neuronen ähnlicher als lineare oder Schwellenwert-Knoten, dennoch können alle drei nur als grobe Näherungen gesehen werden.

Die Ausgabefunktion bestimmt den tatsächlichen Ausgabewert eines Neurons u.a. in Abhängigkeit vom aktuellen Aktivierungszustand. Sie wird vielfach als Bestandteil der Aktivierungsfunktion gesehen, und häufig wird die Identität als Ausgabefunktion gesehen.

In der Natur sind zwei Typen von Hemmung bekannt: Bei der postsynaptischen Hemmung wird die Erregbarkeit der Soma- und Dendritenmembran der Neurone herabgesetzt, während bei der präsynaptischen Hemmung die Transmitterfreisetzung an präsynaptischen Enden reduziert oder völlig verhindert wird. Sind negative Gewichte der präsynaptischen Hemmung ähnlich, gibt es auch eine Simulation der postsynaptischen Hemmung: Mindert die Aktivierungsfunktion die ausgehende Aktivität eines künstlichen Neurons, so entspricht dies der natürlich vorkommenden postsynaptischen Hemmung.

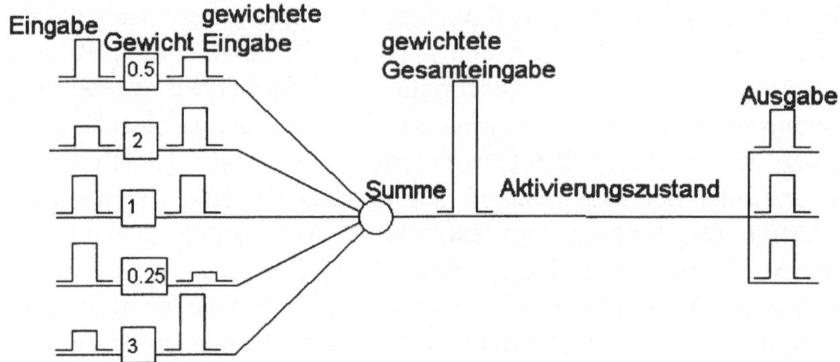

Bild 5.27 Neuron eines künstlichen Neuronalen Netzes. An die Stelle der Signale des natürlichen Neurons treten Zahlenwerte, auch Aktivitäten genannt. Jede eingehende Aktivität wird gewichtet, d.h. mit einem Zahlenwert multipliziert. Im Knoten, der dem natürlichen Nervenzellkörper entspricht, werden die gewichteten Aktivitäten addiert und daraus der Aktivierungszustand des Neurons und seine Ausgabe bestimmt.

Beim sogenannten dot-product-Neuron werden beispielsweise die mit den Gewichten w_i multiplizierten Eingangssignale aufsummiert. Die jeweilige Summe entspricht der Aktivierung des Neurons. Abhängig von dem Aktivierungszustand wird der Ausgabewert o des Neurons durch die Ausgabefunktion σ festgelegt.

$$o = \sigma\left(\sum_i w_i x_i \right) = \sigma\left(w^T x \right). \tag{5-1}$$

Das distance-Neuron berechnet zunächst den euklidischen Abstand zwischen dem Eingangsvektor x und einem Referenzvektor w. Der Ausgabewert o des Neurons wird durch eine monoton abnehmende Funktion ρ (Radial-Basis-Funktion) bestimmt.

$$o = \rho\left(\sum_i lx_i - w_i l^2 \right) = \rho\left(lx - wl^2 \right). \tag{5-2}$$

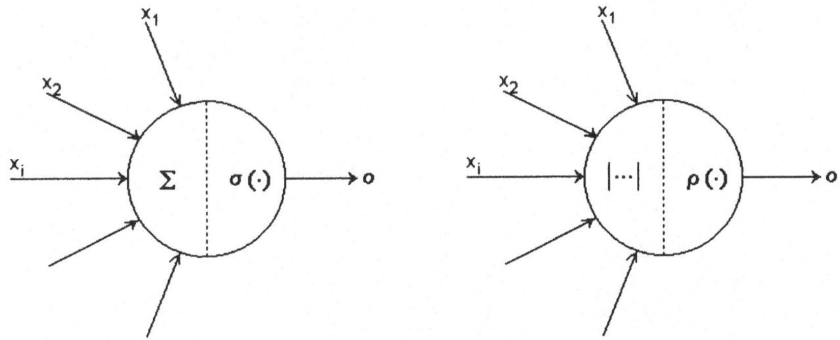

Bild 5.28 dot-product-Neuron (links) und distance-Neuron (rechts)

Die enge Beziehung zwischen den beiden Modellen wird sofort deutlich, wenn man den euklidischen Abstand ausmultipliziert:

$$\sum_i \left[x_i - w_i \right]^2 = \sum_i x_i^2 + \sum_i w_i^2 - 2\sum_i x_i w_i \qquad (5\text{-}3)$$

Man sieht, daß der euklidische Abstand zweier Vektoren x und w maßgeblich vom Skalarprodukt $w^T{\cdot}x$ abhängt, insbesondere dann, wenn die Länge der Referenzvektoren w normiert ist

$$(\sum_i x_i^2 = 1, \ \sum_i w_i^2 = 1).$$

Das distance-Neuron läßt sich daher sehr einfach aus einem dot-product-Neuron und wenigen elementaren Ergänzungen aufbauen.

Neben der Definition der Modellneuronen spielt die Vernetzung der Verarbeitungseinheiten die Hauptrolle bei der Funktionsweise des künstlichen Neuronalen Netzes. Der Netzwerkgraph beschreibt die Topologie des Netzes. Ein Neuronales Netz kann als gerichteter Graph aufgefaßt werden, dessen Kanten die gewichteten Verbindungen zwischen einzelnen Neuronen darstellen.

Betrachtet man die Vernetzungsarten unter der Voraussetzung einer geschichteten Anordnung der Neuronen, so ergeben sich folgende unterschiedliche Typen: feed forward, lateral und rekurrent, feed back.

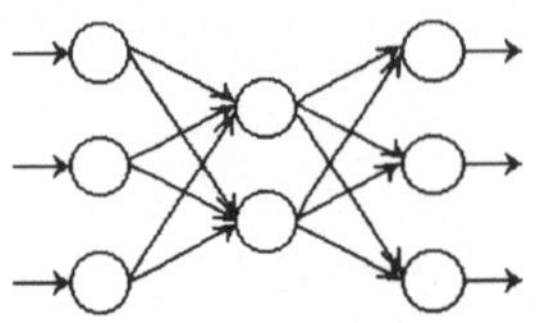

feed forward

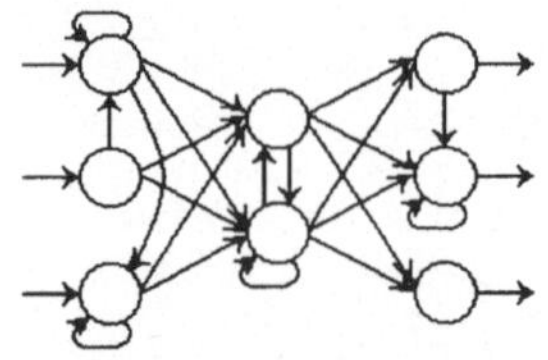

lateral und rekurrent

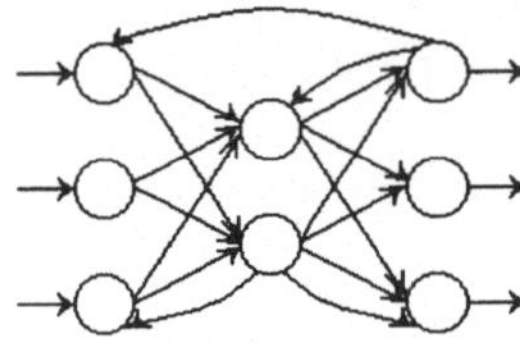

feed back

Bild 5.29
Vernetzungsarten für Neuronale Netze

5.6.3 Lernen: Wie nehmen Neuronale Netze Informationen auf?

Lernen (und damit verbundene Informationsaufnahme, d.h. Gedächtnisbildung) ist eine der wichtigsten Fähigkeiten künstlicher Neuronaler Netze, die anpassungsfähig sein müssen, um Probleme zu lösen. Lernen bedeutet für sie (wie auch für ihre natürlichen Vorbilder), ihre innere Struktur entsprechend bestimmten Eingabedaten zu verändern. Entscheidend für den Lernvorgang ist, wie das Ausgabe- oder Reaktionsverhalten des Netzes gebildet bzw. geändert werden kann, und demnach, wie und wo das Netz etwas speichert, das sein Verhalten bestimmt. Das statische (gespeicherte) Wissen des Netzes liegt in seinen Verbindungen und deren Gewichten, das dynamische (aktuelle) ist in den Aktivierungswerten enthalten, die, wenn es sich um Ausgabeeinheiten handelt, die Reaktion des Netzes auf ein präsentiertes Eingabemuster darstellen.

Lernen in einem Neuronalen Netz bedeutet zumeist, die Gewichte w_i richtig zu trainieren. Man kann ein System von Differentialgleichungen aufstellen, um die Werte der Gewichte darzustellen. Der Lernprozeß besteht darin, die Gewichte so zu bestimmen, daß sie das Wissen, das das System erwerben soll, codieren.

Lernen kann aber auch bedeuten, die Netzstruktur zu ändern. Ein dem Wachstum von Axonen entsprechender Vorgang ist die Schaffung vollkommen neuer Verbindungen. Zum anderen können bereits bestehende, jedoch bisher ungenutzte Verbindungen und Verarbeitungselemente aktiviert werden (sogenanntes „recruitment").

Die Lernregel des Neuronalen Netzes beschreibt, nach welcher Strategie es im Hinblick auf die vorliegenden Daten trainiert wird. So können etwa über einfache Soll-Ist-Vergleiche beim sogenannten überwachten Lernen Rückschlüsse auf den bisherigen Erfolg des Trainingsprozesses gezogen werden, die dann bei der Neuberechnung von Kantengewichtungen berücksichtigt werden.

Wie findet man die Veränderungen, die an den Gewichten vorzunehmen sind? Geht man davon aus, daß ein Gewicht die Bindungsstärke zwischen zwei Neuronen symbolisiert, so hängt die Höhe des Gewichtes davon ab, wie häufig die beiden Neurone gleichzeitig aktiv sind.

Eine einfache Darstellung dieser Abhängigkeit ist die Hebb-Regel (vgl. 5.5.2). Die Änderung des Gewichtes ergibt sich als Produkt der Ausgaben der miteinander verbundenen beiden Neurone y_i und y_j:

$$\Delta w_{ij} = y_i y_j. \tag{5-4}$$

Alle Modifikationen der Hebb-Regel richten sich nach dem Grundprinzip, daß das Gewicht lokal in Abhängigkeit von den Ausgaben, Zuständen und Potentialen der miteinander verbundenen Einheiten verändert wird, z.B.

$$\Delta w_{ij} = k y_i y_j. \tag{5-5}$$

Hierbei ist k die Lernrate, eine Konstante, die die Größe der Lernschritte festlegt. Ist die Lernrate groß, kann ein Lernschritt zuvor Erlerntes zerstören – das Netz merkt sich das jeweils zuletzt präsentierte Muster am besten, die restlichen Muster jedoch nicht ausreichend gut. Ist die Lernrate sehr klein, sind zu viele Lernschritte erforderlich.

Eine andere, sehr häufig verwendete Regel ist die von Widrow und Hoff entwickelte Deltaregel. Auch sie richtet sich nach dem Grundprinzip, daß die Übertragungsstärke eines Neurons von den Ausgaben der mit ihm verbundenen Neurone abhängt. Der Deltaregel liegt folgende Überlegung zugrunde: Kann zur Trainingszeit eine Abwei-

chung zwischen der Zielausgabe und Sollausgabe eines Netzes fest-
gestellt werden, so sind die internen Gewichte der Verbindung zwischen Ein- und Ausgabeschicht in definierter Weise zu verändern.

$$\Delta w_{ij} = k\delta_i o_j$$

k: Lernrate

o_j: Ausgabe der Einheit j

δ_i: Fehlersignal der Einheit i

(5-6)

Ziel ist es, durch wiederholte Anwendung der Delta-Regel die Ist-
Ausgabe des Netzes in Richtung der gewünschten Sollausgabe konvergieren zu lassen. Die Delta-Regel ermöglicht es, Gewichtsveränderungen so durchzuführen, daß ein bestimmter Eingabevektor mit einem gewünschten Ausgabevektor assoziiert wird.

Welche Rolle spielt die Umgebung beim Lernen? Zum einen kann
sie den Lernvorgang genau überwachen, d.h. daß sie einem strengen
Lehrer gleicht, der das gewünschte Ergebnis für jedes Trainingsbeispiel bereitstellt und prüft, inwieweit es mit dem tatsächlichen übereinstimmt. Bei Unterschieden werden die Gewichte so verändert, daß
es zu einer Angleichung kommt. So wird erreicht, daß das Netz in
Abhängigkeit von bestimmten Eingabewerten gewünschte Ausgabe-
werte produziert. Ein Beispiel für ein überwachtes Lernverfahren ist
das sogenannte Backpropagation.

Backpropagation erfolgt in zwei Schritten: Zuerst breitet sich das
angelegte Muster in Richtung Ausgabeschicht aus, um dort die Reaktion des Netzes auf das präsentierte Muster zu erzeugen. In Abhängigkeit vom Grad der Falschheit der Netzantwort erfolgt in der zweiten Phase die Gewichtsänderung. Dabei wird in der Ausgabeschicht
begonnen, da hier das gewünschte Muster zur Verfügung steht und
mit dem tatsächlich vom Netz produzierten Muster verglichen werden
kann. Aus der Differenz dieser beiden Muster wird ein Fehlersignal
gebildet, von dem einerseits die Änderung der Gewichte zwischen der
Ausgabeschicht und dessen benachbarter verborgener Schicht und
andererseits auch die Berechnung des neuen Fehlersignals für die
nächste verborgene Schicht abhängt. Der Lernvorgang wird als been-
det angesehen, wenn der Fehler entsprechend klein geworden ist.

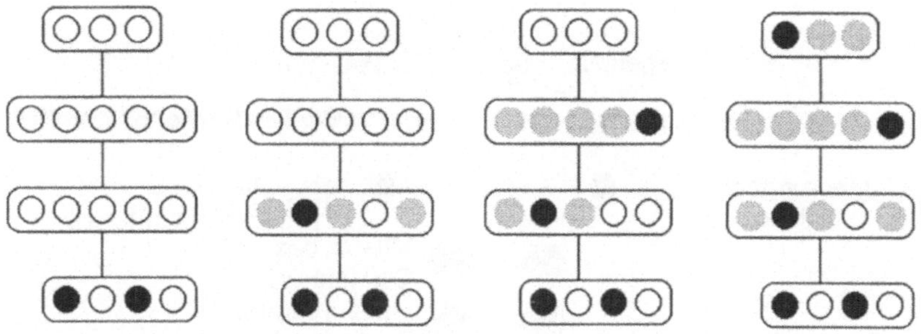

1. Schritt: Berechnung der Ausgabeaktivitäten. Dem Netz wird das zu erlernende Muster präsentiert und vorwärts (d.h. von Eingabe- in Richtung Ausgabeschicht) weitergesendet. Zuerst werden die Aktivierungen der Zwischenschichten berechnet und schließlich die Aktivierungen der Ausgabeschicht.

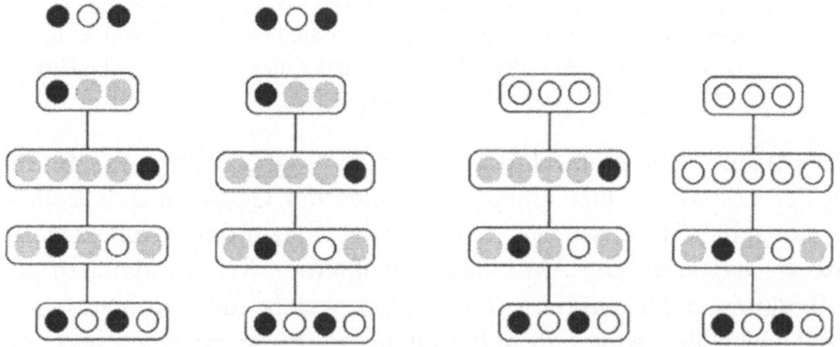

2. Schritt: Fehlerrücksendung. Die tatsächliche Ausgabe des Netzes wird mit der gewünschten verglichen und aus deren Differenz das Fehlersignal berechnet. Dieses wird an die Neurone der Zwischenschichten gesendet, bis daß schließlich die Eingabeschicht erreicht ist. Abhängig vom Fehlersignal werden die Gewichte verändert. Dadurch wird das Netz beim zweiten Anlegen desselben Musters bei einem geringeren Fehler liegen.

Bild 5.30 Prinzip des Backpropagation

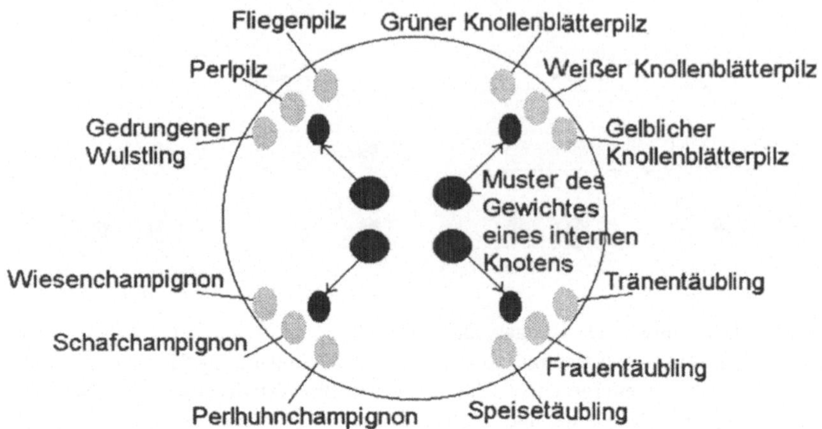

Bild 5.31 Competitive Learning. Jedes Eingabemuster entspricht einer Anzahl von Merkmalen. Die Gewichtsmuster der internen Knoten werden nun so verändert, daß sie in Richtung des ihnen am ähnlichsten Satz von Eingabemustern wandern. Auf diese Weise lernt jeder interne Knoten, eine Gruppe einander ähnlicher Eingabemuster darzustellen.

Der Backpropagation-Algorithmus kann möglicherweise zur Erklärung der Funktionsweise einiger Neuronen der Großhirnrinde beitragen. Mit seiner Hilfe wurde ein Neuronales Netz trainiert, auf visuelle Reize zu reagieren. Die Aktivitäten der internen Knoten ähnelten gut den Reaktionen der natürlichen Neuronen, welche die Information aus der Netzhaut des Auges in aufbereiteter Form an tiefergelegene visuelle Regionen des Gehirns vermitteln.

Beim Bekräftigungslernen symbolisiert ein globales Signal Belohnung bzw. Bestrafung. Ziel ist es, örtlich begrenzte Veränderungen des Netzes (z.B. Gewichtsveränderungen) auf das Signal abzustimmen, d.h. so zu verändern, daß eine möglichst hohe „Belohnung" bzw. eine möglichst niedrige „Bestrafung" für das Gesamtnetz resultiert.

Im Gegensatz zu den überwachten Lernverfahren benötigen die Menschen zumeist keinen Lehrer, der ihnen im Detail die interne Repräsentation ihrer Umgebung vorgibt. Sie leiten sie aus den Sinneseindrücken her. Beispielsweise lernen die Menschen schon als Kleinkinder ohne jede direkte Anweisung, gesprochene Sätze oder visuelle Eindrücke zu verstehen.

Nicht überwachte Lernverfahren benötigen keine belehrenden Eingabesignale. Beim sogenannten Competitive Learning ordnet das Neuronale Netz selbständig eine Menge von Eingabevektoren verschiedenen Klassen zu. Nachdem eine Klasse von Eingangssignalen an das Netz angelegt wurde, kämpfen Gruppen versteckter Neurone untereinander darum, aktiv zu werden und ihre Gewichte zu verändern. Gewinnende Einheiten vergrößern ihre Gewichte, die ihren Eingängen mit hohem Eingabesignal zugeordnet sind und verkleinern ihre Gewichte an Eingängen mit niedrigem Eingabesignal. Da die gewinnende Einheit aktiv war, wird sie auf den Eingabevektor reagieren, bei dem sie aktiv war.

Den Gewichten kann eine Beschränkung auferlegt werden, z.B. daß die Summe der Gewichtsquadrate konstant bleibt. Dies bewirkt, daß ein Neuron, das für einen bestimmten Eingabevektor sensitiv geworden ist, auf andere weniger sensitiv reagiert.

Die Architektur eines Competitive Learning Systems ist hierarchisch aufgebaut. Die Schichten sind mit der jeweils darüberliegenden Schicht erregend verbunden. Im allgemeinsten Fall erhält jedes Neuron einer Schicht seine Eingaben von jeder Einheit der darunterliegenden Schicht und gibt diese an alle Neurone in der darüberliegenden Schicht weiter. Innerhalb einer Schicht sind die Neurone in Cluster (Gruppen) aufgeteilt, innerhalb derer alle Neurone einander hemmen. Die Neurone innerhalb eines Clusters treten in Konkurrenz, um auf ein Muster aus einer unteren Schicht zu antworten. Je stärker eine Schicht antwortet, um so mehr hemmt sie die anderen.

Die von Kohonen (1984) entworfene Struktur der Topologieerhaltenden Abbildungen ist ein Verfahren des Competitive Learning, das in der Lage ist, höherdimensionale Eingaben auf niederdimensionale Ausgaben abzubilden. Hierbei bleiben die in den Eingaben vorhandenen Ordnungsrelationen (Topologien) durch die Abbildung teilweise erhalten. Der Algorithmus ähnelt der Arbeitsweise von Neuronen der motorischen Hirnrinde, die die Bewegungen der quergestreiften Muskulatur steuern. So stellt der „Homunculus" (s. Bild 5.32) die Beziehungen zwischen den somatotopischen Bereichen der

Bild 5.32 Homunculus

Großhirnrinde und den durch sie kontrollierten Körperteilen dar. Obgleich verzerrt, spiegelt die Organisation der Großhirnrinde in diesem Bereich die Grundstruktur des Körpers wider.

Betrachtet man neuronale Einheiten als Punkte in einem Raum, deren Positionen durch ihre Gewichte beschrieben sind, so unterliegen diese Punkte einer räumlichen Ordnung (wie etwa die relative Position der Punkte zueinander). Ändert man die Gewichte eines Neurons, so ändert man seine Position in diesem Raum. Durch Positionsänderungen kann man die Ordnung der Neurone ändern.

Lernen wird bei den Topologie-erhaltenden Abbildungen durch Gewichtsänderungen vollzogen. Der Lernprozeß ordnet die Neurone, indem er ihre Positionen ändert. Die Besonderheit an Kohonens Algorithmus ist ein gewisser Ordnungserhalt, d.h. daß die in den Einga-

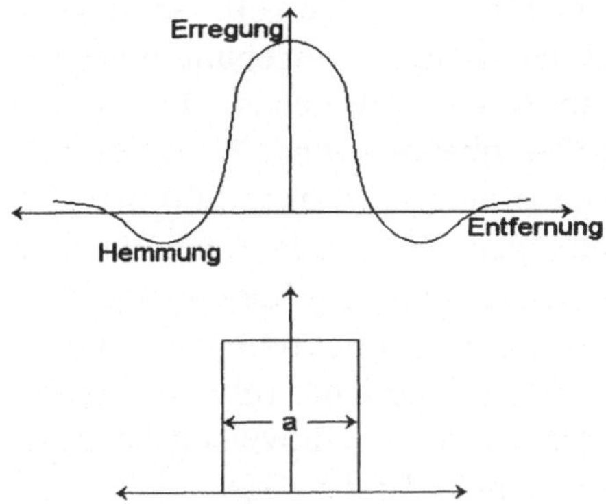

Bild 5.33 Zwei Muster lateraler Interaktionen. Oben: Die Stärke des erregenden Einflusses auf benachbarte Zellen nimmt mit zunehmender Entfernung ab, wird negativ (d.h. geht in Hemmung über) und wird für relativ weit entfernte Zellen wieder schwach positiv. Diese Funktion wird als „Mexikanischer Hut" bezeichnet. Unten: Eine Entfernung (a) bestimmt die Anzahl benachbarter Zellen um eine Zentraleinheit, die beim Lernprozeß dieser Zentraleinheit mitlernen.

ben vorhandene Ordnung durch den Lernprozeß in der räumlichen Ordnung der Neurone als Punkte in dem abstrakten Raum erhalten bleibt.

Die Lernstrategie ändert die Gewichte der Neurone (und ordnet sie dabei), so daß die Einheiten eine in den Eingangssignalen vorhandene Ordnungsrelation widerspiegeln. Eine räumlich geordnete interne Darstellung oder Abbildung der Eingabesignale ist notwendig, um die einwirkende Information effektiv in einem internen Modell zu repräsentieren. Diese diversen, durch Selbstorganisation erzeugten Abbildungen beschreiben die Beziehungen zwischen den Eingangssignalen zumeist in einer ein- oder zweidimensionalen Darstellung. Die in den Daten vorhandene Ordnung bleibt nicht gänzlich erhalten, sondern nur bezüglich einer (oder zweier) Dimensionen, die als wichtig erachtet werden. In der Natur dürften solche dimensionsreduzierenden Abbildungen ein wichtiges Hilfsmittel bei der Abstraktionsbildung sein.

Die meisten Nervennetze, vor allem jene im cerebralen Neocortex, sind vorwiegend zweidimensionale Neuronenschichten mit starker

Rückkopplung. Für die Gehirne von Säugern ist folgende Verbindungsstruktur typisch: In der näheren Umgebung einer benachbarten Zelle (deren Radius sich in Primaten zwischen 50 bis 100 µm bewegt) sind alle benachbarten Zellen über erregende Synapsen verbunden. In weiter entfernten Gebieten (Radius zwischen 200 bis 300 µm) herrschen hemmende Verbindungen vor, die dann von einer schwach erregten Region (bis zu einigen Zentimetern Radius) umgeben sind. Das Hemmungs-Erregungs-Muster zu den benachbarten Zellen (die sogenannte laterale Interaktion) wird üblicherweise mit dem Mexikanischen Hut beschrieben, der für eine eindimensionale Anordnung der Einheiten skizziert werden kann (s. Bild 5.33).

Dieses laterale Interaktionsmuster bewirkt die Bildung von lokalisierten Antworten, die nicht über viele Neurone verstreut sind, sondern in einem einzigen Neuron oder einer Neuronengruppe als geschlossene Regionen von Aktivierungen zum Ausdruck kommen. Lokalisierte Antworten kann man sich als Zentren der Aktivierungsgruppe vorstellen. Gruppierungseffekte sind für die Selbstorganisation brauchbar. Der Grad der Rückkopplung ist modifizierbar und steuert die Größe der entstehenden Gruppen.

Dieses Gruppenbildungsphänomen entsteht auch unter Verwendung anderer Rückkopplungsmuster, und es ist keineswegs ausgeschlossen, daß biologische Neuronale Netze sich ihrer bedienen. Die Rückkopplung muß nicht nur auf physiologischer Ebene passieren, sondern kann durchaus auch biochemisch sein. Wie auch immer sie zustande kommt, das zentrale Phänomen der Selbstorganisation ist die Bildung von Aktivitätsgruppen in einem bestimmten Bereich. Eine Gruppe entsteht offensichtlich rund um eine Zelle mit lokal maximaler Erregung.

Um einen Algorithmus zur Gruppenbildung zu definieren, reicht es, zuerst das maximal aktivierte Neuron zu finden und eine gewisse Anzahl an Einheiten rund um dieses Maximum zu definieren, die dann eine Gruppe bildet. Der Radius der Gruppe wird günstigerweise zeitabhängig gewählt, so daß er langsam abnimmt. Die genaue Form der Gruppe spielt dabei keine bedeutende Rolle.

Zusammenfassend betrachtet geschieht die Selbstorganisation aufgrund der folgenden beiden Schritte: Finde aufgrund einer vorgegebenen Norm die ähnlichste Einheit. Erhöhe durch Gewichtsänderung die

Ähnlichkeit dieser Einheit und ihrer topologischen Nachbarn. Damit werden auch die Nachbarn auf ein bestimmtes Muster eingestimmt und sprechen in weiterer Folge leichter auf ein dem Muster ähnliches anderes an.

Bisher veränderten die Lernverfahren nur die Gewichte. Dies ähnelt der synaptischen Potenzierung natürlicher Nervenzellen – die wiederholte Benutzung einer Synapse führt zu einer Vergrößerung des synaptischen Potentials, ein Vorgang, der der Gewichtserhöhung in künstlichen Neuronalen Netzen entspricht. Umgekehrt entspricht die synaptische Depression, die mit einer Verkleinerung des synaptischen Potentials einhergeht, einer Gewichtsverminderung.

Doch in den Gehirnen von Lebewesen können auch strukturelle Veränderungen beim Lernen eine wichtige Rolle spielen. Hierbei sind zahlreiche Molekülklassen von Bedeutung. Beispielsweise unterstützen Zelladhäsions- und Substratmoleküle wachsende Nervenfortsätze bei der Zielfindung und beim Aufbau funktioneller Verbindungen. Der Nervenwachstumsfaktor (nerve growth factor, NGF) ist ein solches Molekül. Es spielt während der Embryonalentwicklung eine wichtige Rolle. In dieser Zeit werden sensorische und sympathische Neurone im Überschuß gebildet, und die Konkurrenz um NGF entscheidet darüber, welche Zellen überleben und welche an NGF-Mangel zugrunde gehen. Aus diesem Wettbewerb gehen die neuralen Systeme hervor, deren Verknüpfungsmuster die Kommunikationswege festlegt.

Lernen ist nicht mit der Embryonalentwicklung abgeschlossen, und NGF ist auch beim erwachsenen Tier aktiv und stabilisiert die Verbindungen zwischen den NGF-produzierenden Zielzellen und den rezeptiven Neuronen. Seine trophische Funktion hält die Gesamtstruktur ausgereifter neuraler Systeme intakt – NGF ist das gesamte Leben hindurch für das normale Funktionieren neuraler Systeme erforderlich. Es reguliert neben der Verschaltungsstruktur auch die Synthese der präsynaptischen Transmitter und damit die Kommunikation selbst.

Auch in künstlichen Neuronalen Netzen können Lernvorgänge darin bestehen, die Netzwerkstruktur zu ändern. Hierbei werden die strukturellen Veränderungen zumeist mit Gewichtsveränderungen kombiniert.

Beim sogenannten Recruitment Learning besteht das Netzwerk aus zwei Neuronenarten. Neurone mit Bedeutung stellen eine Art konzeptuelle Information dar. Sie sind mit anderen bedeutungsvollen Neuronen verbunden, und ihre gleichzeitige Aktivierung stellt einen Zustand des Netzes dar, dem eine Information zugeordnet ist. Neurone mit Bedeutung stehen auch in Verbindung zu der anderen Nervenzellart, den freien Neuronen. Freie Neurone bilden eine Art primordiales Netzwerk. Beim Lernen wird die Bindung zwischen einer Gruppe bedeutungsvoller Neurone und einer Gruppe freier Neurone verstärkt. Dies hat zur Folge, daß freie Neurone zu Neuronen mit Bedeutung werden.

Competitive Learning beruht auf einem Lernen anhand von Beispielen. Es muß eine Menge von Eingabemustern zur Verfügung stehen, die repräsentativ sein müssen. Zum Teil genügt ein einziges Muster, um daraus eine Regel abzuleiten. Dies entspricht der Vorstellung früher Lerntheorien (Guthrie, 1959), die annahmen, daß dem Menschen ein einziges Beispiel genügt, um es zum Konzept zu verinnerlichen. Auch im Bereich der künstlichen Intelligenz gibt es Verfahren, die nur ein Trainingsbeispiel benötigen, um daraus ein Konzept abzuleiten. Hierzu gehört das EBG (explanation-based generalization) Verfahren: Bilde eine Erklärung, warum ein Beispiel in ein bestimmtes Konzept paßt und finde diejenigen Merkmale, die wichtig sind, um in das Konzept zu passen. Suche befriedigende Merkmale des Beispiels, die zu der generellen Konzeptdefinition passen.

Eine andere Möglichkeit ist es, eine Regel zu verinnerlichen und sie auf die Wirklichkeit anzuwenden – das Learning by being told. Dies entspricht dem in der Schule am häufigsten angewandten Lernverfahren.

5.6.4 Gedächtnis: Wie speichern Neuronale Netze Informationen?

In künstlichen Neuronalen Netzen wird das Kurzzeitgedächtnis zumeist durch die Zustände der Einheiten dargestellt, zum Teil auch durch schnell wachsende Gewichte oder Schwellenwerte.

Das Langzeitgedächtnis dagegen wird durch dauerhafte Gewichtsänderungen oder Bindungen zwischen Neuronen gebildet. Gedächtnis bedeutet Assoziation – ein Lerninhalt wird deshalb wieder bewußt, weil ein anderer Inhalt bekannt ist, mit dem er verbunden ist. Auch in Neuronalen Netzen wird Information durch Bindung zwischen Neuronen gespeichert. Besteht beispielsweise ein Neuronales Netz nur aus Ein- und Ausgabeschicht, so wird eine Assoziation zwischen beiden Schichten durch Gewichtsänderung hergestellt, bei linearer Assoziation wird beispielsweise eine lineare Funktion der Eingabe ausgegeben.

5.7 Abschließende Betrachtungen

Je leistungsfähiger und raffinierter Computer werden, desto stärker drängt sich der Vergleich mit dem menschlichen Gehirn auf. Dieser Vergleich gewinnt in dem Maße an Gewicht, wie Computer für immer mehr Aufgaben herangezogen werden, die früher spezifisch menschlichen Fähigkeiten und Tätigkeiten vorbehalten waren. Es wird erwartet, daß künftige Generationen von Rechnern und Robotern über sensorische, motorische und intellektuelle Fähigkeiten ganz ähnlich den menschlichen verfügen werden.

Dieses Kapitel zeigte, daß diesen Erwartungen Grenzen gesetzt sind. Gehirn und Computer unterscheiden sich deutlich in ihrer Art, Informationen zu verarbeiten. Das Gehirn besteht aus Nervenzellen: kleinen, empfindlichen Strukturen, die von einer kunstvoll zusammengesetzten Membran umhüllt und dicht in ein Medium aus Stützzellen gepackt sind, die für eine hochkomplexe und stark variable chemische Umgebung sorgen. Mit den Drähten und Halbleiterelementen eines Computers haben Neurone nichts gemein. Gibt es zwischen den Bauteilen moderner Großrechner nur wenige Verbindungen, so sind die Nervenzellen des Gehirns in vielfältiger Weise miteinander verbunden. Jedes einzelne der Milliarden Neurone der Großhirnrinde empfängt über eine zumeist fünfstellige Zahl von Eingängen Signale anderer Nervenzellen, verarbeitet sie und gibt über einen Ausgang ein Antwortsignal ab. Dieses Signal wird über mehrere zehntausend Schaltstellen an ebenso viele Nervenzellen weitergeleitet.

Wir werden durch unser Nervensystem gesteuert. Es läßt uns wissen, wann wir hungrig und satt, müde und wach, lustig und traurig, wütend und ruhig sein sollen und steuert ein der jeweiligen Befindlichkeit angepaßtes Verhalten – kurz, es befähigt zur Selbstregulation. Gleichzeitig verfügt es über eine Fähigkeit, die allen biologischen Systemen zu eigen ist: die Fähigkeit zur Adaptation. Indem es Sinnesreize in Reaktionen und Verhaltensweisen umwandelt, ermöglicht es, sinnvoll auf wechselnde Umwelteinflüsse zu reagieren und sich in einer komplizierten Umwelt angepaßt zu verhalten.

Dient die Informationsverarbeitung in biologischen Systemen dem Überleben und ist von ständig wechselnden Umwelteinflüssen geprägt, so ist sie in Computern an einen klar von einem Benutzer definierten Zweck gebunden. Computer sind keine eigenständigen Wesen, die um ihr Überleben kämpfen, sondern konstruiert für bestimmte Aufgaben, bei deren Bewerkstelligung sie zumeist in engster Abhängigkeit zu einem Benutzer stehen.

Literaturverzeichnis

Albert, J., Ottmann, T.: Automaten, Sprachen und Maschinen für Anwender, B. I. Wissenschaftsverlag, Mannheim 1990

Benner, K.-U.: Der Körper des Menschen, Weltbild Verlag, Augsburg 1991

Black, I. B.: Symbole, Synapsen und Systeme, Spektrum Akademischer Verlag, Heidelberg-Berlin-Oxford 1993

Bocker, P.: Datenübertragung, Springer-Verlag, Berlin-Heidelberg-New York-Tokyo 1983

Bresch, C., Hausmann, R.: Klassische und molekulare Genetik, Springer-Verlag, Berlin-Heidelberg-New York 1972

Buddecke, E.: Grundriß der Biochemie, Walter de Gruyter, Berlin-New York 1994

Computer-Kurzweil, Spektrum Akademischer Verlag, Heidelberg 1988

Computer-Systeme, Spektrum Akademischer Verlag, Heidelberg 1989

Curchland, P. S., Sejnowski, T. J.: Das Rechnende Gehirn, Friedr. Vieweg & Sohn Verlagsgesellschaft, Braunschweig-Wiesbaden 1996

Eder, M., Gedigk, P. (Hrsg.): Lehrbuch der Allgemeinen Pathologie und der Pathologischen Anatomie, Springer-Verlag, Berlin-Heidelberg-New York 1990

Forssmann, W. G., Heym, C.: Grundriß der Neuroanatomie, Springer-Verlag, Berlin-Heidelberg-New York 1985

Forth, W., Henschler, D., Rummel, W.: Allgemeine und Spezielle Pharmakologie und Toxikologie, B. I. Wissenschaftsverlag, Mannheim 1996

Frank, H.: Ein Diagnosesystem für ebene Kurven auf der Basis von fuzzy-Mengen, Angewandte Informatik 6, S. 255-260 (1989)

Freeman, J. A., Skapura, D. M.: Neural Networks, Addison-Wesley 1991

Freye, H.-A.: Spur der Gene, Edition Leipzig 1980

Gehirn und Bewußtsein, Spektrum Akademischer Verlag, Heidelberg-Berlin-Oxford 1994

Gerhardt, M., Schuster, H.: Das digitale Universum, Friedr. Vieweg & Sohn Verlagsgesellschaft, Braunschweig-Wiesbaden 1995

Gleißner, W., Grimm, R., Herda, S., Isselhorst, H.: Manipulation in Rechnern und Netzen, Addison-Wesley 1989

Guthrie, E. R.: Association by contiguity. In Koch, S. (Hrsg.): Psychology, the study of a science, Vol. 2, S. 158-195, McGraw-Hill 1959

Hebb, D. O.: The organization of behavior. Wiley, New York 1949

Helbig, H.: Künstliche Intelligenz und automatische Wissensverarbeitung, Verlag Technik GmbH, Berlin 1991

Hoffmann, N.: Neuronale Netze, Friedr. Vieweg & Sohn Verlagsgesellschaft, Braunschweig-Wiesbaden 1993

Hopfield, J. J.: Neural networks and physical systems with emergent collective computational abilities, Proceedings of the National Academy of Science 79, S. 2554-2558 (1982)

Kaucher, E., Klatte, R., Ullrich, C., Frhr. Wolff von Gudenberg, J.: Programmiersprachen im Griff. Bd. 6: Übungen und Texte in Pascal, B. I. Wissenschaftsverlag, Mannheim 1984

Kohonen, T.: Self-organization and associative memory, Springer Series in Information Science. Springer Verlag, Berlin-Heidelberg-New York 1984

Kohonen, T.: Correlation matrix memories, IEEE Transactions on Computers (C21), S. 253-259 (1972)

Köhle, M.: Neurale Netze, Springer-Verlag, Berlin-Heidelberg-New York 1990

Kreßel, U., Schürmann, J., Franke, J.: Neuronale Netze für die Musterklassifikation. In: B. Radig (Hrsg.): Mustererkennung 1991, 13. DAGM Symposium, München, Oktober 1991, Springer Verlag, Berlin-Heidelberg-New York 1991

Lindner, H.: Biologie, J. B. Metzlersche Verlagsbuchhandlung, Stuttgart 1995

Lüllmann, H., Mohr, K., Ziegler, A.: Taschenatlas der Pharmakologie, Georg Thieme Verlag, Stuttgart-New York 1990

MacLean, P. D.: Psychosomatic disease and the "visceral brain". Recent developments bearing on the Papez theory of emotion, Psychosomat. Med. 11, 338 (1949)

MacLean, P. D.: The triune brain, emotion and scientific bias. In: Intensive study program in the neurosciences, neurosciences research program. Chapter 23, S. 336. Rockefeller University Press New York 1970

McCulloch, W. S., Pitts, W.: A logical calculus of the ideas immanent in nervous activity, Bulletin of Mathematical Biophysics 5, S. 115-133 (1943)

Mendel, J. G.: Versuche über Pflanzen-Hybriden: Verhandlungen des Naturforschenden Vereins, Brünn 4, S. 3-47 (1866)

Minsky, M., Papert, S.: Perceptrons, MIT Press Cambridge, MA., 1969

Mutschler, E.: Arzneimittelwirkungen, Wissenschaftliche Verlagsgesellschaft, Stuttgart 1991

Nissen, V.: Evolutionäre Algorithmen, Friedr. Vieweg & Sohn Verlagsgesellschaft, Braunschweig-Wiesbaden 1994

Parker, D.: Learning logic, Technical Report TR-87, Center for Computational Research in Economics and Management Science, MIT, Cambridge, MA., 1985

Pawlow, L. P.: Conditioned reflexes, University Press, Oxford 1928

Penzias, A.: Phantasie und Information, Deutsche Verlagsanstalt, Stuttgart 1991

Rosenblatt, F.: Principles of neurodynamics, Spartan Books, New York 1962

Rumelhart, D., McClelland, J.: Parallel distributed processing. Vol. 1 and 2. MIT Press, Cambridge, MA., 1986

Schmidt, R. F., Thews, G.: Physiologie des Menschen, Springer-Verlag, Berlin-Heidelberg-New York 1995

Searls, D. B.: The linguistics of DNA, American Scientist 80, November-Dezember 1992

Sejnowski, T. J., Rosenberg, C. R.: NETalk: a parallel network that learns to read aloud, TRJHU/EECS-86-01, John Hopkins University 1986

Siegert, H.-J.: Betriebssysteme: Eine Einführung, 2. Auflage, R. Oldenbourg Verlag, München-Wien 1989

Signale und Kommunikation, Spektrum Akademischer Verlag, Heidelberg-Berlin-Oxford 1993

Singer, M., Berg, P.: Gene und Genome, Spektrum Akademischer Verlag, Heidelberg-Berlin-New York 1992

Speckmann, H.: Dem Denken abgeschaut, Friedr. Vieweg & Sohn Verlagsgesellschaft, Braunschweig-Wiesbaden 1996

Spektrum der Wissenschaft, Spezial 2: Das Immunsystem, Spektrum Akademischer Verlag, Heidelberg-Berlin-Oxford 1993

Tembrok, G.: Grundriß der Verhaltenswissenschaften, VEB Gustav Fischer Verlag, Jena 1980

Thro, E.: Künstliches Leben, Addison Wesley 1994

Treiber, C.: Systemprogramme gegen Computerviren, Carl Hanser Verlag, München-Wien 1992

Völz, H.: Informationen verstehen, Friedr. Vieweg & Sohn Verlagsgesellschaft, Braunschweig-Wiesbaden 1994 *von der Malsburg, C.*: Self-organization of orientation sensitive cells in the striate cortex, Kybernetik (14), S. 85-100 (1973)

von Neumann, J. (Hrsg.: Burks, A. W.): Theory of self-reproducing automata. University of Illinois Press, Ilinois 1966

Widrow,. B Hoff, M. E.: Adaptive switching circuits, WESCON Convention Record Part IV, S. 96-104 (1969)

Watson, J. D., Crick, F. H. C.: Molecular structure of nucleic acids: a structure for desoxyribonucleic acids. Nature 171, S. 737f. (1953)

Werbos, P.: Beyond regression: new tools for prediction and analysis in the behavioral sciences. Phd thesis, Harvard, Cambridge, Ma., August 1974

Zadeh, L. A.: Fuzzy Logic, IEEE Computer, S. 83-93 (1988)

Bildquellennachweis

Die hier aufgeführten Originalia dienten der Autorin als Vorlagen, anhand derer sie ihre Bilder modifiziert erstellte.

Bild 1.1 H. Lindner: Biologie, J. B. Metzlersche Verlagsbuchhandlung, Stuttgart 1971, S. 265

Bild 1.2 G. Tembrok: Grundriß der Verhaltenswissenschaften, VEB Gustav Fischer Verlag, Jena 1980, S.172

Bild 1.3 K.-U. Benner: Der Körper des Menschen, Weltbild Verlag, Augsburg 1991, S. 107

Bild 1.5 R. F. Schmidt, G. Thews: Physiologie des Menschen, Springer-Verlag, Berlin-Heidelberg-New York 1977, S. 303

Bild 1.7 Signale und Kommunikation, Spektrum Akademischer Verlag, Heidelberg-Berlin-Oxford 1993, S. 101

Bild 2.1 I. B. Black: Symbole, Synapsen und Systeme, Spektrum Akademischer Verlag, Heidelberg-Berlin-Oxford 1993, S. 66

Bild 2.2 W. Forth, D. Henschler, W. Rummel: Allgemeine und Spezielle Pharmakologie und Toxikologie, B. I. Wissenschaftsverlag, Mannheim 1987, S. 12

Bild 2.3 Signale und Kommunikation, Spektrum Akademischer Verlag, Heidelberg-Berlin-Oxford 1993, S. 34

Bild 2.4 E. Buddecke: Grundriß der Biochemie, Walter de Gruyter Verlag, Berlin-New York 1977, S. 171

Bild 2.5 K.-U. Benner: Der Körper des Menschen, Weltbild Verlag, Augsburg 1991, S. 200

Bild 2.7 M. Singer, P. Berg: Gene und Genome, Spektrum Akademischer Verlag, Heidelberg-Berlin-New York 1992, S. 191

Bild 2.8   I. B. Black: Symbole, Synapsen und Systeme, Spektrum Akademischer Verlag, Heidelberg-Berlin-Oxford 1993, S. 68

Bild 2.9   W. Forth, D. Henschler, W. Rummel: Allgemeine und Spezielle Pharmakologie und Toxikologie, B. I. Wissenschaftsverlag, Mannheim 1987, S. 718

Bild 2.11   M. Gerhardt, H. Schuster: Das digitale Universum, Friedr. Vieweg & Sohn Verlagsgesellschaft, Braunschweig-Wiesbaden 1995, S. 20

Bild 2.13   dito, S. 38

Bild 2.14   dito, S. 50

Bild 2.15   dito, S. 43

Bild 2.18   H. Frank: Ein Diagnosesystem für ebene Kurven auf der Basis von fuzzy-Mengen, Angewandte Informatik 6, 1989, S. 256

Bild 2.19   E. Kaucher, R. Klatte, C. Ullrich, J. Frhr. Wolff von Gudenberg: Prigrammiersprachen im Griff. Bd. 6: Übungen und Texte in Pascal, B. I. Wissenschaftsverlag, Mannheim 1984, S. 28

Bild 2.21   W. Forth, D. Henschler, W. Rummel: Allgemeine und Spezielle Pharmakologie und Toxikologie, B. I. Wissenschaftsverlag, Mannheim 1987, S. 426

Bild 3.1   Signale und Kommunikation, Spektrum Akademischer Verlag, Heidelberg-Berlin-Oxford 1993, S. 28

Bild 3.2   R. Dircksen, G. Dircksen: Tierkunde, Bd. II Wirbellose Tiere, Bayerischer Schulbuch-Verlag, München 1968, S. 183

Bild 3.3   K.-U. Benner: Der Körper des Menschen, Weltbild Verlag, Augsburg 1991, S. 69

Bild 3.4   M. Singer, P. Berg: Gene und Genome, Spektrum Akademischer Verlag, Heidelberg-Berlin-New York 1992, S. 215

Bild 3.5   H. Lüllmann, K. Mohr, A. Ziegler: Taschenatlas der Pharmakologie, Georg Thieme Verlag, Stuttgart-New York 1990, S. 263

Bild 3.6   W. Forth, D. Henschler, W. Rummel: Allgemeine und Spezielle Pharmakologie und Toxikologie, B. I. Wissenschaftsverlag, Mannheim 1987, S.693

Bild 3.7   Signale und Kommunikation, Spektrum Akademischer Verlag, Heidelberg-Berlin-Oxford 1993, S. 36

Bild 3.8   E. Mutschler: Arzneimittelwirkungen, Wissenschaftliche Verlagsgesellschaft, Stuttgart 1991, S. 646

Bild 3.9,   Spektrum der Wissenschaft, Spezial 2: Das Immunsystem, Spektrum
Bild 3.10   Akademischer Verlag, Heidelberg-Berlin-Oxford 1993, S. 30

Bild 3.11   E. Mutschler: Arzneimittelwirkungen, Wissenschaftliche Verlagsgesellschaft, Stuttgart 1991, S. 648

Bild 3.12   M. Singer, P. Berg: Gene und Genome, Spektrum Akademischer Verlag,
Heidelberg-Berlin-New York 1992, S. 765

Bild 3.14   M. Eder, P. Gedigk (Hrsg.): Lehrbuch der Allgemeinen Pathologie und
der Pathologischen Anatomie, Springer-Verlag, Berlin-Heidelberg-New
York 1977, S. 192

Bild 3.15   M. Singer, P. Berg: Gene und Genome, Spektrum Akademischer Verlag,
Heidelberg-Berlin-New York 1992, S. 765

Bild 3.16   Spektrum der Wissenschaft, Spezial 2: Das Immunsystem, Spektrum
Akademischer Verlag, Heidelberg-Berlin-Oxford 1993, S. 42

Bild 3.18   W. Gleißner, R. Grimm, S. Herda, H. Isselhorst: Manipulation in Rechnern und Netzen, Addison-Wesley 1989, S. 27

Bild 3.19   dito, S. 19

Bild 3.20   dito, S. 34

Bild 4.1   H. Lindner: Biologie, J. B. Metzlersche Verlagsbuchhandlung, Stuttgart,
S. 313

Bild 4.2   H.-A. Freye: Spur der Gene, Edition Leipzig 1980, S. 12

Bild 4.3   dito, S. 116

Bild 4.4   dito, S. 197

Bild 4.7   C. Bresch, R. Hausmann: Klassische und molekulare Genetik, Springer-
Verlag, Berlin-Heidelberg-New York 1972, S. 344

Bild 4.9   E. Thro: Künstliches Leben, Addison Wesley 1994, S. 112

Bild 4.11   Computer-Kurzweil, Spektrum Akademischer Verlag, Heidelberg 1988,
S. 68

Bild 4.12   C. Bresch, R. Hausmann: Klassische und molekulare Genetik, Springer-
Verlag, Berlin-Heidelberg-New York 1944, S. 14

Bild 4.13   K.-U. Benner: Der Körper des Menschen, Weltbild Verlag, Augsburg
1991, S. 64

Bild 4.14   M. Singer, P. Berg: Gene und Genome, Spektrum Akademischer Verlag Heidelberg-Berlin-New York 1992, S. 24

Bild 4.15   K.-U. Benner: Der Körper des Menschen, Weltbild Verlag, Augsburg 1991, S. 66

Bild 4.16   H.-A. Freye: Spur der Gene, Edition Leipzig 1980, S. 27

Bild 4.17   dito, S. 28

Bild 4.18   D. B. Searls: The Linguistics of DNA, American Scientist 80, November-Dezember 1992, S. 581

Bild 4.19   dito, S. 582

Bild 4.20   M. Singer, P. Berg: Gene und Genome, Spektrum Akademischer Verlag, Heidelberg-Berlin-New York 1992, S. 423

Bild 4.21   D. B. Searls: The Linguistics of DNA, American Scientist 80, November-Dezember 1992, S. 587

Bild 5.1   I. B. Black: Symbole, Synapsen und Systeme, Spektrum Akademischer Verlag, Heidelberg-Berlin-Oxford 1993, S. 156

Bild 5.4   W. G. Forssmann, C. Heym: Grundriß der Neuroanatomie, Springer-Verlag, Berlin-Heidelberg-New York 1975, S. 59

Bild 5.6   Gehirn und Bewußtsein, Spektrum Akademischer Verlag, Heidelberg-Berlin-Oxford 1994, S. 10

Bild 5.7   I. B. Black: Symbole, Synapsen und Systeme, Spektrum Akademischer Verlag, Heidelberg-Berlin-Oxford 1993, S. 93

Bild 5.8   dito, S. 107

Bild 5.9   R. F. Schmidt, G. Thews: Physiologie des Menschen, Springer-Verlag, Berlin-Heidelberg-New York 1977, S. 100

Bild 5.11   K.-U. Benner: Der Körper des Menschen, Weltbild Verlag, Augsburg 1991, S. 222

Bild 5.12   R. F. Schmidt, G. Thews: Physiologie des Menschen, Springer-Verlag, Berlin-Heidelberg-New York 1977, S. 136

Bild 5.13   dito, S. 162

Bild 5.14   dito

Bild 5.15   J. A. Freeman, D. M. Skapura: Neural Networks, Addison-Wesley 1991, S. 16

Bild 5.16   Computer-Systeme, Spektrum Akademischer Verlag, Heidelberg 1989, S. 166

Bild 5.17   Gehirn und Bewußtsein, Spektrum Akademischer Verlag, Heidelberg-Berlin-Oxford 1994, S. 116

Bild 5.18   J. A. Freeman, D. M. Skapura: Neural Networks, Addison-Wesley 1991, S. 14

Bild 5.19   R. F. Schmidt, G. Thews: Physiologie des Menschen, Springer-Verlag, Berlin-Heidelberg-New York 1977, S.227

Bild 5.20   dito, S.243

Bild 5.21   J. A. Freeman, D. M. Skapura: Neural Networks, Addison-Wesley 1991, S. 22

Bild 5.22   dito, S. 23

Bild 5.23   dito, S. 25

Bild 5.24   dito, S. 26, 27

Bild 5.25,
Bild 5.27   Gehirn und Bewußtsein, Spektrum Akademischer Verlag, Heidelberg-Berlin-Oxford 1994, S. 138

Bild 5.26   J. A. Freeman, D. M. Skapura: Neural Networks, Addison-Wesley 1991, S. 18

Bild 5.28,
Bild 5.29   U. Kreßel, J. Schürmann, J. Franke: Neuronale Netze für die Musterklassifikation, S. 2. In: B. Radig (Hrsg.): Mustererkennung 1991, 13. DAGM Symposium, München, Oktober 1991, Springer Verlag, Berlin-Heidelberg-New York 1991

Bild 5.30   M. Köhle: Neurale Netze, Springer-Verlag, Berlin-Heidelberg-New York 1990, S. 89

Bild 5.31   Gehirn und Bewußtsein, Spektrum Akademischer Verlag, Heidelberg-Berlin-Oxford 1994, S. 142

Bild 5.32   J. A. Freeman, D. M. Skapura: Neural Networks, Addison-Wesley 1991, S. 264

Bild 5.33   dito, S. 267

Sachwort- und Personenverzeichnis